21世纪高等学校系列教材

HUANJING XINGWEI YU RENTI GONGCHENGXUE

环境行为与人体工程学

编著 张玉明 周长亮 王洪书
刘昱初 王学义
主审 李 沙

中国电力出版社
CHINA ELECTRIC POWER PRESS

内 容 提 要

本书为21世纪高等学校系列教材。全书整合了当前国内外环境行为学与人体工程学的理论及科研成果，注重环境行为理论与工程设计实践相结合。书中生动形象的设计实例增添了本书的可读性和应用性。全书共六章，主要内容包括环境行为学概述及环境知觉理论，环境—行为关系理论及研究方法，建筑空间视觉与环境心理，人体工程学，建筑空间与人体工程学，建筑空间设计与环境行为分析等。

本书可作为高等院校建筑学、城市规划、环境艺术设计等专业教材，也可作为从事建筑设计、环境艺术设计的设计师进行工程设计的参考资料。

图书在版编目（CIP）数据

环境行为与人体工程学/张玉明等编著．—北京：中国电力出版社，2011.8（2021.8重印）

21世纪高等学校规划教材

ISBN 978-7-5123-1689-8

Ⅰ.①环…　Ⅱ.①张…　Ⅲ.①环境行为学—高等学校—教材②工效学—高等学校—教材　Ⅳ.①B845.6②TB18

中国版本图书馆CIP数据核字（2011）第088745号

中国电力出版社出版、发行

（北京市东城区北京站西街19号　100005　http：//www.cepp.sgcc.com.cn）

三河市万龙印装有限公司印刷

各地新华书店经售

*

2011年8月第一版　　2021年8月北京第七次印刷

787毫米×1092毫米　16开本　13印张　316千字

定价 **42.00** 元

前　言

环境行为与人体工程学研究是近年来兴起的涉及建筑学、城市规划、园林景观、室内设计、心理学、社会学、人类学、地理学、环境生态学等多种学科的交叉学科。对于环境行为和人体工程学的研究，也仅仅起源于20世纪60年代的欧美心理学界。

环境行为研究是一项有内容、有美好前景的交叉学科。它的研究成果将对建筑设计、城市规划设计、环境艺术设计产生重要影响，对改善人类未来居住环境和促进社会和谐发展有着重要的现实意义。长期以来，欧美的环境行为研究一直领先于我国，面对这种现状，我们应当从重视研究中存在的大量社会和现实问题入手，逐步加以解决，促使其向健康的方向发展。随着环境行为研究领域不断拓宽和研究体系趋向全面，我国的环境行为研究将朝着信息共享和更加便捷的学术交流、环境行为教育及研究体系不断完善的方向发展。日益增长的社会需要必将促使环境行为研究不断拓宽其研究领域，不断地从相关学科中吸取新理论、新方法和新观念，并在相互交叉渗透中求得发展，促进环境行为学科的繁荣，发展建立自己的环境行为理论体系，促使理论研究与应用研究协同发展。

本书在阐述环境行为学与人体工程学基本理论的基础上，分析探讨了其在建筑学、城市规划、环境艺术设计等领域中的应用。本书力求培养学生形成正确的环境行为意识，树立人与环境和谐相处的正确理念，建立建筑类相关专业学生正确的环境行为与建筑空间设计的方法，借以提高其建筑设计、规划设计、景观设计和室内设计的专业修养和设计水平。

作者在多年的教学及环境行为理论研究当中，注意收集环境行为及人体工程学的相关信息和学术资料，并带领硕士研究生在空间环境设计领域进行了环境行为的相关课题研究工作。本书就国内外环境行为领域的教学及最新研究成果进行了介绍及整合，希望给读者以帮助。

本书各章节编写情况：第一章环境行为学概述及环境知觉理论、第二章环境—行为关系理论及研究方法由张玉明编写，第三章建筑空间视觉与环境心理由周长亮编写，第四章人体工程学由刘昱初编写，第五章建筑空间与人体工程学由王学义编写，第六章建筑空间设计与环境行为分析由王洪书编写。本书由山东建筑大学艺术学院张玉明、山东师范大学美术学院周长亮、山东工艺美术学院王洪书、山东建筑大学艺术学院刘昱初、大连民族学院王学义共同编著。山东建筑大学艺术学院硕士研究生刘宁、张璇、孙晓丽、王晓静、颜亚男等参与了本书部分内容的整理、资料收集及插图绘制工作。中国汉嘉设计集团山东分院王琳琰、王恩培建筑师参与了本书部分内容的编写工作。

限于编者水平，书中难免有不足之处。恳请各位读者给予批评指正。

编　者

2011年4月

目　录

第一章　环境行为学概述及环境知觉理论

欧美于20世纪50年代开始进行环境心理学的相关研究，并于1969年成立了环境设计研究协会（Environmental Design and Research Association，EDRA）。该协会成员包括心理学家、社会学家、人类学家、建筑师、城市规划师、室内设计师等，协会自成立之日起就组织进行环境心理学的相关研究。后来更名为环境行为研究学会（Environment Behavior Research Association，EBRA）。我国的环境心理学研究起步于20世纪90年代初期，1995年在大连理工大学召开的第二次“建筑学与心理学”学术研讨会上，正式成立了中国建筑环境心理学学会，学会每两年召开一次学术研讨会；后于2000年更名为中国环境行为学会。

2010年10月23日上午，由中国环境行为学会（EBRA）和哈尔滨工业大学联合主办的第九届环境行为研究国际学术研讨会在哈尔滨工业大学建筑学院礼堂隆重开幕，大会的主题为“冲突与挑战：可持续的环境与生活方式”。不同地区的文化发展和不同人群的生活状况之间的不平衡所引起的矛盾，正日益冲击着我们的生活。在此剧烈的社会经济大变化中，以改善人的生活品质为使命的环境行为研究需要对不同人群（城市居民、农民工、老年人、儿童、女性、残疾人等）的行为方式、价值观念和生活环境给予充分的关注。不同人群的生活环境状况研究是环境行为研究的主要议题之一，在今天的中国社会更具有强烈的现实意义。这是社会和谐、持续、健康发展的需要，也是保持地区和文化多样性的需要。生活品质的内涵是什么？该如何评定？如何在这个社会、文化与经济快速变化的时代中使不同人群的生活品质得到提高？又如何在全球性的文化交融中保持不同群体独特的文化与空间？如何在建成环境中考虑人们的不同需要？又如何能注重不同地区、人群和文化之间的平衡与和谐？这些都是建筑学、城市设计、城市规划、环境艺术等设计专业，以及地理学、社会学、心理学、人类学等人文科学需要面对的问题。

第一节　环境行为学的产生与发展

建筑环境与心理学相关的理论研究可追溯到19世纪，1886年德国美术史家沃尔芬的《建筑心理学绪论》一书出版，运用“移情论”的美学观点讨论建筑和工艺品的设计问题。20世纪20年代，汉斯·迈耶曾打算在格罗皮乌斯任校长的德国包豪斯学校中开设心理学课程。

到了20世纪50年代，随着现代工业的快速发展，西方国家的城市环境严重恶化，对居民的身心和行为产生了许多消极影响；同时，不少新建筑因忽视使用者的心理及行为需求，造成社区混乱、建筑拆毁、居民抗议等严重后果；因此，建筑环境与心理及行为的关系引起许多学者的深切关注，来自心理学、社会学、人类学、地理学、建筑学、城市规划等学科的研究成果，终于汇集成多学科的新兴交叉领域——环境心理学。

环境心理学首先于20世纪60年代末在北美兴起，继而在欧洲和世界其他地区迅速传播和发展。当时北美的主要代表人物为人类学家霍尔，心理学家巴克伊特尔森、普洛尚斯基、萨默，城市规划师林奇等。1968 年 6 月，一个综合性专业团体“环境设计研究协会(EDRA)”在北美宣告成立；并于 1969 年举行了第一次年会，当年创刊了《环境与行为》杂志；还形成了许多研究中心，如儿童与环境、环境认知、环境与年龄、残疾人与环境、居住区环境、室内环境、妇女问题、使用者参与、使用后评估等。该组织第一批成员 27 人，仅由建筑师和心理学家组成，到 1984 年，成员增加到 900 余人，遍及世界各地。其中建筑师占 30%，心理学家占 30%，其他环境学科（室内设计、园林设计、城市规划与设计）占 25%，其他社会科学家（地理学家、社会学家、人类学家、人类及社会生态学家）占 15%，成为世界上历史最长，人数最多的从事环境—行为研究和应用的学术团体。

欧洲在 20 世纪 50 年代末和 60 年代初，也掀起了环境行为研究的热潮。欧洲学者普遍认为：作为一门新兴的学科，环境行为学虽然起源于北美，但欧洲各学派都对环境行为学的形成与发展作出了直接或间接的贡献。其中英国是起步最早的国家，主要代表人物有心理学家特伦斯·李、戴维·坎特等。1970 年，在坎特等人的倡导下，首次建筑行为学国际研讨会［简称 LAPC，后来为欧洲的“人—环境研究国际学会”（LAPS）所替代］在金斯敦召开。1972 年，坎特和李拟立了这一领域的第一个高校环境行为学课程教学大纲。它表明，环境行为学这一术语首次为英国所接受，并替代了原有的建筑心理学名称，因而具有重要的意义。1979 年，在坎特的指导下，《环境行为学》杂志创刊，成为迄今这一领域最有影响的两种定期刊物之一（另一为北美 1969 年创刊的《环境与行为》杂志）。

在亚洲，第二次世界大战后经济迅速发展的日本，在环境—行为领域中的研究始于 20 世纪 60 年代，处于领先地位，并在 70 年代迅速发展。1980 年，日本与美国在东京联合举办了以环境—行为为主题的学术讨论会，这是在日本举行的该领域第一次国际性学术会议，会后日本成立了“人—环境研究学会（MERA）”。到 1983 年，日本学者发表的相关论文多达 1541 篇，专著 126 册，涉及广泛的研究课题。

我国在环境行为学领域的研究起步较晚，20 世纪 80 年代初才从欧美和日本等国家引入相关的理论和研究方法，开始在建筑学等学科内从事研究，并引起学科人员的兴趣和关注。1993 年 7 月，中国建筑工业出版社、哈尔滨建筑工程学院、吉林市土木建筑学会在吉林市联合举办了“建筑与心理学”学术研讨会，这是我国这一领域的第一次民间性质的学术会议，与会者 20 余人，所有论文均在《建筑师》第 551 期的专栏发表。这对推动我国这一领域的发展，起着极为重要的作用。

1997 年 11 月，由日本“人—环境研究学会（MERA）”主办的，欧洲“人—环境研究国际学会（UPS）”、美国“环境设计研究协会（EDRA）”和澳洲“人与自然环境研究(PAPER)”三大组织协办的“面向 21 世纪的环境—行为研究国际会议”在东京大学山上会馆召开；大会根据 16 个国家的学者所提交的 110 篇论文归纳出 10 个热点课题；分别为：建筑环境的文化变迁、城市环境意识与环境认知、环境—行为的跨文化比较研究、规划与环境评价、特殊群体的环境知觉与环境认知、视觉心理学与听觉心理学、人体工程学、环境评估标准、空间与行为特殊环境设计中的行为和心理问题。这些课题体现了环境—行为领域所涉及的现实问题，也反映出这一领域的未来发展方向。

环境行为学已作为一门独立的学科，“环境行为学”这一名称是美国研究学者普洛尚斯基和伊特尔森等首先提出的。从概念来说，物质环境包括自然环境与人工环境，环境行为学重点讨论人工环境，尤其是建筑环境与行为的关系。但事实上，任何人工环境都是社会的产物，都离不开相应的社会环境与文化背景，同时也不能脱离它所赖以存在的自然环境。

环境行为学的主要研究特点为：

（1）把“环境与行为的关系”作为一个整体加以研究。

（2）强调“环境与行为的关系”是一种交互作用关系。

（3）几乎所有的研究课题都以实际问题为取向，用来解决某些实际问题，其基础理论和内容都直接来源于实际研究。

（4）具有多学科的交叉性质。涵盖建筑学、城市规划、园林规划与设计、生理学、心理学、社会学、环境保护、人文地理学、文化人类学、生态学等多门学科。

（5）以现场研究为主，采用来自多学科的、富有创新精神的折中研究方法。

人与环境的关系是不可回避，也永远不会过时的问题。尤其在现代社会，越来越严重的城市环境问题，日益引起人们的严重关注。改善生态环境，以人为本，提高生活质量，应需要高水平的环境设计和管理人员，而且需要高素质的环境使用者，这是形成环境可持续发展的必要条件。提高人类对自身及其所处环境的认识，建立和谐的人与环境之间的关系，是环境行为学研究的永恒主题。

第二节　感觉、知觉与认知

一、感觉

人类对于社会及大自然的认知来自于人体的各种感官（眼、耳、鼻、舌、身）系统。通过认识过程反映着客观世界的环境信息，从而为人类认识与改造环境提供依据。认识过程包括感觉、知觉、记忆、想象、思维和言语等。通过认识过程可以使人们对环境中的一些信息进行接受、识别、加工提炼。

感觉是人脑对当前直接作用于感官系统的客观事物，对其个别属性（颜色、明暗、气味、声调、软硬、肌理、质感、粗细等）的反映。客观事物是感觉的源泉，人的认识活动从感觉开始，通过感觉，不仅能够了解客观事物的各种属性，如物体的形状、颜色、气味、肌理、质感等；而且也能知道身体内部的状况和变化，如饥饿、不适、疼痛等。感觉是意识和心理活动的重要依据，也是人脑与外部世界的直接联系。

（1）感觉的特征。

1）感觉是对当前事物的反映，是记忆中再现的映像，而幻觉中的体验等均不是感觉。

2）感觉只能反映客观物体的声、形、色、味等个别属性，不能把这些属性整合起来整体地反映客观事物，感觉是人们认识客观世界的开始。

3）感觉是以客观事物为源泉，是主客观联系的重要渠道，是客观事物的主观反映。

（2）感觉与刺激。

在缺乏刺激的环境中不仅会引起正常人的烦躁，还会使人产生强烈的痛苦感和损害身体健康。感觉的丧失会严重影响人的认识过程，特别是思维过程，并波及情绪和意志，造成心理紊乱甚至精神障碍。

20 世纪 50 年代，加拿大的心理学教授赫布和贝克斯顿，为了深入了解人在缺乏感觉刺激时的相应反应，进行了著名的感觉剥夺实验。要求参加实验的大学生，在缺乏刺激的隔音小屋中持续躺在帆布床上（进餐和上卫生间除外），小屋中持续开着灯，被试者戴着半透明的护目镜看不到东西并且听不到任何有规律的声音（采用了相应的隔音装置），同时防止手足触摸物体；缺乏刺激、单调的实验环境如图 1-1 所示。

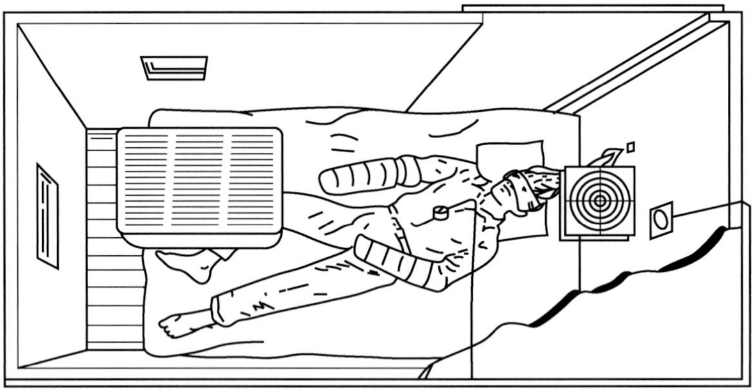

图 1-1　感觉剥夺实验环境图示

注：小屋内的空调（左）和电扇（右）掩盖了室外噪声

连接到被试者头上的电线，便于研究脑电波的变化。

在实验的初期，被试者以睡觉为主，但两三天后这种单调的实验环境便令其难以忍受，缺乏正常刺激使他们的思维过程受到严重扰乱，感到无聊并烦躁不安，智力测试成绩明显下降，出现白天做梦、幻觉及恐怖症状，故决定退出实验，逃脱这个令人难以忍受的单调环境。

通过这个感觉剥夺实验说明：丧失感觉会严重影响人们的思维和认识过程，并影响人的情绪和意志，易出现心理问题；而在日常生活中适当接受刺激并产生相应的感觉是非常重要的，可以为我们认知周围的客观环境提供重要的依据和线索，并可保证人们的身心健康。刺激与行为关系示意图如图 1-2 所示。

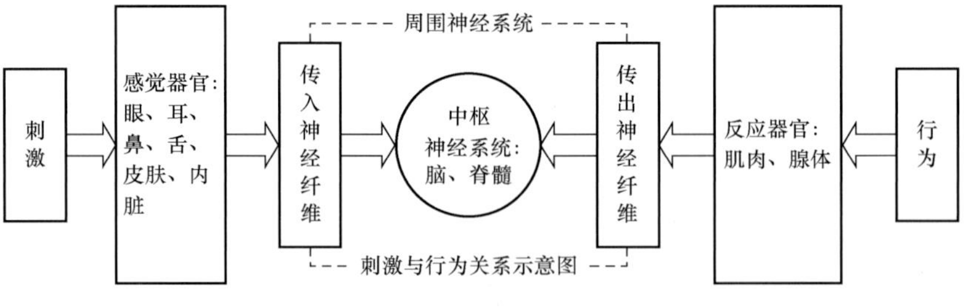

图 1-2　刺激与行为关系示意图

正常生存环境中的感觉刺激对婴幼儿的身心发展起着决定性作用。如正常婴儿的语言能力并非是天生的，而是在后天生存环境（家庭、社会）的听觉刺激下牙牙学语而成的。现代优生优育的实践证明，在母亲的怀孕和哺乳阶段，通过早期适当的外环境刺激（语言、音乐、触摸），可以提高孩子的语言能力和智力。但也有个别孩子在缺乏人类语言感觉刺激的特殊环境中生存，而能丧失语言能力。

（3）引起感觉的几种因素。

1）感官刺激。

人的感觉器官具有不同的形态构造，执行着各自的职能。它们具有特定的适宜刺激物，只对各自的适宜刺激产生最大的感受力，从而产生清晰的、有一定意义的感觉。例如眼睛接受光刺激，耳朵接受声刺激，皮肤接受触觉、温觉刺激等。平时人们最重视的首先是视觉与听觉，其次是嗅觉、味觉、肤觉；事实上人的感觉不只上述五种，还有动觉与平衡觉。

2）感觉阈限。

并非任何强度的刺激都会引起感觉，例如人听不到远处微弱的声音，感觉不到飘落到皮肤上的尘埃微粒，那种刚刚能引起感觉的最小刺激强度称下绝对感觉阈限，人类重要感觉绝对阈值（下绝对感觉阈限）的近似值见表 1－1。

表 1－1　人类重要感觉绝对阈值的近似值

感觉类别	绝　对　阈　值
视觉	明朗的黑夜可以见到 48.28km 外的一只烛光
听觉	安静的房间里可以听到 6.10m 外表的滴答声
味觉	9.09L 水中加一匙糖可以辨出甜味
嗅觉	一滴香水可使香味扩展至三个房间
触觉	一片蜂蜜翅膀从 1cm 外落在面颊上，可感觉其存在
温冷觉	皮肤表面温度有 1℃之差就可觉察

当刺激强度超过某种限度时，所引起的就不再是正常感觉而是痛觉，例如过强的听觉刺激和触觉刺激引起的效果都是痛觉，这个能引起痛觉的最大刺激量称上绝对感觉阈限。从下阈限到上阈限之间的强度，就是人能产生感觉的刺激范围。

人耳的听觉范围，在 0～140dB 之间。人耳听觉非常敏感，正常人能够察觉 1dB 的声音变化，3dB 的差异将感到明显不同。人耳的听觉下限是 0dB，低于 15dB 的环境是极为安静的环境。农村的夜晚一般是 25～30dB，仔细倾听才能听到风、流水、蝉鸣等自然声音，其他感觉一片寂静。城镇的夜晚因区域不同而有所差异。较为安静的居住小区室内一般在30～35dB，而在繁华的闹市区或是交通干道附近，将达到 40～60dB（甚至更高）的噪声。人们正常讲话的声音大约是 60～70dB，大声呼喊可达 100dB。人耳的听觉上限一般是 120dB，超过 120dB 的声音会造成听觉器官的损伤，并产生痛觉，140dB 的声音会使人致残失去听觉。高分贝喇叭、重型机械、喷气飞机引擎等都能够产生超过 120dB 的声音。

3）注意。

注意是心理活动对一定对象的指向和集中。人们对那些被注意的对象会用心地看、听、嗅、触摸……结果，这些被注意的对象就被清晰地反映出来，而其他未被注意的对象就相对感觉模糊。客观对象能否引起人的注意，一方面取决于刺激物的特征，另一方面则取决于人体自身的状态。

①刺激物的强度对比。在无意注意中起绝对作用的往往不是刺激物的绝对强度，而是它们的相对强度。例如在嘈杂的闹市中大声说话不会引起旁人的注意；而在安静的环境中，窃窃私语也可能引起旁人的注目。万绿丛中一点红的强烈色彩对比，通常会引起人们的注意。

在建筑设计中，为突出建筑主立面及主入口，通常采取加强对比的设计手法，使主入口或主立面的尺度、形态、材质、色调等与其他部位有明显差异，给人以较深刻的印象。

②刺激物的状态。运动和变化的对象比静止的对象更引人注意。如理发馆的三色旋转柱标、变化的霓虹灯标志、动态的喷泉等比静止的对象更易引起视觉注意；节奏强烈的音乐比舒缓的旋律更能引起人们听觉的注意。

③刺激的新异性。与众不同的和新异的事物很容易成为注意的对象，千篇一律、刻板重复的事物很难吸引和维持人的注意。如在商业街中，别具一格的店面设计和商品广告，更能吸引过往行人的注意而使生意兴隆。

④注意的范围。也称为注意的广度，是指在同一时间内能清楚地把握对象的数量。耶文斯在 1871 年进行了有关注意范围的实验。他把黑豆撒在一个有黑色背景的白色盘子中，有部分豆粒落到盘内，其余则落到黑色背景中。待盘中的豆粒刚稳定下来，观察者立刻报告所看到盘子中豆粒的数量。实验结果发现，盘中有 5 颗豆粒时开始发生计数错误；当不超过 8 个豆粒时计数错误率小于 50%；8～9 个时，计数错误率大于 50%。通过实验结果证明，在计数判断中 7 是临界值。如果将 9 颗豆粒分三组，每组三颗，观察者能准确看出豆粒的数量。从以上研究分析出，对这些环境要素加以适当组织，把某一群元素作为一个整体记忆，简化信息处理过程，则花同样的精力记住更多的信息，可大大提高记忆效率。

（4）感觉之间的相互作用。

1）相互加强或削弱。人接受客观环境的信息通常是多渠道同步进行的。当某种感觉器官受到刺激时，也可能影响到对其他器官的感受性。经实验研究发现，微痛刺激或某些嗅觉刺激均可能使视觉感受性适当提高；微光刺激则能提高听觉的感受性，而强光刺激则会降低听觉感受性。通常规律是弱刺激能提高另一种感觉的感受性，而强刺激则会降低另一种感觉的感受性；这些规律广泛应用在影剧院、音乐厅、体育馆等以视听功能为主的环境设计中。

2）联觉。

联觉是指一种感觉引起另一种感觉的现象，它是感觉相互作用的另一种表现。如在音乐方面有一定修养的人，听到适当的乐曲会产生相应的视觉，这就是一种视听联觉现象。贝多芬在法国巴黎卢浮宫广场，看到广场周围卢浮宫等古典主义风格的建筑群时，由视觉联觉而发出了由衷地感叹：“建筑是凝固的音乐”。

联觉有多种形式，色彩的联觉在建筑室内环境设计中也得到了广泛的应用。

①色彩的温度感。色彩会使人产生温暖或寒冷的感觉。红和黄属于暖色调，使人联想到火焰和太阳，会使人感觉到温暖；绿和蓝属于冷色调，会使人联想到森林、大海与蓝天；红紫和黄绿等属中性色，既不冷又不暖。色彩的冷暖还与对比有关，如紫色若与橙色放在一起，则紫色偏冷；若与蓝色放在一起，则紫色偏暖。

在蓝绿色的室内冷色环境下，室温 15℃时人们会感觉到冷，身处此环境人体的血液循环较慢，血压、呼吸及脉搏均会正常。而在红橙色的室内暖色环境下，人们在 11℃的室温环境下才会感觉到冷，身处此环境人体的血液循环较快，血压上升，呼吸和脉搏均会加快。

②色彩的距离感。暖色会使人感到距离缩小，称为前进色；冷色使人感到距离增大，称为后退色。当室内界面色彩的明度相同时，在视觉上感觉采用冷色会比暖色能够扩大空间。如想使面积小的房间显得较宽敞，就应该采用冷色系的浅绿（蓝）色（后退色）材料装饰墙壁。

③色彩的轻重感。决定色彩轻重感觉的是明度。深色感觉重，浅色感觉轻；暗淡色感觉

重，明亮色感觉轻。明度一样时，暖色感觉重，冷色感觉轻。黑色感觉最重，白色感觉最轻。在室内装饰时，人们往往喜欢上轻下重的沉稳感觉；因此，顶棚常采用浅色（白色），地面常用深色，墙裙用色总是深于上部墙面用色。

④色彩的面积感。面积一样大的两种色彩，明度高而色浅的有放大的感觉，明度低且色深则有缩小的感觉。线脚也是如此，明亮色的显得粗大些，暗色的显得细小些。

⑤色彩的动静感。暖色使人兴奋，为动感色彩；冷色使人沉静，为静感色彩。清淡明快的色彩使人感觉活泼轻松，灰暗浓重的色彩易使人感觉深沉抑郁。

不同的颜色极易影响人的认知和行为，特别是红色和蓝色容易对人的认知和行为产生不同的影响。加拿大不列颠哥伦比亚大学的研究人员挑选了600余名17～39岁的学生，让他们在屏幕背景分别为红色、蓝色和白色的电脑上接受准确性和创造性测试。结果显示：用红色背景电脑的人在记忆、校对等准确性测试方面得分较高，而使用蓝色背景电脑的人则表现出了更出色的想象力和创造力。研究人员发现，人们容易把红色与血、紧急情况等联系在一起，因而变得警觉。而蓝天、海洋给人带来开放和宁静感，因而蓝色易促使人表现出更多的创造力。美国加利福尼亚大学伯克利分校的心理学教授斯蒂芬·帕尔默在北美地区的研究发现，其研究小组做了涉及颜色的一系列试验，结果发现红色易使人联想起愤怒、进攻性、强壮和勇气。红色的教室墙壁不利于培养学生的创造性思维，但红色的室内环境有助于促进校对等强调准确性的工作。

3）不同感觉的补偿。

当人的某种感觉受损或缺失后，其他感觉会予以补偿。例如，聋哑人的视觉特别敏锐；盲人只能依靠视觉以外的其他感觉（听觉、触觉、嗅觉、味觉）信息判断和识别客观对象；先天失明者即使有的经治疗恢复视觉，开始阶段仍需要借助听觉、触觉等手段验证视觉信息，并将后来的视觉信息纳入先前依据非视觉信息所建立的固有模式。不同感觉之间所以能够相互补偿，是因为在一定条件下不同形式的能量可以相互转换。感觉的相互作用也说明人的感觉系统是一个整体，各种感觉是相互联系的，它们整合在一起对客观世界进行全面的感觉反映。

二、知觉与认知

人通过感觉器官感知客观事物时，人们不仅能反映客观事物的个别属性，而且能够通过各种感觉器官的协同活动，在大脑中按其相互间的联系或关系整合成事物的整体，从而形成对该事物的完整映象。这种对信息整合的过程就是知觉。

1. 感觉与知觉

知觉的产生以各种形式感觉的存在为前提，并与感觉同时发生。感觉与知觉是两种既相同又相异的紧密联系的心理活动过程，都是人脑对当前客观事物的反映。感觉与知觉的关系示意如图1-3所示。

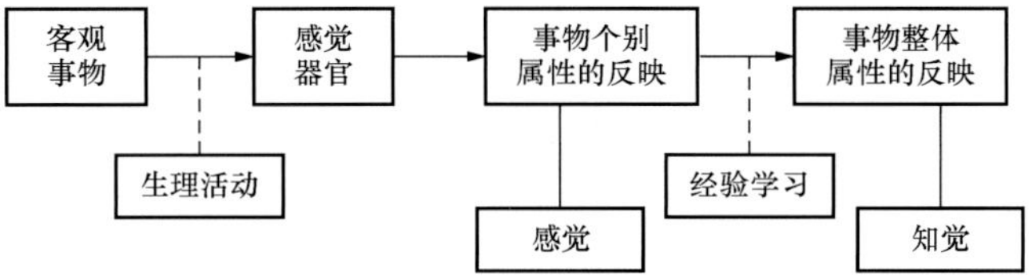

图1-3　感觉与知觉的关系示意图

知觉是对物体整体的反映，是以生理机制为基础的纯粹的心理活动，表现出主观因素的参与。但是，若没有对物体个别属性反映的感觉，就不可能有反映事物整体的知觉。对某个物体感觉到的个别属性越丰富、越精确，对该事物的知觉就越完整、越清晰。现实生活中，人们一般都是以知觉的形式直接反映客观事物，感觉只是作为知觉的组成成分存在于其中。而心理学为了研究的需要，才把感觉从知觉中区分出来加以讨论。感觉与知觉统称为感知，平常所说的感觉往往也泛指感知。

2. 知觉定式

个人的知识、经验、兴趣，别人的言语指导或环境的暗示，会促使知觉判断的心理活动处于一定的准备状态而具有某种倾向性，心理学中称这种倾向性为知觉定式。

如图 1-4 所示，排列在中间的符号从水平排列上像 13，从竖向排列上又像 B，而究竟是什么，主要是看观察者依靠哪一种位置关系（左右或上下）得势，继而倾向 13 或是 B。

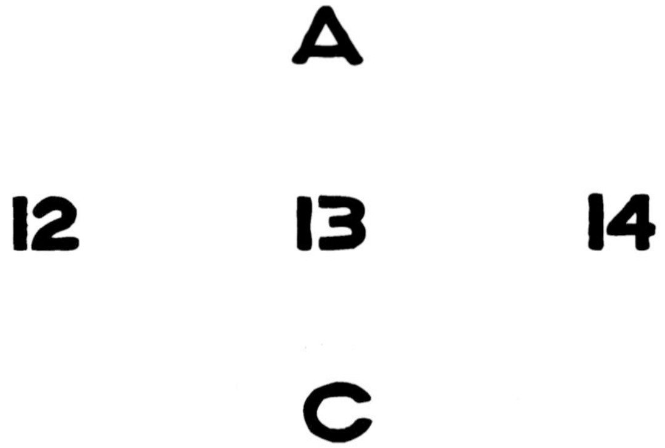

图 1-4 排列在中间的是什么

定式对知觉对象的判断，尤其是对具有某种不定性对象的判断会产生很重要的影响。心理学家黎柏曾用著名的三张“光阴如箭”图片做实验，如图 1-5 所示，研究定势对知觉的影响：图（a）为一少妇；图（c）为一老妪；图（b）兼有（a）和（c）两图的特征。被试者分为两组，第一组先观看图（a）15s，然后看图（b），结果 100%的被试者把图（b）看成少妇。第二组先观看图（c）15s，然后再看图（b），结果 96%的被试者把图（b）视为老妪。

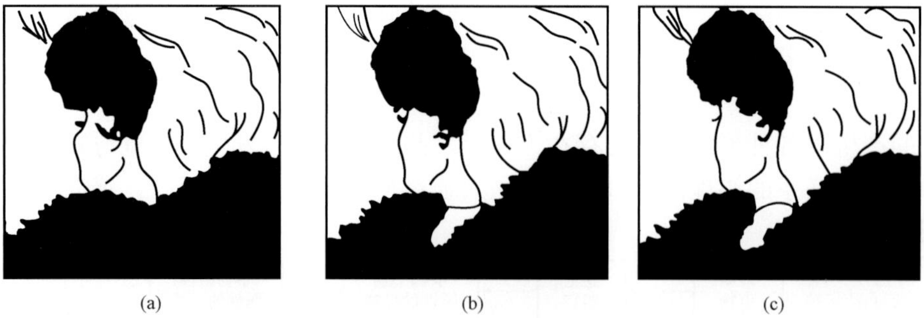

图 1-5 少妇与老妪的图示

同样的道理，生活在不同环境的人对同一个具有不定性的对象，也可能作出截然不同的判断。把知觉的这种倾向称为定式，也体现了它在影响个人态度和价值观方面的顽固性；每个人都曾通过找出“适合”于自己最初的定式，并用来加强这种定式的对象和事件，用以保持甚至于加强其早年生活中的态度和价值观。心理上的这种定式常常可以帮助个人对客观事物作出迅速判断，但也常常妨碍判断甚至引起错觉。

3. 适应

如果感知到的刺激不随时间发生变化，人对这种刺激的反应就会越来越弱，甚至感觉不到，习惯了环境的刺激而逐渐适应。在听觉适应方面，久住公路附近的居民睡眠几乎不受影响，但新迁入的居民或偶尔到这里过夜的客人，就可能因交通噪声的干扰而难以入睡。长时间共同生活的夫妇，鼾声不会影响彼此的睡眠；而在宾馆中的客房，鼾声则会使同一客房的客人彻夜难眠。

在视觉适应方面，心理学家斯卓登在1897年做过一个实验。他给自己的眼睛戴上视野颠倒的透镜，光学效应是视野的上下左右全部换了位置。斯卓登报告，由于戴了这种透镜，产生了严重的、即时的定向障碍，视觉和身体运动的协调被破坏。他伸手拿视觉上所知觉到了的东西，但是方向错了，而且听到声音来自与它们的视觉来源相反的方向。要有许多次“尝试——错误”的摸索，才能完成诸如把叉子叉住食物送到嘴里，这样一些简单的动作，3天之后，这种定向障碍才减少，到8天之后，新的“视觉——动作”协调变得很熟练甚至习惯了，几乎不再觉得视觉映象是颠倒的了。脱去这副透镜后，这种成功的适应又被破坏，对原本正常的环境却又发生了某种程度的定向障碍。幸运的是，这第二种效应持续的时间要短得多。后来又有人重复了类似的实验，叫被试者戴上倒置透镜达30天之久，研究发现，经过一段时间后被试者学会了十分有效地正常活动；事实上，被试者最后完全忘记了环境是被颠倒的，以致摘掉变形眼镜后一段时间内，却把正常环境看成是颠倒的世界。对于其他的环境刺激，如嗅觉、温度、湿度等也同样存在适应现象。

4. 对变化的知觉

如果人们已经适应了某种环境刺激，在刺激发生变化时人们是否能感知到这种变化呢？萨默认为，根据韦伯—费克纳的“心理—物理”定律可以对这类现象作出解释。研究发现，刺激强度的增量与原刺激强度的关系，影响着人们对刺激变化的知觉；对于低强度的刺激，只要一个很小的增量就可以觉察到它的变化；而对于高强度的刺激，则需要比较大的增量才能觉察到它的变化。例如在一个小房间中降低唯一的一盏灯的功率（降低几度），人们可以感觉到亮度的变化；但在一个大空间中仅降低其中一盏灯的功率（降低几度），则人们很难觉察到大堂中亮度的变化。

在室内光环境设计中，由于人的视觉对室内照度的变化存在着相应的适应过程，故应采用不同的设计方案。对于明适应，人眼从暗环境到明亮环境时，约需要1～2分钟的适应过程就能看清周围的环境；而人眼从明亮环境到暗环境时，则需经过20分钟左右较长的适应过程，才能大致适应周围较暗的环境，这个较长的适应过程称为暗适应。在暗适应的空间设计中（如电影院的观众厅、休息厅和门厅之间衔接的光环境设计，应进行渐变的照度处理），应在暗环境和明亮环境之间适当设置中间过渡空间，通过逐渐降低环境亮度，来适应人眼知觉的变化。

5. 认知

认知指的是获得知识的过程，它包括感知、表象、记忆、思维等，而思维是它的核心。从20世纪50年代开始，就有一些心理学家感到研究认知、智力或思维的重要性，有的发展成为学派。皮亚杰就是这方面的代表，《发生认识论》就是其中的著作之一。

在皮亚杰的理论中，已有的知识或经验称为“图式”。人们总是习惯于用固有的图式去解释所面临的新事物，并把新的信息纳入固有的图式之中，皮亚杰称这一过程为“同化”。在同化过程中，已有的图式不断巩固和充实；固有图式既是接受新知识的基础，又可能成为认识新事物的障碍。皮亚杰称这种建立新图式的过程为“顺应”。同化是图式量的改变，顺应是图式质的改变。人每遇到新事物，总是企图用原有图式去同化，即将新的事物纳入原有图式之中，如获成功，便得到认识上的暂时平衡。反之便作出顺应；调整原有图式或创建新图式去同化新的事物，以达到认识上的新平衡：从较低水平的平衡上升到较高水平的平衡；这样不断发展的平衡—不平衡—平衡的过程，就是智慧发展的过程，也是学习或适应环境的过程。智慧的本质就是适应，而适应的形成在生物学上是同化与顺应的平衡；在心理学上就是主体（内因）与客体（外因）相互作用的平衡。图式、同化、顺应、平衡则形成了人认识活动中的“认识结构”。人最初的图式来自先天遗传，经过和外界接触，在适应环境的过程中就不断变化、丰富和发展起来。从这一过程可以看到，认知是主客体相互作用的产物。

皮亚杰的理论被认为是结构主义的认知心理学，他提供的是关于心理结构的设想。而现代认知心理学则企图用信息的输入、存储、检索、加工、输出等概念来说明，从感觉经过表象、记忆、思维而作出反应的全过程。但是，现代认知心理学家都主张除研究认知因素外，还应研究非认知因素，如情绪、意志、态度等。而对这方面进行信息加工的研究，迄今为止还是比较困难的。此外，认知或思维过程是在人大脑内由神经细胞的活动完成的，信息加工只是一种类比或模拟。大脑是具有代偿性的，而机器是比较脆弱的。因此，现代信息加工论者认为，不研究人的生理机制，照样可以研究心理活动。另外，认知心理学也期待着，能够把信息加工和神经生理学结合起来进行研究。

三、感觉、知觉、认知与空间环境设计

人类主要通过视觉观察建筑空间和自然环境。事实上，人们是通过多种感觉（视觉、听觉、嗅觉、动觉、触觉等）来体验周围环境，不同的感觉之间存在着相互影响，而且它们之间的相互作用也影响着个人对总体环境的判断与评价。多种感觉对建筑环境的体验途径如图 1-6 所示，为建筑空间与环境设计提供了许多有意义的启示。

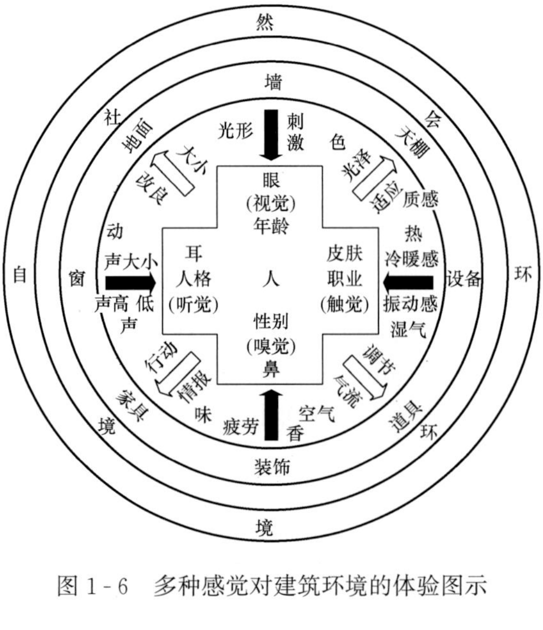

图 1-6　多种感觉对建筑环境的体验图示

1. 视觉

视觉是人的主要感官，是刺激作用于视觉器官产生的主观映象，是识别和定向的主要手段，也是获取环境信息的主要途径。经研究发现，人类视网膜结构由中央凹和周围视觉所组成，人眼的剖面如图 1-7 所示，且各自具有不同的视觉功能，它们使人以三种各不相同却又相互协同的方式观察周围的世界。

（1）中央凹。

如图 1-7 所示，中央凹是人眼位于视网膜中央的小凹，含有最微细的视锥细胞。中央凹形成的视野成圆锥状，水平和垂直视角均为 2°左右；当头部保持垂直或略微前倾时，中央凹视觉通常看着视平线以下 10°左右的地方；中央凹具有辨别物体精细形态的能力。当人眼观看视觉对象时，中央凹视觉一般沿点画式轨迹进行扫描。所谓“画”就是扫视；而“点”就是停顿和注视。扫描可较快了解全局；注视则能深入局部。对一点的注视时间越长，越易引起人的兴趣。因此，就直觉而言，匀质的景观环境即缺乏停顿点的环境背景，易给人单调乏味的感觉，如灰色的天空背景、茫茫无际的沙漠、浩瀚无垠的海面（令人索然乏味）、单调如一的现代盒子群体建筑等，都会引起人们的视觉疲劳，继而使人产生厌倦情绪；而具有独特造型，不落俗套的建筑作品，往往能够吸引人们的注目，通过中央凹使人们得到充分的视觉审美；如悉尼歌剧院、北京国家大剧院等标志性建筑。

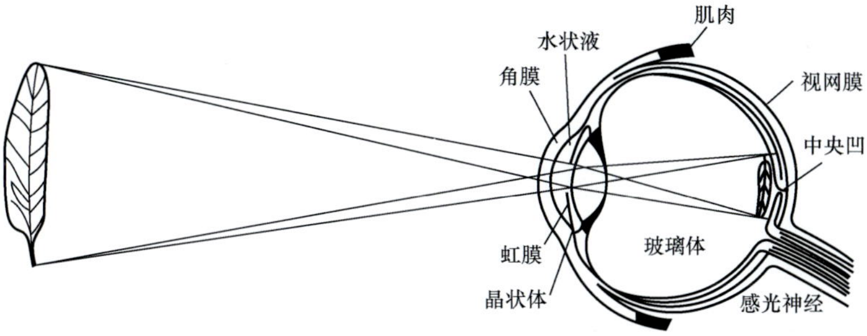

图 1-7　人的眼睛剖面示意图

由当代建筑大师，解构主义设计风格的代表人物弗兰克·盖里设计，采用多变的曲面体造型，具有强烈视觉冲击力、易给人视觉留下深刻印象的西班牙毕尔巴鄂古根海姆博物馆，如图 1-8 所示。

图 1-8　毕尔巴鄂古根海姆博物馆

据相关研究结果证明，中央凹的扫描方式因视觉对象而异。例如，观看画片等小尺度对象时，中央凹沿着复杂而又循环的路线进行扫描；观看较大的雕塑时，扫描集中于形体本身折线式来回跳跃，并在形体外轮廓处略作停顿；对于建筑物，扫描主要沿线条和外轮廓线进行，并多停顿于屋顶檐口、建筑入口和形体突变等建筑形态的重要部位；对于街道景观，中央凹集中于中景左右来回扫描，注视程度随距离渐远而逐渐减弱，具有一定的连续性；对于市政广场，扫描多集中于中景或近景处的狭窄地带，围绕广场中心来回摆动，注视程度变化较大，具有动态性质。人的视觉尺度范围如图 1-9 所示。

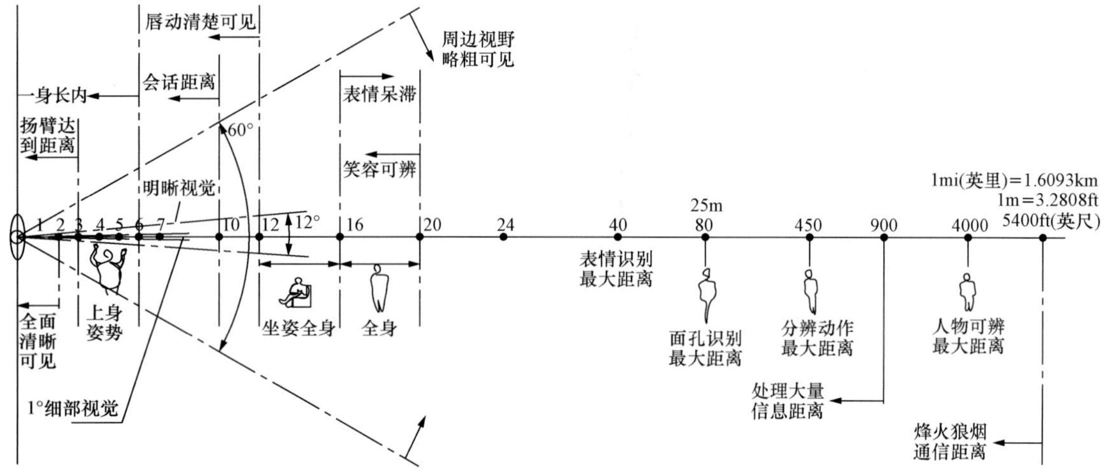

图 1-9　人的视觉尺度范围示意

根据中央凹的视野范围，可确定不同视距时建筑或环境细部（如檐口和雕塑、小品）的尺度和形态；人眼在室外看清店面及建筑细部的有效视距约为 25m（约 80 英尺）左右，因此，应确定这个有效视距在人的视野范围之内，据此确定相邻建筑物之间的距离；同时，应该保证建筑物的门厅入口、屋顶檐口、店面标识等重点设计部位与人的最小视距在有效视距之内，如图 1-10 所示。然而就环境设计而言，眼睛的扫描规律与视觉审美感受密切相关，因此具有更为重要的意义。

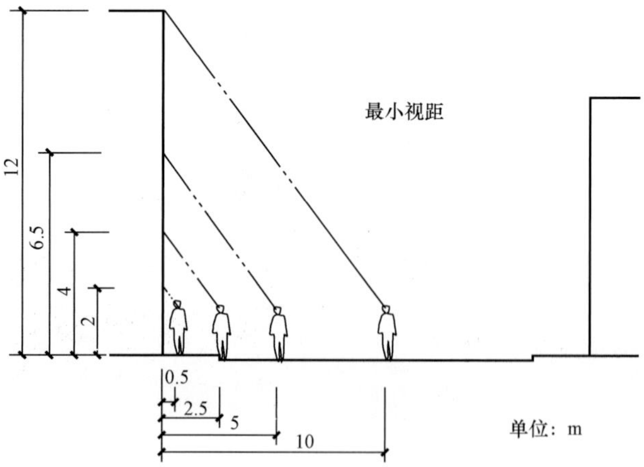

图 1-10　视距与设计重点间的关系示意图

（2）周围视觉。

周围视觉位于中央凹周围，随同中央凹进行扫描，共同形成清晰的视野范围。

周围视觉包括近周围、远周围和边缘单眼视觉三部分，其中边缘单眼视觉部分虽然视力变差，但对运动的感觉相对加强，这些运动被边缘视觉夸大，引起人的无意注意和下意识反应，这对感知环境整体、确保自身安全和保持心情安宁具有重要的意义。例如，驾驶汽车从开阔的公路驶入林荫道时，驾车者会情不自禁地减慢车速，原因是倒退的行道树在边缘单眼视觉上产生运动的夸大感，引起人的下意识反应。

因此，道路和隧道设计必须充分考虑边缘视觉造成的影响。例如，隧道口应设有合适的视觉过渡和渐变的环境处理；而在隧道中，为避免造成车速突变，应保持人工照明均匀一致，并尽量减少位于驾车者眼睛高度的灯光数量。

根据边缘视觉对动态刺激敏感的特点，可在城市商业区内多设广告牌、灯光、变幻的霓虹灯、字幕、喷泉、动态雕塑或小品等，而在图书馆和医院则应尽量减少不必要的墙面装饰，通过加大或减少对边缘视觉的刺激，来构成不同的环境效果。

2. 其他感觉与环境体验

以往的环境设计主要强调视觉因素，而忽视其他的感觉体验，直到近年来设计师才开始重视其他感觉与环境体验的相互关系，在建筑空间的环境设计中将多种感觉因素进行整合。

（1）听觉。

听觉是外界声音刺激作用于听觉器官而产生的感觉。它是自然界动物或人类彼此联系的一种工具，不同的声音信息有助于形成不同的环境氛围。听觉接收的信息远比视觉少，除了盲人用声音作为定位手段外，一般人仅利用听觉作为语言交往、相互联系和洞察环境的手段。声音虽然短暂且不集中，但无处不在；因此不仅与室内而且与室外，不仅与局部而且与整体环境体验密切相关。对于噪声产生的不利影响，可以通过采取隔音密闭措施营造相对安静舒适的室内环境，如设置隔音门窗、吸音墙面、管道外包吸音材料等措施；但让一个听觉正常的人生活在无声的环境中，其结果是难以忍受的。特定的声音可以成为视觉探索的引导，还能唤起对有关特定地点的记忆和联想。此外，声音的巧妙利用还能获得某些特殊体验，如闹市中喷泉的水声可以掩蔽噪声，起到闹中取静的作用，有利于游人休闲和相对私密的活动；在室内大堂中设置叠水等设施，通过潺潺流水声可营造自然的环境氛围；在购物环境中听到优美舒缓的背景音乐，可以强化人的购物行为，使人流连忘返。

（2）触觉。

通过触摸感知肌理和质感是体验环境的重要方式，主要来自于受到机械刺激所产生的感觉，如行走时对地面质感和形状的体验。质感来自对触摸的感知和记忆。对于儿童，亲切的触觉是生命早期的主要体验之一。起先是被动地触摸，继而是主动地触摸来增加触觉体验，从摸石头、栏杆、花卉、灌木、沙坑、戏水、玩具、各种游戏设施，直到小品、雕塑，几乎成为孩提时的习惯；创造富有触觉体验，既安全又可触摸的环境，对于儿童身心健康发展具有重要的意义。在庭院中设置供孩童嬉戏的小路，变化的路面可以吸引孩子争相体验；设置浅水池供孩童戏水嬉戏；设置沙坑供孩童玩沙塑型，激发孩子的想象力；配置游戏设施供孩童嬉戏锻炼，增加触觉体验。

在材质变化的小道上赤脚嬉戏体验触觉的孩童，如图 1 - 11 所示。

对于盲人，触觉体验是其认知周围环境的主要手段，地面走道质感和形态的变化可以作为区分领域或控制行为的暗示手段。在设计中，质感的变化可作为划分领域和控制行为的暗示，采用不同铺地暗示空间的不同功能，如设置利于盲人行走的盲道，可用相同的铺地外加凸凹图案表明预定的行进路线和停止行进的位置；北京地铁地面预示不同行进方式的盲道图案如图 1 - 12 所示。

图 1 - 11 赤脚体验触觉的孩童

图 1 - 12 北京地铁地面盲道的图案示意（张璇摄）

不同的质感，如草地、沙滩、碎石、积水、厚雪、土路、砟道等，有时还可唤起人们不同的情感反应；具有浓郁日本民族风格的枯山水庭院，就充分运用沙石的质感和肌理，经过精心布局，利用耙过的沙纹象征大海或湖泊，在有限的庭院空间里，体现其富有哲理的园林空间的意境，如图 1 - 13 所示。

图 1 - 13 枯山水庭院

（3）动觉。

动觉是对身体运动及其位置状态的感觉，它与肌肉组织、肌腱和关节活动有关。身体位置、运动方向、速度大小和支撑面性质的改变都造成动觉改变。典型的例子，如水中的汀步（踏石）：当人踩着汀步行进时，必须在每一块石头上略作停顿，以便找到下一个合适的落脚点，结果造成方向、步幅、速度和身姿不停地变化，构成动觉和视觉相结合的特殊感觉模式。某居住小区中心庭院水中汀步效果如图 1-14 所示。

如果动觉发生突变的同时伴随有别致的景色出现，突然性加上特殊性就易于使人感到意外和惊喜。在我国江南小尺度的私家园林建筑中，“先抑后扬”、“峰回路转”、“柳暗花明”、“曲径通幽”、“小中见大”、“借景”等都是运用这一原则的常用手法，如北京颐和园中谐趣园的景致处理，就充分利用了以上的造园手法。谐趣园是乾隆皇帝1751 年下江南时，看中了江苏无锡惠山脚下的寄畅园，回京后仿建的；1811 年，嘉庆皇帝取“以物外之静趣，谐寸田之中和”之意改名为谐趣园；现在的谐趣园是光绪时重建的，它由临水的十余座亭、台、楼、榭和百间迂回曲折的游廊相连通组成，保留了江南园林的灵秀之气。谐趣园平面如图 1-15 所示。

图 1-14　某居住小区中心庭院水中汀步

图 1-15　谐趣园平面示意图

1—园门；2—澄爽斋；3—瞩新楼；4—涵远堂；5—湛清轩；6—兰亭；7—小有天；8—知春堂；9—知鱼桥；10—澹碧亭；11—饮绿亭；12—洗秋亭；13—引镜亭；14—知春亭

在旅游风景区中，常利用山路回转、坡度变化和建筑群体亮相的突然性，使游客获得深刻的动觉体验，并成为旅游景区的重要特色之一；如泰山上的十八盘台级山道与中天门景区之间的动觉体验过程，往往使游客终生难忘。

（4）温度和气流。

人对温度和气流非常敏感，盲人尤其如此，检测窗户的气流和南墙的辐射是盲人借以定向和探路的重要手段。在城市中凉风拂面和热浪袭人会造成完全不同的感觉体验，其中热觉对人的舒适感和拥挤感影响尤其明显。在室外环境设计中要尽可能为人提供夏日遮阳、冬季朝阳的人性化小环境，如图 1-16 所示。不宜在室外铺设大面积（如广场）的硬质地面，缺少树荫的硬地环境为夏季烈日暴晒提供了条件，应该适当结合绿化、水体和小品改善局部小环境，体现出人性化的设计理念。在冬季，临街高层建筑底层的穿堂风给行人带来不少困难，应改进建筑总体布局，妥善处理步行街道并设置导风板是切实可行的解决办法。我国北方地区冬季寒冷，应尽量避免在建筑物设置北侧入口及北向开敞外廊，以免寒冷的北风吹入，也可设置门斗或封闭外廊来减弱寒冷北风的影响。

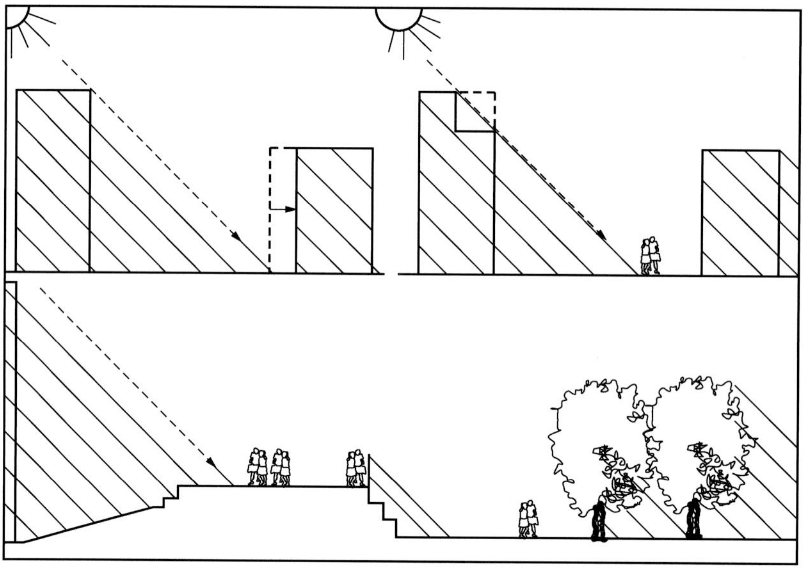

图 1-16　夏季遮阳、冬季朝阳的场地示意

此外，还有嗅觉、味觉、痛觉、振动觉、平衡觉、机体觉等，均是人们获取环境信息的工具之一。

3. 不同感觉在空间环境设计中的应用分析

在人类的正常环境体验中主要以视觉观察为主，但也涉及其他的感觉体验，通过所有的感官（眼、耳、鼻、舌、身），获取环境信息。因此在建筑环境设计中，应该考虑不同感觉之间的相互影响，考虑多种感觉对环境体验的综合影响效果，继而拿出最佳的环境设计方案；多种感觉对建筑空间的体验如图 1-6 所示。

事实上，在多数情况下，人们对环境信息的获得是通过多种感觉器官共同作用整合的结果；在环境知觉中，不同的感觉起着相互加强或削弱的作用。

（1）相互加强。

简单的感觉加强比较多见，如用动觉加强来修正视觉。以登爬泰山为例，远看泰山险峻壮观，只有亲身登爬，经历攀爬十八盘的险峻，才能在动觉过程中体验登山的乐趣，获得征服大自然的知觉体验；一旦登顶之后，不会再把泰山看成单纯的视觉形象，才会有“会当临绝顶，一览众山小”的豪迈感受。

复杂的感觉加强涉及更多的感觉，尤其当多种感觉提供同一类信息时，体验就更加深刻。由于多种感觉都提供了同一个相关信息，相互加强所产生的体验就远比单一的感觉过程生动。通常，在不同规模的环境中，各种感觉按照其重要性形成等级；在规模较大的环境中，其形成次序为视觉、听觉、触觉和嗅觉；在规模较小的环境中，其形成次序为视觉、触觉、动觉和听觉。同样，建筑空间环境提供的多种感觉也应相互加强而不应削弱。当我们站在巴黎圣母院前，欣赏这座著名的哥特风格教堂时，仿佛雨果笔下的人物在脑海中浮现，悦耳的教堂钟声响起，具有教堂建筑特征的视觉感觉和教堂钟声的听觉感受相结合，为我们提供了与教堂有关的同一类信息的多种感觉，相互加强，结果形成了深刻的环境体验。具有哥特风格的济南洪家楼天主教堂外部环境，如图 1 - 17 所示。

图 1 - 17 洪家楼天主教堂景观环境

建筑空间环境所提供的多种感觉应与所在环境的性质相匹配，这些信息在质和量两方面相互配合，才会产生良好的感觉体验。例如，图书馆应保持安静的阅读环境，然而同一标准如用于商厦，则会缺乏商业气息，影响经营收益。在学校校园总体布局中，应避免教学楼过于临近运动场地，以免运动过程中的噪声分散上课学生的注意力。

（2）相互补偿。

对于某些弱势群体来说，譬如盲人，环境中的声音，物体的外形、质感、气味等刺激对他们显得非常重要。对于幼儿，虽然视觉敏锐，但限于认知水平，只能意识已知的对象；因此，适宜的幼托建筑不仅应造型美观、新颖别致，而且还应提供足够的听觉（音响、广播、各种自然声）、触觉（可触摸的玩具、小品、雕塑、沙坑、水池、植物、铺地）、动觉（游戏器械或运动器械）刺激作为补偿。而逐渐衰老的老年人，经常存在一些实质性感觉障碍，故加强各种感觉刺激（如明暗对比、质感变化、声响或符号提示）是老年人福利设施建筑中常用的补偿手段。

在某些环境体验中，不同种类的感觉还可相互替代：当视觉提供的信息令人不感兴趣时，其他感觉提供的信息就可能发挥主要作用。在小尺度的室内空间和园林景观中，除了视觉外，还应强调肌理、质感和空间中运动路线的变化设计。当条件受限无法创造丰富的视觉形象时，可按照重要性等级加强其他感觉信息作为补偿；在商业街中，某些店面规模和形象并不出众，为吸引顾客，通过播放音乐刺激顾客的听觉，来达到吸引顾客的目的。

（3）相互削弱。

在某些环境中，视觉以外的其他感觉信息常常会削弱或破坏人的视觉体验，如高层建筑之间底层的穿堂风、街道上垃圾箱的恶臭、传入室内的过度噪声、餐厅中人满为患的热觉、大厅中嗅到卫生间的异味等都足以破坏人的视觉感受。应该看到，总的环境体验并不等于以视觉为主叠加多种感觉的加权之和，任何一种感觉体验不佳（如噪声、异味、闷热），均会造成总的感觉体验不舒适。

在建筑环境设计中，应充分重视和恰当运用上述感觉规律，不仅能防止噪声、异味等不良后果的影响，而且有助于形成丰富多样和易识别的良好环境，从而使人们较好地得到对建筑环境的感觉体验。

第三节 格式塔知觉理论

心理学是一门研究人的心理活动及其规律的科学。而环境行为学研究的则是人和环境的相互作用问题，在这个相互作用中，个体改变了环境，反过来个体的行为和经验也被环境所改变。为了营造舒适、优美、安全、环保的空间环境，就需要研究人的心理活动及心理需要，需要参考和借鉴许多心理学的研究成果。环境行为学是涉及人类行为和环境之间关系的一门新兴学科，环境行为学研究的目标有两个：一是了解人与环境的相互作用；二是利用环境行为学研究的相关成果来解决复杂多样的环境问题。

环境行为学是在应用中产生的，环境行为学家和环境设计师为解决现实环境中出现的问题，采用传统的心理学方法进行实验研究，来找到解决问题的方法；一些环境行为学家在研究分析的基础上，提出了各自的理论模型和环境行为学理论，如格式塔知觉理论、生态知觉理论和概率知觉理论等。

一、格式塔知觉理论概况

1. 格式塔心理学产生的背景

格式塔心理学 1912 年诞生于德国，是现代西方心理学主要流派之一，后来在美国得到广泛传播和发展。主要代表是韦特海默、考夫卡和苛勒。考夫卡是美籍德裔心理学家，于 1909 年获得哲学博士学位，1912 年参加了韦特海默进行的拟动现象实验，并成为格式塔学派的主要代表人。考夫卡最早向美国心理学界介绍了格式塔心理学，对格式塔心理学的对象、方法等问题作了详尽的阐述，使格式塔心理学系统化。格式塔心理学的产生有其社会历史条件，也有其哲学思想的背景。20 世纪初，德国资本主义工业飞速发展，国家实力居世界前列，其政治、经济以及文化科学等方面也都倾向于整体的研究。在哲学思想方面，康德认为：我们只能认识现象，但不能对“物自身”有所认识，而对现象的认识必须通过先验的范畴。康德的这种思想经过胡塞尔的阐发建立了现象学，主张以自然的观察去研究纯粹的意识。格式塔心理学就把现象学作为它的理论基础，并以现象学的实验来研究心理现象。此外，这一学派也接受过马赫的中立要素的观点，认为现象的世界是直接感知的真实世界，而物理的世界只是在感知基础上间接推论出来的世界。苛勒更直言不讳地承认，他的思想受到怀特海的新实在论和摩尔根的突创进化论的影响。怀特海认为我们可有两个世界，把我们用常识去观察的并在我们头脑中反映的世界称为“呈现的即刻”的世界，而把物理学家所认识的世界称为“因果上有效能”的世界，这两个世界并不是一回事。突创进化论认为，在进化的各个阶段上，可突创出全新的产物，这些产物是不能用个别成分的简单结合所能说明的。

2. 格式塔心理学学派的建立

1890 年，德国心理学家爱伦费尔发表了《论格式塔性质》的论文。他指出，正方形由四条直线组成，但正方形的性质并不是四条直线的集合，因为四条直线本身只具有直线的性质，而正方形是经过重新组织结合而成的崭新整体，具有新的、与四条直线集合完全不同的性质。他把这种整体所具有的性质称为“格式塔”（gestalt）。1910 年，韦特海默等在实验中映示了一列先后连续、快速视见的图形。尽管图形静止，但在观察者看来，以一定时间间隔映示的图形却在运动，他把这种现象称为似动现象；韦特海默等又专门做了一系列实验来验证这一现象。例如，先在黑色的背景上放映一条直线，接着在直线的左边或右边放映另一条直线，两线放映的间隔时间长至 0.20s，观察者可先见第一线，后见第二线，它们都静止不动。两线放映的间隔时间只有 0.03s，同时看到二线，它们也都静止不动。如果两线呈现的间隔时间介于上述两者之间而为 0.06s，则可产生似动现象。先呈现 a 线，再呈现 b 线则 a 线向 b 线移动；先呈现 b 线，再呈现 a 线，则 b 线向 a 线移动；它们都好像是单线移位的运动［见图 1-18（a）］。如果放映的两条直线一条成水平 a，另一条成垂直 b，其顶点相连，它们呈现的间隔时间长至 0.20s 或短至 0.03s，两线都静止不动。但两线呈现的间隔时间若为 0.06s，则同样可产生似动现象［见图 1-18（b）］。现在的电影就是利用这一原理摄制和放映的。

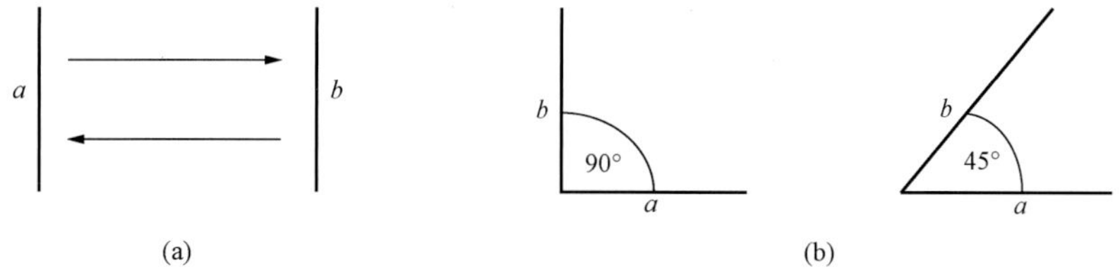

图 1-18　似动现象

以往的心理学理论强调知觉是单个感觉的集合，无法对这类现象作出解释。韦特海默认为，这种似动现象决不是某些感觉元素的总和，而是所感知到的一种运动整体，一种格式塔。他还把这一理论推广到其他知觉现象，认为作为整体的知觉不可分析为元素——整体先于元素并决定了部分。韦特海默与考夫卡等人以研究人对图形的知觉为契机，扩展研究领域，最终形成了格式塔心理学派。

3. 格式塔的含义

（1）词义。德语格式塔意指形式或图形，它还具有英语 structure（组织）的含义，但由于 structure 一词已为其他心理学派所专用，因而英译为 configuration 或德文音译为 gestalt，中译“完形”或音译为“格式塔”。

（2）术语。作为心理学术语的格式塔具有两种含义：一指事物的属性，即形式；另指事物的个别实体，即分离的整体，形式仅为其属性之一。也就是说，“假使有一种经验的现象，它的每一成分都牵连到其他成分；而且每一成分之所以有其特性，即因为它和其他部分具有关系，这种现象便称为格式塔”。总之，格式塔不是孤立不变的现象，而是指通体相关的完整的现象。完整的现象具有它本身完整的特性，它既不能割裂成简单的元素，同时它的特性又不包含于任何元素之内。

（3）引申。在格式塔心理学知觉理论的应用中，差不多把格式塔视为“有组织整体”的同义词，即认为所有知觉现象都是有组织的整体，都具有格式塔的性质。于是，凡能使某一感知对象（建筑立面、平面）成为有组织整体的因素或原则都被称为格式塔；出现了“格式塔（或格式塔原则）在建筑设计中的应用”、“良好格式塔”这一类提法。

二、格式塔知觉理论的基本观点

1. 知觉的整体性

格式塔知觉理论主要强调视觉的直觉作用，认为人的知觉经验是完整的格式塔，不能人为区分为元素。例如，观察房屋及其周围的环境，看到的不是多少光和色的元素，而是房屋、树木和天空；即便它们确实由若干元素组成，也只能看到这些元素自然组合而形成的整体，而不是人为抽象得出的感觉元素的累加。这类知觉经验是通体相关的有组织整体：整体先于部分，并非部分之和，而且部分也不含有整体的特性。例如，孩子不能认识单独显示的父母的鼻子，因为父母的鼻子是父母整个脸部的一部分，不是单独一个鼻子，而是脸上的鼻子。又如看到一张四条腿的餐桌，不需要推理，就感知到“餐桌”这一有组织的整体，而不是桌面加桌腿之和；四条腿被看成属于餐桌，而不是从属地面。

2. 同型论

格式塔心理学家认为，物理现象、生理现象和心理现象都具有同样的格式塔性质，具有两两相对应的关系，因而它们都是同型（或称同构）的现象。按照这一观点，当人感知到灰色背景上的白色图形时，他的脑内也会存在与灰色背景和白色图形相对应的区域：一些强电荷沿着图形有限区域的轮廓不断运动，图形区域之外则是与灰色背景对应的电荷较弱的区域，这就是身心同型。“相对应”是理解同型的关键，亦即特定的物理现象。神经生理学的研究证明，机体感官受到刺激时所引起的神经冲动，确实引起脑电活动的改变。

3. 场作用力

场作用力可看成是同型论的推论。这一观点认为，既然物理现象是保持力关系的整体，那么与之对应的生理和心理现象当然也是保持力关系的整体，即三者都具有相对应的完整的动力结构。所有这些力即物理力、生理力和心理力都发生在同一场之中，被称为场作用力。与物理力一样，心理力也具有方向、量度和作用点。研究人员还进一步加以发挥，认为作为物理现象的几何形状及其结合并不是纯粹的形式，而是保持力关系的整体。因此，当人感知到不同的形式时，会在物理力的诱导下对应产生不同的心理力，即不同的心理体验。他们还主张对形式进行场作用力分析，试图借以把握不同形式与不同心理体验之间的对应关系。对此研究得最多的是西方美学家凯泼斯和阿尔海姆等，阿尔海姆在1977年著有《建筑形式的动力学》一书。日本的小林重顺也曾在1961年编写了《建筑心理入门》，提出了形式设计的力学原理，包括力的渐变、强弱等六项原则。

三、格式塔的组织方法

现实生活中，人总是企图在知觉范围内对感知对象加以组织和秩序化，从而增强对环境的理解和适应。由于人对环境刺激的组织与思维过程和客观环境刺激的特性存在着同构性，所以环境刺激特性也直接影响着人的知觉效果。

1. 图形与背景的关系

在一定的场内，我们并不是对其中所有对象都明显感知到，总是有选择地感知一定的对象，有些突显出来成为图形，有些退居衬托地位成为背景，称为图地之分。丹麦学者鲁宾早就注意到这种现象，并绘制了著名的两可图形（见图1-19)。该图中若以黑色为背景，看到的是一个白色的花瓶；若以白色为背景，看到的是两个相对的人面。对一些先天失明者复明后的实验证明：图地之分是复明后视知觉最早具有的反应，因此是先天赋予的，后天经验对此只起到一定的强化作用。

(1) 图形清晰明确，相对较强；背景则模糊不定，相对较弱。

(2) 图形是被包围的较小对象，背景是包围着的较大对象。因此，图形有轮廓，一般情况下感知不到背景的轮廓。

(3) 当图形与背景相互围合且形状类似时，图地关系可以互换。例如面对一匹斑马，可以说它是黑色的，身上有白色条纹；也可以说它是白色的，身上有黑色条纹；还可以说它不是黑色的，也不是白色的，是由黑色和白色的条纹组成的。当图形与背景对称，而且都是人们所熟悉的有意义的对象时，例如图1-19鲁宾两可图中的花瓶与人面，图地关系也可以互换。中国的阴阳太极图是围合、对称、类似、意义兼而有之的一个典型实例，如图1-20所示。

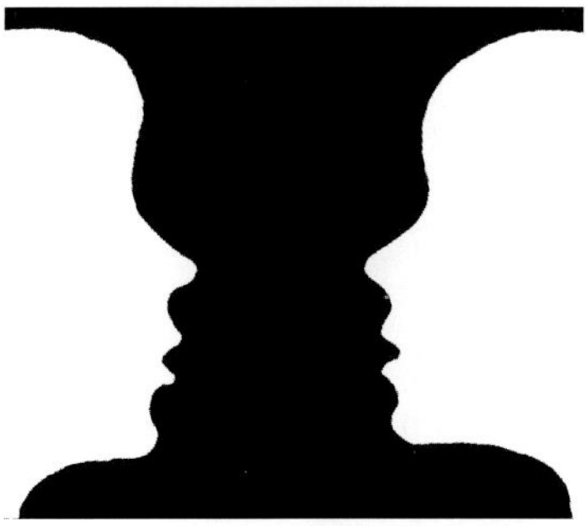

图1-19　鲁宾的两可图形

图1-20　阴阳太极图

2. 图地关系在环境设计中的意义

图地关系是人凭直觉认识世界的最基本需要。一方面，真实环境中有清晰程度不同的图地关系，有的清晰，有的模糊，有时该清晰的却很模糊，该模糊的反倒清晰，不一定符合使用要求，这就需要经过设计加以调整。另一方面，感知对象图地不分或难分，成为暧昧或混乱的图形（见图1-21)，视知觉就会忽略不顾；或因暧昧造成的闪烁而感到疲劳。此时若强制集中注意（如强制观看混乱的展品），则更易加重视觉疲劳而感到厌烦。所以，在环境设计中强调图地之分，不仅符合视知觉需要，而且有助于突出景观和建筑的主题——人们在随意和轻松的情境中第一眼就发现所要观察的对象。同时，环境中某一形态的要素一旦被感知为图形，它就会取得对背景的支配地位，使整个形态构图形成对比、主次和分别。反之，缺乏图地之分的环境易造成消极的视觉效果，难以给人留下深刻印象。

3. 易成图形的主要条件

（1）小面积比大面积易成图形。

当小面积形态采用对比色时尤其引人注目，如蓝天上的白云、湖泊中的岛屿、碧波白帆、青山黄瓦、红瓦绿树、万绿丛中一点红等。砖木结构的清华大学礼堂外观效果如图 1-22 所示。

图 1-21　暧昧或混乱的图形示意

图 1-22　清华大学礼堂

（2）单纯的几何形态易成图形。

如卢浮宫前的玻璃金字塔，在复杂的建筑环境中以其单纯的四棱锥几何形态吸引着游人的注意而突显为图形，如图 1-23 所示。

图 1-23　卢浮宫前的玻璃金字塔

（3）水平和垂直形态比斜向形态易成图形。

被誉为欧洲最美丽的客厅——充满人文关爱的意大利圣马可广场，融拜占庭、哥特、伊斯兰和文艺复兴时期各种建筑流派于一体，以竖向钟楼为中心的构图效果如图 1-24 所示。

（4）对称形态易成图形。

2008 年北京奥运会游泳馆，长方体形态的膜结构水立方外观效果如图 1-25 所示。

（5）封闭形态比开放形态易成图形，大如群山环抱的湖泊，小如围墙上的漏窗、月亮门等。

由当代华裔建筑大师贝聿铭设计的苏州新博物馆，运用中国传统造园手法，巧妙借景的景窗效果如图 1-26 所示。

（6）单个的凸出形态比凹入形态易成图形。

对于凹凸连续的形态，图形与背景可以互换；此时，主体的经验及客体所包含的意义常成为判断图地关系的依据。如图 1-27 上海世博会中国馆外墙上类似斗拱的装饰构件，可被看成外凸而不是内凹的图形。

图 1-24　意大利圣马可广场以竖向钟楼为中心的广场效果

图 1-25　膜结构的水立方外景

图 1-26　苏州新博物馆的景窗借景效果

图 1-27　中国馆建筑形式的整体效果

图 1-28 水车与跌水的景观效果

（7）动的形态比静的更易成为图形，如广场上的喷泉、瀑布、风车、活动雕塑等，水车与跌水的景观效果如图 1-28 所示。

（8）整体性强的形态易成图形，如园林中或山坡上具有共同特点并成组布置的建筑群。

（9）奇异的或与众不同的形态易成为图形，如在中国传统风格的街道上出现一座天主教堂，或以现代建筑为主的街道上出现一组仿古建筑；众所周知的悉尼歌剧院就是以其独特的建筑造型在海岸中显得极为醒目；弗兰克·盖里设计的西班牙毕尔巴鄂古根汉姆博物馆的怪异造型，体现了其解构主义的设计理念。

格式塔的组织方法从理论上阐明了知觉整体性与形式的关系，为“统一中求变化，变化中求统一”这一传统信条找到了科学而又翔实的依据。同时，由于这些方法出自图形实验，运用时易于掌握、操作和引申，对环境设计具有广泛的影响。

第四节 生 态 知 觉 理 论

一、基本观点

生态知觉理论强调机体先天的本能和环境所提供信息的准确性，这一理论是由吉布森提出的。他的研究之所以被称为生态知觉理论，是因为强调人类的生存适应，例如寻求生活资源及配偶、预防伤亡、成功的旅行等。该理论包括以下两个基本观点。

1. 环境的提供

生态知觉理论认为，知觉是一个有机的整体过程，人感知到的是环境中有意义的刺激模式，并不是一个个分开的孤立前刺激。因此，对我们来说，不需要从环境作用于我们的各种刺激引起的感觉经过重建和解释的中介去建立意义，这种意义已经存在于环境刺激的模式之中，环境知觉是环境刺激生态特性的直接产物。从生态观点来说，知觉就成为一个环境向感知者呈现自身特性的过程。吉布森认为，来自环境的感觉信息基本是正确的。当有关的环境信息构成对个人的有效刺激时，必然会引起个人的探索、判断、选择性注意等活动；这些活动对于个人利用环境中客体的有用功能（如觅食、安全、舒适、娱乐）尤其重要，人只有通过探索和有效地分配注意才能有所发现。

2. 知觉反应的先天本能

吉布森还认为，知觉是机体对环境进化适应的结果。人类生存环境的基本特征如重力、天地、四季变换、昼夜循环等，相对于人类进化史而言是恒定的，这一恒定的天地大环境提供了孕育生命的条件。进化的成功需要精确反映环境的感觉系统的发展，因此，机体的很多知觉反应技能不是后天习得的，而是遗传进化的结果。

为证明这一论点，沃克和吉布森（Walk & Gibson，1961）进行了著名的视觉悬崖实验，被称为发展心理学的经典实验之一。实验装置是：研究者制作了一块红白棋盘式的铺板突然缺了一尺左右，平坦的棋盘式的图案，用不同的图案构造以造成“视觉悬崖”的错觉，并在图案的上方覆盖玻璃板。将2～3个月大的婴儿腹部向下放在“视觉悬崖”的一边，发现婴儿的心跳速度会发生变化，这说明他们体验到了物体深度，对“悬崖”有心率变化的反应。当把6个月大的婴儿放在玻璃板上，让其母亲在另一边招呼婴儿时，发现婴儿会毫不犹豫地爬过没有深度错觉的一边，但却不愿意爬过看起来具有悬崖特点的一边，90%以上的被试婴儿躲避着看起来深陷的一侧，即使母亲在对面怎么召唤，爬过这段就能到达他母亲那里也不行。照片上的孩子手已触到玻璃，触觉告诉他玻璃是坚实的、稳定的，但他还是对视觉证据比对触觉证据更为信任，拒绝冒险前进，如图1-29所示。这似乎说明婴儿已经具备了深度知觉，但这种深度知觉是与生俱来的，还是在出生后几个月里学来的，目前还没有定论。但根据这一研究结果他们认为，动物的这一重要知觉能力很早就已形成（从会移动开始）。

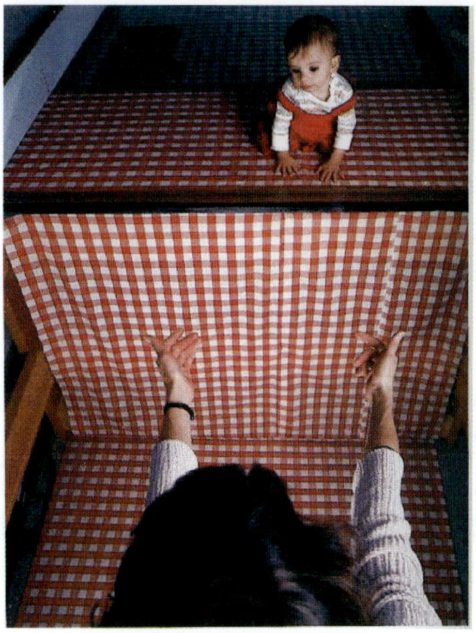

图1-29　视觉悬崖实验

奥地利生物学家劳伦兹（K. Z. Lorenz）曾发现，小鸭子在出生后不久所遇到的某一种刺激或对象（母鸡、人或电动玩具），会印入到它的感觉之中，使它对这种最先印入的刺激产生偏好和追随反应。当它们以后再遇到这个刺激或者和这个刺激类似的对象或刺激时，就会引起它的偏好或追随。但是，如果小鸭子在孵出蛋壳后时间较久才接触到外界的活动对象，它们就不会出现上述的偏好或追随行为。这一现象被劳伦兹等称为“印刻”。劳伦兹在进行这项实验时，让刚刚破壳而出的小鸭子不先看到母鸭子，而首先看到劳伦兹自己，于是，有趣的事情发生了。劳伦兹在小鸭子前面走着，身后跟随着几只小鸭子。小鸭子将劳伦兹当成了自己的母亲。进一步的研究发现，小鸡、小鸟等辨认自己母亲和同类，都是通过这一过程实现的，而且，这一现象在其他哺乳动物身上也有所发现。一般说来，小鸡、小鸭的“母亲印刻”的关键期发现在出生后的10～16个小时，而小狗的“母亲印刻”关键期发现在出生后的3～7周。研究还发现，动物在关键期内，不仅可以对自己的妈妈发生“母亲印刻”，而且如果自己的妈妈在小动物出生后不久就离开的话，它们也可以对其他动物发生“母亲印刻”。这就是为什么小鸭子追随劳伦兹的原因，如图1-30所示。

图1-30　追随劳伦兹的小鸭子

事实上，的确不少动物的知觉能力是先天遗传的，如小鱼一出生就会觅食，就知道钻入死亡软体动物的壳内躲避凶猛动物的伤害。爬虫、走兽、飞禽会利用天然洞穴，或选择恰当位置利用可获得的材料造窝、建巢以满足栖身和育儿的需要。原始人类也具有这种原始的生态知觉，利用天然洞穴和大树栖身，也就是人类今天建筑的雏形——穴居和巢居。但人类不同于其他动物的是，双手的解放、手脑的协调发展使智力得到进一步开发，学习能力提高，因而对客观刺激的判断和利用水平远远超出生物本能。人类对生活环境的选择与改善、对工具的创造等行为，就是这种更高级的生态知觉的体现。

二、生态知觉的意义

生态知觉强调环境的“提供”，而且与生存密切相关的“提供”是凭本能的直觉就能发现的，应该不需要学习，或者不需要花很多努力就能学会的。并强调人凭直觉对环境客体功能特性的发现、选择和利用是遗传进化的结果；实际上是利用达尔文生物进化论的观点解释人与环境的关系。达尔文认为生物进化的基础是“人工选择”和“自然选择”，而选择是通过“生存竞争”实现的。“物竞天择，适者生存”的观点不仅在生物学界产生了广泛影响而且导致社会达尔文主义的流行。

理论有时候也是人类为自己的行为所寻找的理由和借口，因而也随着人类的发展和需要而改变。生态知觉理论更应该体现生命与发展的观点，因时因地而有不同的解释。对于人与环境的关系而言，在很大程度上取决于人类自身在所处环境中的地位。一百多年前，作为达尔文主义者的英国生物学家赫胥黎为了维护进化论的“纯正”，反对对达尔文理论“弱肉强食”的误解，对这一理论作了进一步发挥。在他所著的《进化论与伦理学》中就提出伦理的重要性和强者应该自我约束的观点。生态知觉理论并不否认学习对提高知觉有效性的重要作用，正因为人类具有极强的学习能力，在技术高度发达的今天，更需要以伦理道德约束自己的行为，需要重视对自然生态环境的保护，需要重视其他物种在地球上的生存权利。万物相生相克构成了自然界的生存原则与生命链结构，过分的人类中心主义必然导致人类与自然的并行退化，并会危及人类自身的生存。

三、生态知觉理论在环境问题中的应用

从环境与行为关系的角度来说，环境的“提供”包括三重含义：第一，环境对象要为它的使用群体提供便捷性，让需要它的人能方便地到达它所在的位置；第二，环境对象要有明确的意义，这种意义不是脱离功能的空洞的概念，而是由环境的物质特征直接显示出来的、周围人群所需要的功能意义；第三，要让使用者的需要得到满足。因为人们对环境客体的发现、理解和利用总是由表及里，由探索到体验，由偶然的直觉到习惯性行为。

环境的物质特征与社会特征，一旦向周围需要它的人们展示了它的功能意义，人们就会发现和利用它。因此，在一定的社会条件下，常常是有什么样的环境就会发生什么样的行为，并不取决于我们主观上赞成还是反对。城市环境是高度人工化的环境，从环境“提供”的观点来说，很多行为现象都能从它的环境特征中找到原因；因此，观察和分析各种行为现象及其发生的原因，对于改进环境设计和环境管理都会获得有益的启发。现实生活中，寻常百姓更多地关注衣食住行、娱乐、交往等环境的功能特性及其利用。然而在城市环境中，这些方面提供给居民的只是现成的有限选择，居民在多大程度上得到满足，关系着居民生活的质量，影响到他们对环境的态度，这一切又反过来影响着物质环境的特征和社会环境的生态。

第五节　概率知觉理论

由布伦斯维克提出的概率知觉理论重视在真实环境中实验所得出的结论，也更重视后天知识、经验和学习的作用。

一、基本观点和理论模型

布伦斯维克认为，环境知觉是人主动解释来自环境感觉输入的过程。他的观点恰好与吉布森相反，认为环境提供给我们的感觉信息从来都不能准确反映真实环境的特性。事实上，这些信息往往是复杂的，甚至是使人误解的环境线索。例如，来自一定距离之外的客体的视觉刺激作用于视网膜时，观察者必须判断究竟是远处的大客体还是近处的小客体，观察者对真实情境进行概率判断后，该情境中知觉的多义性便减少，这种概率判断可被看作是对真实环境性质“最恰当的赌注”或“有训练的推测”。

众所周知的缪勒—莱尔错觉，如图 1－31 所示，虽然两条直线长度实际相等，但对我们大多数人来说，下面的水平线看起来比上面的一条更长。因为我们生活在充满矩形建筑的环境之中，认为这些两维直线代表三维空间的一些角。于是推论，下面图形中的水平线离我们的距离比斜线远，必定代表跨越的空间大；而上面的图形中，水平线离我们显得比斜线近，因此看上去跨越的空间面较小。使用圆形建筑的非洲农村祖鲁人则不大注意由斜线组成的角，因而不容易被这种错觉迷惑——他们的文化和经验使他们认为相交的斜线并不意味着厚度。

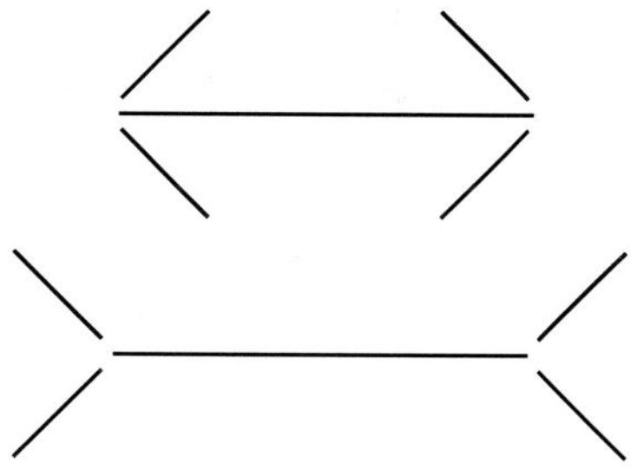

图 1－31　缪勒—莱尔错觉图示

概率知觉理论认为，个人在知觉中起着极其主动的作用。为了应付从环境到达我们的感觉线索的不定性和不一致性，个人必须建立对环境加以判断的全部有关的概率论点，这些概率论点是以往从大量环境场景的感觉线索取样得到的。然而，由于个人所生活的时空的局限性，不可能对所有的环境取样。所以，我们对任何给定环境的判断也不可能是绝对肯定的，仅仅是一种概率估计，个人可以通过在环境中的一系列行动评价它们的功能效果，检验概率判断的准确性。

布伦斯维克以透镜模型描述环境知觉的这一过程（图 1－32）。个人的知觉过程类似于透镜将光线聚焦于一点的作用，即将接收到的来自环境的一组刺激（图 1－32 左侧）经过滤、重组，聚焦为一个整体的知觉（图 1－32 右侧）。布伦斯维克解释道：来自环境的刺激生态有效性各不相同，即一些刺激比另一些刺激提供了真实环境更准确或更可靠的表象，个人为了提高对真实环境判断的概率，必须按生态的相对可靠性将这些环境刺激按等级排序，结合以往的经验加以判断，同时又积累了大量的环境线索，这一切对未来的知觉组织又起着重要的作用。在感知物质环境中个人起着极其主动的作用这一观点，在阿德尔伯特的相互作用心理学中得到进一步发展。阿德尔伯特强调指出，知觉过程中个人的作用是动态的、创造性的，个人对环境的概率判断有明显的个性，反映个人独特的观点、需要和目的。“我们每个人所了解的世界多半是根据我们与环境交往的经验而创造的世界”。

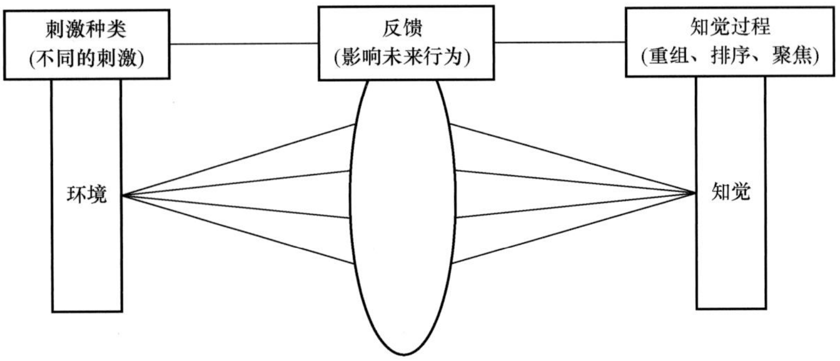

图 1 - 32　布伦斯维克的透镜模型示意图

二、概率性的世界

一个理论的产生与发展离不开其时代背景和科学基础。在工业时代，牛顿力学理论占主导地位，人们认为世界像一个大钟表，一切都那么准确和肯定。爱因斯坦的广义相对论打破了科学界对牛顿力学的迷信。然而与爱因斯坦同时代的丹麦科学家玻尔和他所带领的哥本哈根学派却创立了不同凡响的量子力学理论。前者强调世界的因果联系，后者强调统计规律。

量子力学的测不准现象为玻尔的理论提供了有力的证据——为了拍摄晶格的照片，首先要用光波照亮晶体。由于发射的照明光子能量与晶格的能量数量级十分相近，引起晶格畸变，所以拍摄到的晶格状态不完全符合原自然状态，光子不同，晶格照片也不同。也就是说，对微观粒子的观测具有测不准效应，即模糊性；原因在于观察者施放的中介能量接近被观察客体的能量。世界基本粒子的个别运动趋势无法预定，但粒子运动存在着统计学上的规律。现代科学意义上的混沌把我们带入一个无序和有序统一，确定性和随机性统一，模糊一团中隐含着秩序的世界，即概率性的世界。自然科学领域研究的重大发现改变了人们的科学观、哲学观，概率理论不仅适用于自然科学，也同样适用于社会现象——人们根据现象对世界作出的各种解释仅仅是概率性判断，不一定就是准确的答案。事实上，这种概率性判断始终贯穿于人类的语言当中，于是就出现了“大概”、“也许”、“可能”、“差不多”等模糊性词汇。我们借助概率性判断与世界打交道，因而有喜有忧；有顺利也有挫折；有福也有祸；有成功的经验，也有失败的教训。这些信息反馈于主观，我们据此修正自己的认识与行为，继续前进，而前面等待我们的还是这样的一个过程。

在肯定概率理论科学价值的同时，人们不否认世界的因果关系，但这种因果关系是错综复杂、相互作用的链条，没有绝对的纯粹的原因，也没有绝对的纯粹的结果，原因导致结果的同时，结果也反馈于原因。世界上万事万物都有一定的运行和发展规律，正如两千多年前我国著名思想家荀子所说：“天行有常，不为尧存，不为桀亡。应之以治则吉，应之以乱则凶。”世界是一个客观存在的因果的世界，人类的无知不等于宇宙的无序。所谓科学（包括准科学—前科学—常规科学—后科学）就是探索这种因果关系的规律，并企图用数学和物理的精确语言来描述这种关系，以便“制天命而用之”。但科学也是人类对世界的认识，人所认识到的世界总有一定的片面性和模糊性，是一个概率性的世界。凭其自身能力不可能完全正确地认识客观世界，包括人类自身。人的一生和人类的历史就是在这种确定性与不确定性之间探索着前进，确定性指导着探索，不确定性吸引着探索，以了解和利用自然规律改变局部状态，使它更适合人类的生存。

三、概率知觉理论在环境问题中的应用

概率知觉理论包含两层含义。其一，按不同环境的功能性质恰当地运用确定性与不确定性；其二，承认自己的认识与环境使用者需要之间的差距，从而使自己能比较主动和客观地去了解他们的生活和需要。

实际环境中由于人的不同需要而产生了各种各样的场所，有的场所需要提供适当的复杂性、不定性甚至错觉以维持一定的唤醒水平和兴趣，如游览和娱乐场所。而有些场所则需要提供较清晰的知觉判断，强调简单性、确定性、便捷性，如医院、车站、机场、商场、交通要道等。如果设计不当，就会引起不良反应，甚至造成严重后果。

在工作或交通环境中，知觉的清晰性对安全和效率起着至关重要的作用。如适度充分的照明、醒目的信号等。路旁令人分心的视觉刺激、设计不当的现代建筑玻璃幕墙等光污染常常干扰视觉的清晰性而成为事故隐患。

对于娱乐场所或旅游风景点的环境设计，常常可以利用视错觉创造出令人意料不到的效果。许多中国园林中的小型庭园则利用墙与建筑的组合、树木的掩映和道路的迂回曲折创造丰富的空间层次，以形成小中见大、曲径通幽的视觉效果。

第六节 心理需要层次理论

一、心理需要层次论概述

美国心理学家马斯洛提出了人的心理需要层次论，他把人的需要大致分为五个层次，即生理需要、安全与保障需要、爱与归属的需要、自我尊重与他人尊重的需要、发展的需要五个层次。马斯洛认为人的各种需要应该依次发展，循序渐进；当低一些的需要得到满足之后，才会追求较高层次的需要。目前，学术界对马斯洛的心理需要层次论的观点有一定的争议。马斯洛的心理需要层次论示意如图 1－33 所示。

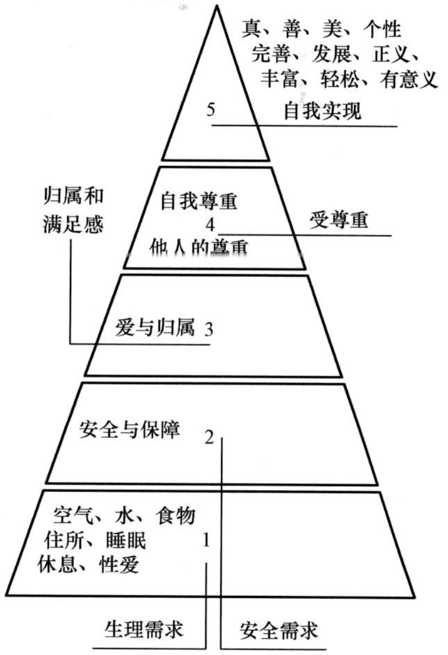

图 1－33 心理需要层次论示意图

二、心理需要层次分析

在现实社会环境中，人的需要应以物质需要为基础，在物质需要得到满足的基础之上，人们才会升华到精神上的追求，来满足精神上的需要。人的生理需要便是人类最基本的物质需求；人的最基本的生理需要包括水、空气、食物、睡眠、居住等，如果这些要求都得不到满足，人们便会推迟考虑其他需求。因此，在室内空间设计中，就应该首先满足人的这种基本生理需要，然后才能考虑其他需求及室内环境氛围的营造。

一旦人的生理需求得到充分的满足，其需求就会上升到对安全需要的关心；就安全需要而言，首先是保证人身安全的个人空间的需要，以及防盗防火和遮风避雨的需要。当人们需要个人独处或与他人交往时，空间环境能为他提供选择的可能，一旦人们的这种要求得不到

满足，他就会感觉自己处于过度的“拥挤”和“不安”的情绪之中，其心理会处于一种应激状态，造成精神上的紧张与过度负担。因此，在室内空间环境的限定分隔当中，应该满足使用者对于个人空间及私密性的需求。有资料显示，在住宅空间的组合设计中，如果每个家庭都设有双卫及隔音良好的卧室，则精神病人将会减少一半。如在现代建筑史上占据重要位置的建筑大师密斯，其设计的范斯沃思住宅充分体现了现代建筑的设计理念，也满足了人的基本生理需要，但是密斯忽视了女医生房主的私密生活需求，采用了大面积的带形玻璃外窗，难以阻隔外人的视线干扰，令单身女主人的心理安全得不到保障，以致女医生与密斯打官司。范斯沃思住宅室内效果如图 1-34 所示。

图 1-34　范斯沃思住宅室内效果

人的生理需要和安全与保障的需要是人类必须满足的最低要求；在上述两种物质要求得到满足之后，人们还会有更高层次的精神需求，即爱与归属的需求，尊重的需求和发展的需求。对爱与归属的需要主要表现在人的社交需求上；人作为一种具有思维能力的高级动物，需要与他人交往，建立友情；需要在社会上、在自己的社交团体中谋得一席之地。因此，在空间设计当中，如何构成良好的社交环境，有利于人际交往是每一个设计师所应该认真思考的问题。

在爱与归属的需求之上，人的心理需要又上升到尊重的心理层次；人的尊重需要分为自我尊重和赢得他人尊重两个方面。自尊包括获得信心、成就、能力、本领、独立和自由等愿望。而来自他人的尊重则包括威信、承认、接受、地位、关心、赏识、名誉等。在此基础上，人的心理需要又上升一个层次，即人的发展需要；人的发展需要包括追求真、善、美的精神需求，追求高尚的个人理想，追求个人自我满足等心理需求。在建筑环境设计中，设计师应依据甲方的使用功能需要，并考虑其精神上的审美需求，通过一定的造型元素和设计手法，在建筑空间的环境构成中体现出来，满足不同使用者的多层次心理需要。

第二章 环境—行为关系理论及研究方法

人类对于环境行为学的研究始于20世纪50年代，美国人类学家霍尔在他的邻近学理论中提出：不同文化背景下的人，生活在不同的感觉世界中，人们对同一个空间，会形成不同的感觉；而且他们的空间使用方式、个人空间、领域感、私密感等也不相同。这样，不同文化背景下的人群，对空间环境的需求也就不相同，表现在行为方式上，就会有一定的差异；因此，在建筑空间环境设计当中，对一个设计师而言，对人的行为方式与所处环境的分析研究，通常是构思一个优秀设计方案的基础。

第一节 环境—行为关系理论概述

环境行为学把人类的行为（包括经验、行动）与其相应的环境（包括物质的、社会的和文化的）两者之间的相互关系与相互作用结合起来加以分析。注重环境与人的外显行为之间的关系与相互作用，因此其应用性更强。环境行为学力图运用心理学的一些基本理论、方法与概念来研究人在城市与建筑中的活动及人对这些环境的反应，由此反馈到城市规划与建筑设计中去，以改善人类生存的环境。从心理学的角度看，似乎其理论性不强，也不够深，其特点似乎都是"针对一个个具体问题"的分析研究。但对城市规划与建筑设计、室内设计等的理论更新，确实起到了一定作用，把建筑师一些"感觉"与"体验"提到理论的高度来加以分析与阐明。建筑师掌握了这些必要的知识，设计与规划的思路将得到新的启发，对问题的分析可能有新的、好的见解，对设计方法上可能有改进。

环境行为学作为心理学的一部分，20世纪在60年代兴起，而心理学已有100多年的发展历史。1860年就有费希纳的心理物理学，研究人的不同"感觉"与产生它的"物理刺激"两者之间的关系，由此发展成实验心理学。心理物理学为物质世界与人类感知经验间架起了桥梁，为人类科学的研究提供了起点，是"精神"与"物质"世界之间的联系。它过去是，今天仍然是哲学上争论的关键。

环境心理学植根于心理学的一些基本理论，但重点研究的对象是人的行为与城市、建筑、环境之间的关系与相互作用。心理学在早期即19世纪末到20世纪的50年代，有所谓"环境决定论"、"行为主义"等带有机械唯物论色彩的理论，偏于实验室研究。在建筑与规划上也有"建筑决定论"、"规划决定论"。从建筑本身来看，总是与人的行为有密切联系的；因此，建筑师对人的行为历来都十分关心。在历史上曾有过许多讨论，如在1930年就尝试开设心理学及一些文化历史课程。然而，那时很难维持行为科学与建筑师之间的对话。建筑师有自己的传统理念、设计习惯及设计原则，认为行为科学只是通过检验过去来描述与解释人的行为，而绝大部分建筑师则是面向未来、向前看的。加上当时的社会科学中的发现分散，看法本身存在分歧，缺乏真正和建筑与规划密切结合的材料与观点。所以"行为科学"与建筑师的结合只是昙花一现。当时，尚能引起建筑师一点兴趣的只有格式塔心理学。环境心理学在世界范围内的发展于20世纪70年代形成高潮。美国从1969年开始出版《环境与行为》期刊；1970年环境设计研究学会出版了第一本年会会议录；1978年“环境心理学”编入了渥尔曼大百科全书的词条；同年美国心理学会成立了第34个分部“人口与环境心理学分部”，它的期刊为《人口与环境》。此外国际应用心理学协会（简称LAAP）也成立了“环境心理学”分部以及“研究物质环境中的人类”国际学会（简称LAPS）。在美国之后，70年代初英国有肯特（Canter）与霍尼曼（Honikman），北欧有库勒（Kuller）等学者开展这方面的研究。1976年、1977年在欧洲组织了定期学术年会。1978年德国的（卡明斯基）Kominski评论了德国在这方面的研究成果。1980年法国的勒维—勒布瓦耶（Levy Leboyer）写成一本这方面的教科书并译成英、德、西班牙、日文出版。在亚洲，日本于1980年在东京组织过日、美学者参加的“人类行为”的学术讨论会；许多英文、德文著作均译成日文出版。

人的行为有时出于某种刺激的反应，而刺激可能是机体自身产生的，也可能是来自外部环境。人与环境在人体动作所及的这个小范围内要想区分开是一件很难的事情。

1. 人与环境相互作用论

心理学家普罗夏斯基（Proshansky）说：“只有整体环境，人只是其中一个组成要素，与其他要素具有一定的联系……从理论上看，除了从人体本身出发考察他与其他组成部分的关系，并不存在环境与人的区分”。

从生态学的角度来说，总是把机体、行为与环境看作是一个完整的体系，行为只是其中的一个特性，而不去考虑个人原因。作为个体来讲，我们是能够将自己与环境相区分的。心理学是从人的观点出发去看问题，人受环境的影响不仅是环境中的一个客体，同时也能积极的改造环境，人与环境始终处于相互作用的过程中。

2. 环境与行为不可分

艾什比（W. Ross Ashby）说：“一个有机体，它的环境是被定义为那些周围的可变因素，这些因素的变化，既影响着这个机体，也被这个机体的行为所改变”。不能把环境简单理解为人们活动于其中的一个容器，它还是行为模式中不可分割的部分。

这一定义中所谓的可变因素有物质的、社会的、文化的、政治的、经济的、意识形态的……包括的内容十分广泛，某一因素的变化引起的连锁反应不能简单概括为因果关系。考虑人的行为变化与物质环境变化之间的联系必须要慎重，不要犯“形而上学”的错误。

3. “打招呼”效应

“打招呼”效应的意义可用20世纪50年代美国西屋电器公司研究增加照明亮度是否能提高工人的生产效率这个例子来说明，实验证明，当亮度提高一些时，果然效率上升，再提高一些又再度上升。试验者相信如果把亮度降低一些，预计效率会降下来。然而出乎所料，当亮度降低一些，效率仍再度上升，再降低，效率照样上升，因此效率上升并非与亮度提高有关，而是工人感到自己受到了厂方关注。此后这种效应就被称为“打招呼”效应。

4. 行为机体与环境

机体与环境都是一个复杂的体系，各有特性，两者是从一个整体中被劈开，行为是它们之间的媒介。

丘吉尔说：“我们塑造了环境，环境又塑造了我们”。今天的人类虽然已经适应了自己创造的人为生存环境，但是在心理上仍然有强烈的渴望与自然环境接近的需求，追求自然环境与人为景观的有机融合，是人类的生活目标之一。

第二节　唤　醒　理　论

环境刺激能提高人的唤醒水平，无论刺激是否令人愉快，对提高唤醒水平的作用是相同的。唤醒在生理上的表现是自主活动的提高，如心率加快、血压升高、呼吸急促等。行为上可能表现为情绪的显著变化和体力活动的增加。

一、唤醒与情绪

情绪是由行为、心理变化和主观体验组成的非常复杂的概念。由于许多情绪涉及私人经历，不便公开于环境行为研究；而在受控制的实验室条件下又很难引出情绪。但心理学家进行了很多努力，仍取得了一定的进展。

认知理论认为，情绪包含强度和形式两种属性。唤醒水平也称激活，决定了情绪的强度；而情绪的形式则由认知和评价来决定。

1. 情绪的强度

愉快或者不愉快的心情，都会随着唤醒水平的提高而达到加强。拥有好的心情，降低不愉快的情绪是人类情感需求的本能。所以个体对周围环境的喜爱与否也由情绪来决定。心情好时好办事，人逢喜事精神爽，因为较高的唤醒水平可以强化喜庆的氛围；而情绪低落时则喜欢安静的环境，通过降低唤醒水平来缓解低沉的情绪。

2. 情绪的形式

愉快和不愉快是情绪形式的笼统表达。情绪的形式无法自主决定，往往是主客观交互作用的结果。人们生存在社会大环境之中，产生着各种欲望，在与环境相互作用的过程中满足了人的某种欲望的刺激就会给人带来幸福感，呈现愉快的状态。

3. “三因子论”

一定的唤醒水平总是伴随着某种情绪状态，微弱平静持久的情绪状态就是我们平常所说的心情，或称心境。周围环境的情感性质是个人与环境关系中最重要的部分，因为它是决定与场所相联系的心境与记忆的主要因素，它不仅影响个人当时的情绪、绩效，甚至影响个人长期的心境和健康状况。环境心理学家梅拉比安和拉塞尔提出的影响情绪的三因子论，实际上与施洛伯格的情绪三维图所描述的关系类似，其中也包含三个独立的维度：愉快——不愉快、唤醒——未唤醒、控制——屈从。梅拉比安与拉塞尔提出了包含对两极形容词的情绪状态语义差别量表，用以评价三维情感，三个维度的不同组合形成不同的情绪体验。例如，低水平的愉快感、低唤醒和高水平控制感可能引起厌烦；低愉快感、高唤醒和低控制感可能反映焦虑。

二、环境刺激与感觉评价

1. 不定性、唤醒与美学评价

感觉剥夺实验证明，感觉上的刺激不足和生理上的饥渴同样难以忍受；这种心理上的饥渴状态会驱使个人像饥不择食一样到环境中去寻求刺激，如在室内随手翻阅，到户外散步，漫不经心地随意观看等；柏莱恩称之为广泛探索。相反，当个人被特定的刺激所唤醒而引起注意时，就有可能在好奇心的驱使下企图对环境的某种不定性，即知觉矛盾通过探索而做出解释，这时所发生的行为就是特殊探索。两种探索行为都是人的需要。相对而言，前者较为轻松自然，后者相对紧张和集中注意。人正是在这两种探索行为交替发生的过程中与环境相互作用，了解环境，也了解自己，增长智慧，提高适应能力。不论广泛探索还是特殊探索，前提是环境中必须有唤醒主体的刺激。然而并非所有引起唤醒的刺激都能诱发探索的动机和行为，只有那些既能唤起人的注意又令人感兴趣的刺激才会吸引人去探索。这常常涉及审美问题，柏莱恩关于美学判断的研究在这方面得到了广泛的应用。柏莱恩称与探索有关的环境特性为对照刺激特性，包含以下四个方面：

（1）复杂性：环境组成要素的多样性与结构或组织的复杂性。

（2）新奇性：环境中包含新的或以前未曾引起注意的特性程度。

（3）意外性：人们所预期的环境未被证实的程度。

（4）不和谐性：一种环境要素与其周围背景不一致的程度。

根据柏莱恩的观点，复杂性、新奇性、意外性、不和谐性处于中等水平的对象应该被判断为最美的，而那些对照刺激特性过高或过低的对象则是不美甚至是丑陋的。柏莱恩的观点在绘画和音乐领域的研究得到了验证，在环境评价方面只得到部分验证。纯自然环境越是复杂越受偏爱，或许自然环境总是和谐的，不存在过分复杂的问题。在自然景观与人工建筑混合的环境中，人工要素的位置和空间布局对总体环境的和谐起着重要作用，自然要素占优势而人工要素未破坏自然环境和谐性的环境仍被认为是美的。例如，赖特设计的“流水别墅”，在绿树成荫的山坡上建造的别墅，在挑台下的流水潺潺而下，使建筑与周围自然景观构成了一幅迷人的和谐画面。

2. 卡普兰对环境偏爱的研究

雷切尔·卡普兰和斯蒂芬·卡普兰收集了大量的不同景观的幻灯片，要求应答者按相似——不相似、喜欢——不喜欢对这些幻灯片进行分类，然后采用数学分析方法鉴别出导致这种分类和评价的环境维度，再用这些维度预测对不同环境的偏爱，这些维度包括以下四方面：

（1）连贯性——环境要素相互联系和有组织的程度；

（2）易识别性——对环境易于识别和理解的程度；

（3）复杂性——环境要素的种类和数量；

（4）神秘性——环境中隐含着信息吸引人探索其中奥秘的程度。

这些维度之中有的与柏莱恩的对照特性有明显的相似，如复杂性、神秘性。复杂与神秘的刺激增加了环境的不定性；同时也提高了观察者的唤醒水平，连贯性和易识别性有利于观察者对复杂环境的理解，从而减少不定性，降低唤醒水平；只有在不定性与确定性达到某种平衡的环境中才能使观察者既不失控制感又维持探索的兴趣。

不同环境特性是相互联系、彼此影响的。复杂性、神秘性能诱发和维持探索的动机和兴趣；新奇和意外地发现使探索的好奇心得到满足。探索付出的努力越多，人们对发现美的期望值越高，因而最终所看到的景象也应该越精彩，否则便会令人大失所望。

现实生活中完全确定的情境常常缺乏吸引力。雾里看花、水中望月的朦胧美和虚幻美，就在于这种环境刺激的不定性更能吸引注意和引起兴趣。中国传统造园手法中常用的山石、水体、路径、借景、绿化与建筑的绝妙设计所形成的峰回路转、曲径通幽，常常使人的审美感受出人意料。沿途越是神秘，人们急于探索的兴致越浓，付出努力后看到的景致越精彩，人们越感到满足。

3. 广泛探索和特殊探索

人的情绪状态在很大程度上受环境刺激的影响。广泛探索和特殊探索行为都是人的需要，而且不能截然分开——在广泛探索中可能有特殊发现，特殊探索中也包含多样、一般和意外。从广泛探索中发现问题，在特殊探索中寻求答案。相对而言，前者较为轻松自然，后者相对紧张和集中注意。人正是在这两种探索行为交替发生的过程中与环境相互作用，了解环境，也了解自己，增长智慧，提高适应能力。

三、唤醒与绩效

耶尔克斯—多德森定律指出，正在从事某项任务的人都需要维持一定的唤醒水平。唤醒水平过低或过高都不能获得理想的效率，而且容易发生错误。只有在唤醒处于中等水平时（即环境刺激适中时）达到最高绩效，这一最适宜的唤醒水平称最优唤醒水平。最优唤醒水平存在个人差异，而达到最优唤醒水平需要最适宜的环境刺激，而环境刺激的复杂性与强度处于中等水平时，人们产生最好的感觉评价，也是这一定律与环境刺激—感觉评价的关系恰好吻合的原因。例如，在进行设计构思、专心阅读与思考时，就需要比较安静的环境；而绘图或进行简单手工操作时，放一些轻松的乐曲维持较高的唤醒水平有利于提高效率。在进行不同环境设计时，设计师就需要考虑最优唤醒水平和最恰当的环境刺激。

如弱势群体中盲人的感知行为，在很多情况下因受到环境要素的控制而减少甚至失去主动权，必要的“唤醒”和合理的刺激可以使他们在生理上更容易接收和获取信息，增加“主动行为”发生的可能进而提高工作、学习等行为活动的效率。对盲人适宜的唤醒水平的研究，可以提高他们的工作绩效和感官的愉悦度，针对听觉、肤觉、嗅觉等感觉设置的声音、材质、肌理、家具和陈设的体量等环境信息的适当刺激是保持其最佳唤醒水平的重要手段。例如在一个沉闷压抑的室内环境中，可以为正在进行枯燥单一的机械性行为活动的盲人播放轻松的乐曲以维持其唤醒水平来增加效率；利用令人舒畅的环境声、质地亲切的材质为盲人图书馆或阅览室尽可能地提供宁谧但不阴森的氛围；在公共场所增加易识别的盲文、盲道标识以充分提示盲人周围的环境状况，保持必要的唤醒水平，从而避免其感到孤单、无助甚至恐慌。

第三节　环境应激理论

环境应激或紧张是日常生活中常见的现象。人们在适应环境的过程中总会面临外部世界的刺激，而这些刺激会是产生应激和压力的导火索。令人不愉快的环境刺激所引起的紧张反应称为应激，引起应激反应的环境刺激称应激物。应激包含主观反应和客观刺激两个方面。首先要看客观刺激的性质与强度是否有可能对主体构成威胁或干扰，另外还要看主体的认知评价和承受力。因此也可以说，应激是主体应付环境挑战时出现的不平衡；当主体感到面临挑战而应对能力不足时，就会产生应激反应。

一、应激反应

随着当代社会和科学技术的不断发展，人类的生存环境日趋复杂化，在较快的生活节奏下，人们工作竞争压力渐大，也就引起了相应的应激行为。应激包括生理反应、情绪反应和行为反应，这些反应是相互关联并同时发生的。生理反应是加拿大生理学家塞利最先提出的，一般称系统应激。行为和情绪反应是由拉扎勒斯提出的，一般称心理应激。

1. 生理反应

塞利的研究证明，在应激状态下，主体会经历一系列全方位的生理反应，他将这些反应概括为连续发生的三个阶段：警戒反应、抗拒阶段、衰竭阶段，总称为一般适应症候群，简称 GAS。

（1）警戒反应。

人的周围神经系统分为两个分支：躯体神经和自主神经（也称植物神经或内脏神经），自主神经又分为交感神经和副交感神经。当主体突然受某种环境刺激需要全神贯注进行探索和认知评价时，交感神经兴奋，以帮助人进行感觉判断。如扩大瞳孔获得更多的光刺激以便看得更清楚，扩张肺以吸收更多的氧气，停止消化以便血液从胃流往肌肉，分泌更多的应激荷尔蒙，促使身体各方面变化作好迎战或逃跑的准备。

（2）抗拒（或适应）阶段。

应激状态下的警戒反应是一个迅速而短暂的过程。之后，主体对刺激重新评价，并准备面对任何可能的危险。此时在副交感神经的作用下，心率、呼吸速度和内分泌均恢复正常，食物消化重新开始，以便储备大量的体能维持身体的高警觉状态，同时为进一步的应对做好准备。

（3）衰竭阶段。

如果应激持续过长时间，超过了个体的承受能力，就会导致体能衰减：感觉、知觉能力下降，肌肉力量降低，最终体能消耗殆尽以致死亡。

塞利还曾就男孩对过长应激的反应作过概括性描述。在警戒（或兴奋）期，可通过常规方法测得显示生理唤醒的心律、血压、呼吸速度、肌肉紧张、皮肤电导率，这一阶段持续时间较短。抗拒阶段以厌倦、抑郁或疾病为标志，持续时间相对较长。若继续发展，过长时间的应激会导致高血压、中风等身体疾病以及抑郁症、人格障碍等心理问题。科恩与威廉森认为，应激通过破坏免疫系统的作用而导致疾病。科恩、蒂勒尔和史密斯最新的研究肯定地指出，人在长期应激之后患感冒的可能性是平时的两倍。

盲人因不适应室内环境而导致的生理上的应激反应可表现为：首先对某一刺激格外敏感，然后是对这一刺激由适应到不适应的过度，最后导致感知能力的下降三个阶段。应激的时间过长，会有害于盲人的身心健康，例如，如果使盲人置身于一个嘈杂、毫无秩序的室内环境中，其获得信息的途径不断遇到障碍，行为能力一直受到限制，此时便会产生生理应激，如果情况得不到改善，应激时间的增加必然会导致心绪的不稳定，甚至血压升高、心跳加快等生理反应；如果室内设计中的盲人需要高频率触摸或长期使用某种的设施，如楼梯扶手、门的把手等，由触感不舒适的材质所制造或者设计成不便于使用的形状，尽管起初盲人会产生一定的感觉适应，但长此以往这样的触感首先是为盲人的行为增加了障碍，其次是使其产生被忽视甚至蔑视的心理感受，它传达的是一种不健康的信息，并使盲人在长期不愉悦的感受中产生应激。

2. 心理反应

并非所有应激性刺激都会引起警戒反应和抗拒反应。主体开始产生应激反应，必定是把某一刺激经认知评价为对自身构成威胁。但个人是否把它评价为威胁却因人因时而异。个人的认知评价取决于两方面：其一，个人心理因素，如智力、动机、知识或经验；其二，对特定刺激情境的认知，如对刺激的控制感、预见性、即刻性（即离刺激发生还有多少时间）。

个人相关的知识越丰富，控制能力（制止或逃避）越强，把该刺激评价为威胁的可能性就越小，该情境引起应激的程度越低。且把某刺激评价为威胁，就会顺序发生塞利所说的警戒反应、抗拒反应。在抗拒阶段，许多应对过程也包含认知过程，开始阶段仍伴有自主反应。这时，个人要全力以赴、随机应变；选择自认为恰当的对策和行动。如信息探索，进一步评价应激物，排除、制止应激物，或采取逃避行为。如果抗拒阶段的应对未获得成功，则加剧了“把刺激评价为威胁”的倾向，这种认知应变过程常伴随不同程度的愤怒、恐惧、焦虑等情绪反应。不良的情绪反应必然引起不良的生理反应，导致对健康不同程度的危害。当全部应对能力消耗殆尽，则进入第三阶段的衰竭期。

瑞士心理学家皮亚杰提出了人的组织、平衡和适应的认识发展原则，他认为人的认识在于利用自身自儿时至今习得的或者说形成的意向和图式，来找出物与物之间的不同关系和模式，人被驱使按照既有的图式行动时往往又会力争增加自己与图式的适应性，而机体通过自身的“适应”与环境持续交往的过程又表现为“同化”（assimilation）和“调节”（accommodation）。这一被心理学界所公认的学说为研究盲人的心理特征和心理需求奠定了基础，为盲人的好奇心、求知欲、创造欲望等精神需要的研究开了先河。

对于盲人的心理世界及其感知需求，我们应首先从其基本心理特征分析入手，依次展开对盲人的各种心理要素及其对不同刺激的不同反应的解读，并以此作为研究能满足盲人的需求以及其他人群需求的室内设计的依据。

二、应激物的种类

按冲击强度和影响范围，应激物大致分为以下三类：灾变事件、个人应激物、背景应激物。

1. 灾变事件

灾变事件是势不可挡的应激物，如自然灾害、战争、重大技术事故等。这些事件具有以下共同特点：往往是突然发生，几乎或不可能预先警告；具有强大的冲击力，需要当事的人们付出很大的努力才能有效地应对；涉及范围广，影响人数多。由于灾变事件的不可预测性和突发性，有关的研究大多是针对事件发生后幸存者群体的应激反应。据研究者报告，幸存者中极少发现惊慌反应，很多人表现出平静和理智。大多数幸存者由于共处患难，相互间产生了心理亲和。在2008年5月12日四川汶川大地震后观察到的现象：幸存者在政府搭建的临时简易房屋中聚在一起，灾民们挤在临时搭起的简易房屋内，共享政府发放的救济物品。

外界的社会援助对于增强灾民的控制感和灾后重建的信心起着相当重要的作用。汶川大地震后，全国各地对于受灾地区的援助重建，通过两年左右的时间，到2010年已在遭受地震严重破坏的当地，建立起了崭新的新汶川，特别是现代化的中小学校校舍，抚慰了身心遭受严重创伤的中小学生，使当地灾民重创的身心健康逐渐得以恢复。

（1）焦虑——担心灾害以及由灾害所引起的生活方式的改变成为普遍现象。

（2）退缩或麻木——几乎所有在该地区的援建者都注意到，大地震过后，人们的情绪冷漠而又迟钝。

（3）抑郁——许多幸存者失去了他们毕生经营的一切甚至亲人的生命，因而变得悲伤压抑。

（4）与应激有关的身体症状——几乎所有的身体症状，包括肠胃不适、疼痛等都有所增加。

（5）原泄愤对象的气愤——幸存者感到既气愤又心烦，当灾害由人为因素造成时，这种气愤往往更加厉害。原因在于，虽然存在应受谴责的对象，但又找不到应该受谴责的具体个人。

（6）回归——儿童常常回归到早期行为阶段。

（7）梦魇——经常梦见自己在灾害中死亡，或梦见死亡的亲人，睡眠干扰现象也很普遍。

重大技术事故指核事故、火灾、毒气泄漏、空难、海难等技术性偶发事故。正常情况下这类事故是不该发生的；之所以发生，是技术偶尔失控的结果，毫无规律可循，更加难以预测，因而对人的控制感构成更严重的威胁。例如前苏联切尔诺贝利核电站的核事故，引起了一系列长期的严重不良心理反应。

灾变事件，尤其是自然灾害，会给人类造成巨大的损失甚至浩劫，但同时也对人类有巨大的教育意义。它促使人类反省自己的行为，重新审视人类与自然的关系；人类是自然之子而非自然之主。人类必须用广义的道德观约束自己的行为，不仅只顾我们这一代的生存，还要考虑子孙后代的生存；不仅只顾人类的生存，还要考虑其他物种的和谐生存和环境的承受能力。自然灾害表明：自然环境出现了过分的不平衡，我们应该学会与自然交流，时时根据自然反馈的信息修正我们的行为。我国近年来在雨季经常发生的长江流域特大洪水及山洪引起的山体滑坡和泥石流，对我们来说是一次次深刻的生态教育和道德教育，它使我们认识到要改变人类对大自然的态度，退耕还林，保护森林植被，维护生态环境可持续性发展的重要性和必要性。

2. 个人应激物

个人应激物，指应激性生活事件和一些烦心的日常琐事，其冲击性强弱不等，有的以相当于灾变事件的强度向个人能力挑战，有的可能是微不足道的小事引起的烦恼。问题在于这些事件无休止而又无法摆脱，许多大大小小的不幸或者不顺心加在一起，有可能把人拖累得疲惫不堪，甚至被彻底拖垮。

为了研究生活事件的应激后果，心理学家霍姆斯和拉赫对一系列生活事件进行调查研究，根据被试者们的排列整理出社会再适应等级量表，见表 2-1。表中每一生活事件都赋予一定的分值，然后用这一量表对一般人进行跟踪观察。结果发现，积分 300 分以上的研究对象中，80%的人在被观察后一年内罹患重病。一般来说，一年之内积分 150～199 分为中等生活危机，200～299 分为较严重生活危机，超过 300 分为严重生活危机。处在严重危机之中的个人，随着积分的增加病情会加重，包括呼吸疾病、心脏病，甚至猝死。

英国一位从事癌症研究的专家调查了 250 名癌症患者，发现因重大生活事件使精神受到严重打击者竟有 156 人；国内学者研究发现，81.2%的癌症病人在患病前半年至 8 年内遭受过重大生活事件的打击。这些恶性刺激必然引起心理应激反应，同时伴随着生理应激反应，引起内分泌失调和免疫力下降。心理应激与生理应激互为因果，这时个人的人格特征、物质环境条件和周围人的社会支持，对缓解应激的严重后果都起着重要作用。

3. 背景应激物

背景应激物指的是持续重复的日常干扰，如工作压力、每天上下班赶路、拥挤、噪声、空气污染等。其挑战性和强度不如灾变事件和强应激性个人应激物，但由于日常生活中难以躲避，这些稳定持续的刺激潜移默化地影响着人们的情绪状态，长期的情绪状态形成了个人的心境。良好的心境有利于健康、生活、工作和人际交往；长期不良的心境会干扰人的正常思维，损害人体免疫功能，常常构成事故的隐患、重病或大病的诱因，其后果也不可忽视。背景应激物与环境决策、环境设计与管理有着更为直接的关系，其中许多可以通过合理的环境设计与环境管理得到控制与缓解。在当今生活节奏日益加快，社会竞争日益激烈的现代城市，提供良好的生活与工作环境，有利于人们减少不必要的应激，集中更多的精力去应对其他挑战。而交通拥挤、环境噪声、空气污染是发达国家城市普遍存在的背景应激物。

表 2-1　　社会再适应等级量表（1967 年）

序号	生活事件	分　值	序号	生活事件	分　值
1	丧偶	100	23	子女离家	29
2	离婚	73	24	姻亲纠纷	29
3	夫妻分居	65	25	个人成就突出	28
4	遭监禁期间	63	26	配偶新就业或离职	26
5	亲人亡故	63	27	入学或毕业	26
6	个人受伤或生病	53	28	生活环境改变	25
7	新婚	47	29	改变个人习惯	24
8	失业	47	30	与上司不和	23
9	复婚	45	31	工作时间或环境改变	20
10	退休	45	32	搬家	20
11	家人生病	44	33	转学	20
12	怀孕	40	34	改变休闲方式	19
13	性障碍	39	35	改变宗教活动	19
14	增添新家庭成员	39	36	改变社会活动	18
15	职业调整	39	37	改变睡眠习惯	18
16	经济状况改变	38	38	欠债少于万元	17
17	好友亡故	37	39	家人团聚人数改变	15
18	职业改行	36	40	改变饮食习惯	15
19	夫妻争吵加剧	35	41	休假	13
20	借债超过万元	31	42	过圣诞节	12
21	欠债未还，抵押被没收	30	43	轻微触犯法律	11
22	变更工作职位	29			

三、适应环境应激的意义和代价

应激存在着正反两方面的效应。首先，应激具有唤醒作用，恰当的唤醒水平可以维持较高的任务绩效。其次，塞利和拉扎勒斯的研究证明，应激是一种全身心的唤醒与激活——它不仅唤醒和吸引人的注意去应付所面临的挑战，同时也激发了机体组织的活力和免疫系统的战斗力。只要应激物最终被控制，就有益于个人的成熟——使人学会更好地处理下一个应激事件。从这种意义上来说，适当的应激是保持生命活力和增强个体生存能力的必要条件，应激所付出的代价是为增长能力交纳的学费，长期的养尊处优和懒散放荡会使人降低正常的适应能力。但是也应该看到，过分的应激有时需要付出过于昂贵的代价。首先，人处于应激状态下，常常把注意力集中于感知到的应激物，而忽略其他刺激，甚至潜在的危险，以致造成连续的意想不到的严重后果；此外，某个或某些附加的应激物必然加剧应激反应，累积的结果超过了个人的应对能力，则有可能进入衰竭阶段，导致一系列失去控制的恶性循环，这就是常言所说的“祸不单行”。即使经过抗争走出困境，也会留下严重的心理创伤，并影响后来的行为。

了解应激对人的影响和人类可能遇到的各种应激物，并在设计中加以适当考虑，帮助环境使用者避免、减少或缓解不必要的环境应激，有利于儿童的身心成长、成人的健康和任务绩效，也有利于提高人们的生活质量和社会的和谐稳定。

第四节 行为场景理论

行为场景理论主要研究非个体行为与环境特征之间的关系问题。自20世纪中叶开始，美国心理学家巴克和赖特在美国小镇米德韦斯特建立了心理学现场实验站，目的是研究真实行为场景对行为的影响；尤其是对儿童行为的影响，并与英国一个规模类似的小镇进行比较。研究者们详细记录了所观察到的：如步行上学，骑车到杂货店购物，相遇交谈等各种行为现象。他们的研究开创了一种新的研究方法——通过对日常行为场景的系统观察和行为抽样研究生态环境中的行为现象。这项研究坚持了25年，发表了一系列有关的论文和专著，标志着心理学研究的一项重要突破——使真实行为场景中所进行的研究在心理学界得到与传统的实验室研究同样的公认和重视，这一领域后来被称为生态心理学。以巴克为代表的生态心理学家把环境与行为看作是双向作用的、生态上相互依存的整体单元环境，所具备的物质特征支持着某些固定的行为模式，尽管其中的使用者不断更换，但固定的行为模式在一段时期内却不断重复。这里的行为属非个体行为，这样的环境被称为场所，场所与其中人的行为共同构成了行为场景。场所犹如生活的舞台，在其中活动的人犹如相应角色的演员，演员及其表演与场所的特征在生态上构成了相互依存的关系，从而产生了一幕幕生动的场景。

一、场所的环境特征

有些场所是专门设计的、比较复杂和封闭的、专门服务于特定目的：如剧院有舞台、灯光、道具、观众席位，这些物质特征支持着演员的表演和观众的看戏行为；教室里有黑板、讲台、桌椅和充足的照明，以及电教设备，支持着教师讲课和学生的听课行为；会议室有会议桌、座椅、照明和恰当的室内装修等，为与会者彼此交流谈话创造了便利条件和良好的气氛。上述场所除了这些专门设计的功能之外，还可能用于其他目的，如在剧院可以举行公众大会，在教室可以举行娱乐活动，会议室可以举行节日晚会。如果称前者为场所的外显功能，那么后者就是场所的潜在功能。有些建筑小品虽然也是人为设置的，但非常简单，而且是开放的。这些小品在美化环境和增强环境识别性的同时，也为人们提供了活动的场所。例如在住宅小区中设置的景观亭台，其造型、尺度、精致与简陋的程度可因地制宜，灵活变通——由柱子和地面高差界定了适宜的空间范围；可坐的低矮围栏既可以形成向心空间，也可以形成离心空间，它们造型各异的亭顶既是审美对象，又为亭子里面的人们提供了遮风避雨的场所；而且它们常常建在最恰当的观景地点；这些亭子可供游人赏景，路人歇脚或避雨、纳凉、朋友约会或道别等。然而其功能不仅仅局限于这些，其外显功能和潜在功能不那么泾渭分明，往往成为吸引人的多功能场所，以致为许多素不相识的人在这里相遇提供了场所，有时成为戏迷们吹拉弹唱、自娱自乐的场地；有时成为老年人相聚聊天的场所，也会成为年轻情侣谈情约会的地点。

济南市燕山立交桥周边，建有小型活动广场，供市民消夏娱乐。每到傍晚，饭后的周边市民自动聚集到一起；这里总有许多人在进行各种活动，如唱戏、舞蹈、太极拳、棋牌、聊天、儿童游戏等。在什么时间、什么地方、从事什么活动，这些人似乎早已达成默契，而进行各种休闲娱乐活动。

上海同济大学校园内，学生们在校园开敞式舞台上举办各种社团活动，在舞台四周自动成为大学生们课余聚会、娱乐的场所，如图 2-1 所示。

图 2-1 学生娱乐活动场景

自然环境本身常常也有某些特征诱发出一些非个体行为，而成为某些固定行为模式的场所，如一棵大树、一块平整的山石、一块林间空地等。自然的场所有时比人工场所更吸引人，尤其在高度城市化的现代城市中，一些有大树的绿地的生态特征和自然情趣，使它们多数也成为市民自发性群体活动的场所。

二、行为场景的人员配备

行为场景的人员配备理论，涉及场所的大小和容纳人员的多少。维持某一行为场景所需要的最少人员数量称最小维持量；场所能容纳的最多人员数量称为容量。场所中的人员分为执行者和非执行者。在场所中执行主要任务的人称为执行者，如教室里的教师、剧场里的演员和工作人员、商店里的营业员等；非执行者指教室里的学生、剧场里的观众、商店里的顾客等。那些满足行为场景对成员的要求，并试图成为其中一员的人称为申请者。最小维持量、容量和申请者（包括执行者和非执行者）三者组合成行为场景中不同的人员配备状况。如果某一行为场所申请者的人数低于最小维持量，则造成人员配备不足；如果申请者的人数超过容量，就会造成场景的人员过剩；申请者人数介于最小维持量与容量之间的行为场景为人员配备适当。就执行者而言，在人员配备不足时，要维持场景，就要降低接纳标准，或其中的成员要承担更多的任务和角色。而在人员配备适当的场所则更能突出个人差异和发挥个人特长，使每个人都能担任最适合自己的角色，因而每项任务的绩效以及总的绩效都高于人员配备不足的场所。一般来说，场所是环境资源，执行者是人力资源，非执行者是服务的对象。非执行者人数的多少受到社会需求、场所位置、环境特征、服务质量多种因素的影响。当人员不足时，非执行者会享受到更多的服务，感到更加满意，然而场所绩效得不到充分发挥，长期的人员配备不足将导致场所的衰退，甚至废弃。而当人员过剩时有可能引起拥挤，采取一些措施可以改善现状。

（1）调整对申请者的接纳标准，如通过调节进入场所的门票价格、商品的销售价格、调节学校的录取分数等办法控制进入场所的人数。

（2）调节场所容量，改变物质环境特征（如场所大小和平面布局），增减服务人员（执行者）人数和工作时间。

（3）调节场所成员的逗留时间，如商场加强识别性，使顾客能迅速发现商品目标，在顾客过多时增加出口以减少在场内滞留的人员。

三、场所的生命特征

场所在一定时间阶段内具有稳定的物质环境特征，支持着某些固定的行为模式，但又不是一成不变的。它也是一个有生命的整体，和人一样具有生、老、病、死等生命现象。社会的变化、人员配备状况直接影响着场所的生命。

我国已步入科学技术飞速发展、社会迅速变革的时期，随着国民生活行为方式的发展变化，人们对场所的需要也在不断改变。原有的一些场所虽然环境特征未变，但其中的使用者和活动内容变了。例如随着城市化进程的加快和老年人口的迅速增加，以及现代中青年工作与生活负担的加重，我国已经步入老年化社会，城市养老院供应严重不足，于是一些其他场所可以改建成养老院；又如北京旧厂房、旧仓库经装修改造成的当代艺术家云集的 798 艺术区。因此，如何利用老旧建筑，如何将废弃的场所加以改造利用，使它们获得新生，便成为一个令人感兴趣的课题。沿着时间维度观察和研究场所物质环境与其中的行为现象，了解哪些场所需要发展，哪些场所需要控制，哪些场所需要更新或改造，应该成为环境行为研究者的重要任务之一，也是投资者和经营者应该掌握的重要信息。例如我国荣获美国景观设计师协会 2002 年度荣誉设计奖的广东中山市岐江公园，就是将原有废弃老建筑与社会化、生态化的景观设计相结合的再利用优秀范例，使中山市著名的原粤中造船厂厂址上的废旧物（废旧的厂房和机械）在公园设计利用中获得了新生，一段历史文脉保留了真实而珍贵的城市记忆。岐江公园鸟瞰场景如图 2-2 所示。

图 2-2 中山市岐江公园鸟瞰场景

四、行为场景理论的现实意义

行为场景并非抽象的概念，它是一个具有明确的时间和地点、可以具体描述的真实环境的一部分，是场所和群体行为自然而然结合成的有机的整体单元，所以场所也是有生命的，场所的生命力体现于它在社会生活中的作用，它的兴衰存亡取决于人们在生活中对它的需要和使用。通过对美国西部小镇行为场景的研究发现，许多如巴克早年所观察到的行为场景已不存在。由于年轻人出走，居民的老龄化，许多场所面临人员严重不足的局面，以致有的邮局、学校等公共场所不得不关闭，有的场所改作他用。我国也已步入技术飞速发展，社会迅速变革的时期，人们对场所的需要也在不断变化。原有的一些场所，有的衰退了，有的消失了；有的虽然环境特征未变，但其中的活动内容变了；有的经过改头换面内部装修，具有其他功能。

通过对行为场景的观察，了解哪些场所需要发展，哪些场所需要控制，哪些场所需要更新或改造，应该成为环境—行为研究者的重要任务之一，也是投资者和经营者应该掌握的重要信息。设计者在设计环境的同时，也在设计使用者的行为，设计意图是否符合客观实际需要，还需要结合实际情况认真加以考虑和预测。

巴克的场景理论与吉布森的生态知觉存在着内在的联系。环境设计与环境管理不仅应该认真考虑外显功能，其潜在功能也绝不能忽视，尤其潜在的危害更不可掉以轻心。例如大型医院的候诊行为、火车站的卖票与候车行为、商场购物行为、娱乐场所的娱乐行为、风景区的旅游行为等都可以从生态理论的角度讨论与分析空间和人流的组织，这对于提高管理与服务水平、改善场所绩效都是切实可行的途径。

行为场景是人类环境中最贴近生活的小尺度系统，它在潜移默化之中影响着个人的行为。春秋战国时代的孟母三迁，就是为了选择一个有利于子女成长的环境。本来适合于一个使用者群体的物质环境，如果换成另一个使用者群体来使用，环境中的某些生态特征就可能失去了它的功能意义，在长期的使用过程中这些特征可能会萎缩、消失甚至被改变。因此，物质环境与社会环境总是在相互作用的过程中发展和变迁着，向环境的设计者和管理者不断地提出新的问题，行为场景理论也为这方面的探索和研究，为建筑环境的使用后评估，在理论和方法上奠定了基础。正如优秀的文学艺术作品来源于生活一样，好的环境设计同样也来源于生活，平时留心观察和体验生活的设计人员必会从中获得大量有益的启发。

第五节　个人空间、私密性、领域性、安全感和易识别性

环境行为学是研究人为环境如何作用于人们的行为、感觉、性格等因素，而使人们如何获得一定的空间感和领域感的，这些空间感和领域感在人造环境中具有一定的层次和范围；而这些空间感和领域感均建立在私密性的基础之上。

一、个人空间与气泡理论

1. 个人空间

每个人都有属于自己的个人空间，人们对于空间的利用是一种同别人沟通的方式，是能反映对其他人感受的重要因素。经过心理学家所做的实验证明，这个空间相当于以人体为中心向四周发散的气泡，这个气泡前部最大，后部较小，两侧最小，这称之为气泡理论。人在空间里的不同位置，显现了人际间的不同关系；在大多数情况下，人们不会意识到它的存在和价值，但当个人空间受到侵犯时，就会感觉到它的存在。如在餐厅进餐时，相互间不熟悉的顾客总是尽可能的错位远离就餐；在一些公共空间里，如果空间并不拥挤，没有人愿意夹在两个陌生人之间；在日常生活和工作当中，人与人之间通常保持一定距离，来调整与他人

互动交往的程度。

（1）个人空间的定义。

个人空间是人们周围看不见的界限范围内的空间，如影随形，人们到哪里这个空间就会跟随到哪里，个人空间不是固定不变的，在空间环境中个人空间会伸展或收缩，反映着人们之间的互动关系，是一种变化着的界限调整现象；虽然每个人都拥有各自的个人空间，但它们并不完全一样，在不同的环境中而有着各自的区域范围。

（2）个人空间的作用。

在个人空间的人际交往过程中，控制距离是非常重要的；合适的人际距离，能产生积极的正面效果；而不合适的人际距离，能导致令人感觉不舒服、焦躁、缺乏安全感的负面效果。

个人空间是一个针对来自情绪和身体两方面潜在危险的缓冲圈，起着自我保护作用：避免接受过多的刺激、防止应激造成的过度唤醒、弥补私密性的不足、防止身体受到他人的攻击。

个人空间具有自我保护、调整和沟通的功能。

2. 气泡理论

1966年美国人类学家霍尔在他的《隐藏的向度》一书中，通过对北美人日常交往中的人际距离进行分析研究，发现由于人体“气泡”的存在，人们在相互交往和活动中，通常保持一定的距离，而且这种距离与人的心理需要、心理感受、行为反应等产生了相当密切的关系；霍尔对此进行了深入的分析研究，归纳出了四种常用的人际距离：亲密距离、个人距离、社交距离和公共距离。而人们在不同的场合下，使用的人际距离不一；不同文化背景下的国家，其个人空间距离也有所差异。

（1）亲密距离。

亲密距离的范围约为0～45cm；在亲密距离内，能清楚看到另一个人的脸部，辨别出对方面部的细微变化，综合视觉、气味、声音、呼吸和体温的感觉，合并产生了较为亲密的关系，如家人、密友、恋人等。

（2）个人距离。

个人距离的范围约为45～120cm；在这一范围内的人大多关系融洽，但嗅觉和细微的视觉线索开始消退，使人们的交往保持在一个合理的亲近范围之内。这是人们在公开场合普遍使用的距离，碰触通常是被允许的，人们大都熟识且关系融洽，与朋友、师生、亲属常常在这个距离内交谈，在这一距离内，眼睛很容易调整焦距。把中央凹视觉集中在对方脸部的某特征上，如眼睛。超过这一距离的上限，就很难用手触及对方，因此可用一臂长来形容这一距离。

（3）社交距离。

社交距离的范围约为120～360cm；较近的距离是1.20～2.10m，这种距离应用于业务洽谈、接待新客人等。较远的距离是2.10～3.60m，属于一般的社交距离。当不需要过分热情，只需要语言接触、目光交流即可时，可以采用社交距离。

在社交距离的范围内，随着距离增大，中央凹视觉在远距离可以看到整个脸部，在眼睛垂直视角60°的视野范围内可看到对方全身及其周围环境，相互接触已不可能，由视觉提供的信息没有个人距离时详细；其他感觉输入信息也较少，彼此必须提高音量交往。

（4）公共距离。

公共距离的范围约为360～750cm；这个距离一般用于较正式的场合，用于地位不同的人们之间，如讲演厅的演讲人和听众之间通常使用这个距离；人们之间的交流和沟通，主要通过视觉和听觉进行，通常是单向沟通时采用。

在地中海文化中（包括法国、阿拉伯、南欧和拉丁美洲人等），习惯使用嗅觉、触觉、以及其他感觉形态进行人际交往，使用极近的交往距离甚至频繁的身体与目光接触，显示出极大的密切性。而在北美和北欧文化中（如德国、瑞典、瑞士、英国和美国人等），则喜欢较大的交往距离和个人空间，一般很少对他人使用非语言的密切行为。有人认为，社会经济地位对空间行为的影响可能比亚文化的影响更重要。霍尔强调指出，以上研究主要针对地中海和北欧文化，对其他文化，尤其是亚洲文化不一定完全适用，文化上的差异对环境行为的影响应引起关注。

各种人际距离空间的分类示意如图2-3所示；各种人际距离和行为特征见表2-2。

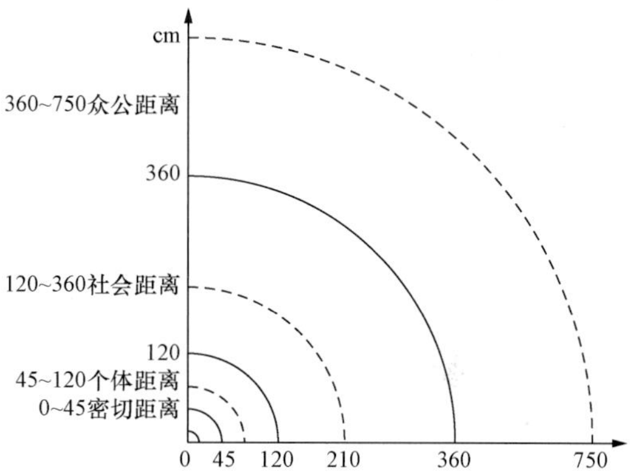

图2-3 人际距离空间的分类示意图

表2-2 各种人际距离和行为特征 cm

密切距离 0～45	接近相0～15，亲密，嗅觉、辐射热有感觉 远方相15～45，可以与对方握手接触
个体距离 45～120	接近相45～75，促膝交谈，可与对方接触 远方相75～120，可清楚看到对方表情的交谈
社会距离 120～360	接近相120～210，社会交往、同事相处 远方相210～360，不密切的社会交往
公众距离 360以上	接近相360～750，小型报告会、自然语音的讲课 远方相750以上，借助身体语言和扩音器的讲演

适宜的人际距离方便了人们之间的沟通，距离作为一种媒介，在亲密距离内交流，视觉、触觉、听觉、嗅觉器官均可发挥作用；但随着距离的增加，视觉和听觉将起主要的作用。

3. 影响个人空间的因素

个人空间的影响因素主要体现在个人因素、社会因素和文化因素上。个人因素对个人空间的影响主要体现在情绪、年龄、性别和教育水平上。不同的情绪状态下的人对个人空间的需求是不同的。兴奋的、坦然的或者感觉自身环境良好的人需要的个人空间相对较小，反之，沮丧的、焦虑的、对周围环境有敌意的则需要更大的空间。自尊心强的人比自尊心较弱的人所需要的个人空间要小，合群的人需要的空间也比不合群的要小。女性因为喜好的深浅所表现出来的个人空间的变化要大于男性。

个人空间及其距离模式对人类认识自己与空间的对应关系有重大的启示作用，对它的进一步研究发现，还应注意以下几点。

（1）场合不同使个人空间的大小不同。

社会因素对个人空间的影响主要体现在人际关系和吸引力、合作和竞争，以及社会地位的差别上。不同社会地位、不同的生活环境中的人的个人空间的要求是有差别的。例如，大厅里、教室里、房间里、马路上、公交车里、火车上。随着场合不同，人们的个人空间像一个弹性气泡，根据社会的规范自动调整。

如果到郊外去野餐，草地上的单子、毯子、塑料布就会从大自然中划出属于自己小群体的一块“空间领地”。在拥挤的公园里，来往人不断，年轻的情侣会用雨伞作道具，划出两人卿卿我我的小天地。扩建前的上海外滩十几年来成为一双双情侣之领地，边界清晰，各不相扰。

（2）文化背景不同使距离有所变化。

文化因素对个人空间的影响也是显而易见的，不同文化背景下的人们对个人空间的要求有所不一。如阿拉伯人的个人空间距离较近，德国人相对要求较远。

例如，某些国家的人冷漠，相互距离较大；美国人随便，相互距离较小；德国人庄重、法国人诙谐、俄国人深沉、意大利人激情、西班牙人狂放。中国人内向，而内外有别；日本人兼容，在家里在社会两套原则。西方顾客常常认为：我住旅馆，我是房间的主人，这房间的使用权这几天里归我，店主未经许可不得入内。中国酒店管理者则认为：我是店主，所有房间都归我，我随时都可以进房间去视察或搜查，因而闹出许多不必要的矛盾。

霍尔博士要求他的学生描述这样的情况，两个人正在谈话，第三者距他们多远就算是侵犯他人的“领地”。美国学生答不上来，而德国学生明确回答：走进 7 英尺，约合 2.1m 之内即是。美国人办公时喜欢把门打开，认为空间可以共享，德国人则关起门来，认为这是保护自尊与“隐私区”的完整。霍尔博士的德国人助手不愿意在公共场所拍摄研究对象，认为这是视觉侵犯。外国人的餐馆里，相互谈话时有意识压低声音，过高则是对别人的听觉侵犯；中国人在餐馆里常常吆五喝六，猜拳行令。走在大街上，外国人目不侧视，只用余光了解别人的活动；中国人则常常眼随身转，目光直射，上下打量别人，在外国人看来，这是失礼和视觉侵犯。

阿拉伯人与美国人交谈时，前者认为距离太远，不够热情礼貌；后者认为距离太近，很不礼貌。这样，二者你进我退，永远也找不到都认为合适的交谈距离。西方发达国家的工业化进程加上古希腊文化之根和基督式的博爱、自由和平等，并以法国宫廷礼仪为基础，形成了一套礼节，例如，到剧场应提前进入，场内不许大声说话，不许吃喝，情侣们应坐最后一排，演出后起立鼓掌再依次退出；不能背后议论别人，特别是用手指指点点；进电梯时女先男后，出电梯则相反；电梯内有女同胞时男士应脱帽；乘坐自动扶梯时应靠右侧，左侧通道留出供有急事者使用；在家中应安静，轻声说话，包括打招呼，轻轻开关门；收音机、电视机声音要轻，超过 22 时后不许发出任何声响，否则邻居可以叫警察；无论父母或子女的房门只要关着，别人要进门就必须先敲门，得到允许后方可进入；碰人、妨碍别人，包括插入别人行走的路线上都要真心道歉；拜访别人，事先应有电话预约，赴约时必须衣帽整齐、守时，迟到时先有电话说明并道歉；公共场合吸烟必须征求邻人包括陌生人的同意；公共场所不能大呼小叫；打电话先报自己姓名，先问候，不说谢谢和再见不能挂电话；不打听别人私事，也不高声大谈自己的私事等。

（3）年龄不同则人际距离不同。

处于童年期、青年期及成人阶段的所需的人际距离是不一样的，到老年阶段需要的人际距离又发生了变化。一般来讲，老年人和小孩的空间距离较小，这是因为人到老年，感官能力差，愈老愈有老小态，呈现老小孩的状态。而儿童从多大开始显示对个人空间的偏爱，这一问题至今没有得出明确的结论，但个人空间随着年龄改变是肯定的。有关研究显示，儿童的年龄越小，在日常交往的多种情境中所偏爱的人际距离则会越小，而大约在青春期开始的阶段则显示出类似于成年人的空间行为标准。到了老年，人际距离又显示缩小的倾向。

（4）个人空间的方向与大小。

一般来说，个人的前方的个人空间较大，两侧最小，后方较小。例如，拥挤的公共汽车上，陌生男女可以侧肩相抵，或背靠背，绝少面对面。因此，有人说，接近人的最好方式是由侧面靠近。

美国心理学家简各布斯采用拍照的方式调查广场上人员稀疏时的情况，经过统计计算，他发现每个人可自主地保持个人空间时，所需要的最低值为 10 平方英尺，相当于 0.93m^2，若小于此面积，常有人表现出由于入侵带来的不快。

（5）个人间距受性别的影响。

心理学家瑟夫·普莱克提出性别角色意识发展的三阶段模式。第一，无差别的性别角色阶段，如儿童阶段尚无性别角色的概念和自我意识；第二，两极分化、相互对抗的性别角色观念阶段，如自少年时代过后，性别角色意识日益明确，并了解和遵守性别角色的规则，在青春期达到顶峰；第三，灵活的、能动的性别角色观念阶段，即超然的性别角色阶段，此时，个人设法超越社会所约定的性别角色的限制，努力自由地表现个人的素质，培养出“双性化”的个性心理特征。根据这一理论，小学阶段属于第一性别角色认识阶段，高中属于第二阶段末期、第三阶段初期，大学则进入第三阶段。因而，性别差异对 11 岁的孩童来说，对他们的人际空间距离的需求无明显影响；16 岁组影响显著；21 岁组无显著影响。

异性之间，特别是夫妻间的距离最小，俗话说：近不过夫妻。西方人认为，一对女性或一对男性之间的距离最大，而异性之间的距离应该最小；否则，会给人以同性恋的嫌疑。中国人的情况应该是，一对陌生的男女之间的距离最大，这与中国传统观念（男女授受不亲）有关。人际距离受到社会规范的约束，俗话说：“打仗亲兄弟，上阵父子兵”。中国的家族观念、封建礼教使人际空间距离问题复杂化。北京四合院邻里之间的和睦相处，皇宫里后宫之间的复杂关系，以及遍及城乡的围墙、篱笆墙则与这种社会模式与文化心态相适应。

有研究显示，女生过了 12 岁之后，在使用空间上就表现出与男生的不同。女生无论和谁在一块，都喜欢距离近一点，尤其是两个女生一起的情况。对女生来说这样有利于情感的加深，而对男生来说则截然相反。和比较亲近的人在一起时，女生倾向于坐在旁边，而男生则倾向于坐在对面。

二、私密性

私密性这个名词如今已经越来越广泛的应用到生活的各个领域。总地来说，可以概括为行为倾向和心理状态两个方面的内容，即退缩和信息控制。退缩包括个人独处、与其他人亲密相处、或隔绝来自环境的视觉和听觉干扰；信息控制则包括匿名和保留。匿名，即不愿别人对自己有任何了解；保留，即个人对某些事实加以隐瞒，譬如人们常说的隐私权，当然不包括对犯罪的隐瞒；不愿多参与交往，尤其不欢迎不速之客；由此可见私密性是一个复杂多义的概念。为了用简单的语言说明什么是私密性，阿尔托曼提出以下定义：对接近自己或自己所在群体的选择性控制。从这一定义可以看出，私密性并非仅仅指离群索居而是指对生活方式和交往方式的选择与控制。即是指对接近自己的有选择的控制；也就是设法控制自己对别人封闭或开放的程度。私密性的过多或者过少同时也意味着对外界的开放或者封闭。

1. 私密性的基本类型

私密性有四种基本类型：独处、亲密、匿名和保留。

（1）独处，是指单独一个人，且远离别人的视线。这是最常见的私密性。

（2）亲密，是指两个人以上（包括两个人）小团体的私密性，是小团体成员之间寻找较为亲密关系的需要。即是需要某种情感表达的两人（或两人以上）的需要，譬如恋人，他们的亲密性最强。

（3）匿名，是指在公开场合不被人认出或被人监视的需要，通过避开大众的注意力，保留自己活动的随意性与无阻碍性。如某些名人在公开场合上街购物时，总要化妆掩饰出现一样。

（4）保留，是指保护自己信息的需要，是对隐私性的需要。不论在任何场合，都不想让别人知道自己的有关私人信息。如有关个人生活的某些污点等。

2. 私密性的特点

在当今信息社会中，人与人的沟通和信息交流非常重要；过去农耕时代离群索居的文人隐士已极为少见；人们不得不与别人共同相处，通过语言和肢体行为与人接触，但时时都在控制与他人的接触和沟通程度。在控制与接触的过程之间，有一个界限调整的过程；这个过程如同一扇门，有时开启有时封闭，视情景而定，来控制私密性的开放和封闭。

通过空间行为，人们也能表现出对别人的开放和封闭程度；如打开房门，把熟悉的客人引入室内，表示一种接纳，一种空间的开放暗示；而对不熟悉的人，则可以在门外交谈，并不引入室内，暗示了一种空间上的封闭程度。

3. 私密性的层次

从空间的等级来分析，可有三个等级：公共空间、半公共空间（半私密空间）、私密空间。公共空间是在私密性的最外围的。在公共空间中最多陌生人的交流，就是在市区的步行街和主题广场，在社区超级市场和公园，在城市的体育场和影剧院等，人们都进行着从视觉接触到声音传递的活动。总而言之在公共空间的设计中应该考虑参与者的私密性，即对空间进行合理有效的安排，使陌生人之间的正常交往平静且具有有效性。

半公共空间包括公寓的走道、组团内部的绿地、大楼的门厅等比较私密的区域，这种空间重点在于创造一个既能鼓励社会交流，同时又能提供一种控制机制以减少此类交流。在一些特殊的公共场合如图书馆，其座位按离心式布置，这样对于和别人交流造成一些阻碍，正好符合图书馆需要安静而非嘈杂的环境氛围。一般情况下，人们喜欢选择空桌子边的位子。假设一旦某个椅子被选择了，那么使用者就会回避该范围内的其他椅子，保持自己的个人空间有一定的私密性是主要原因。

半私密空间包括开放式办公室、教师休息室和贵宾室，这些空间只有特定的人可使用，要充分考虑人的私密性，如果视线或者声音的传递方面处理不恰当会出现各类问题。这类空间容易成为使用率不高或者过于拥挤混乱的场所，是设计中应该处理得当的问题。譬如：办公室中私密性不仅意味着员工们在工作时有一种更自主的感觉，更容易激发创造性、独立性和责任心，也意味着雇员在公司中社会地位的高低，而且私密性相对较强的办公空间无疑对隔绝噪声有很好的效果。开放式办公室通过把各部门合理地并置在一起以实现良好的通讯与信息沟通，而且可以经济地使用空间。通过使用隔断能大大改善私密性不足的情况，据调查发现，随着周围空间隔断数量的增加，雇员们的拥挤感减少了，满意度提高了，私密性增强了，工作效率提高了。在设计中，不可避免的要通过隔断等形式来满足员工的私密性要求。

私密性空间针对性比较强，它是只针对一个或几个人的空间。住宅中的卧室、浴室、私人办公室等，利用这些空间不需要和别人的行为发生关联，这些空间是人在生活中的真实需要。

4. 私密性的功能

私密性可以帮助建立个人的自我认同感。阿尔托曼指出，儿童变为成人的第一步就是建立区分自己与他人的能力。这是一个自我定义和自我再认识的过程，而这一过程又取决于调节自己与他人社会交往方式与性质的能力。如果个人感到能有效调节自己与他人的交往，就会增强应付环境的自信心和能力；如果不能控制与他人的交往，就会丧失这种信心和能力。

自我认同在一定程度上依赖于自我评价的建立，即在将自己与他人相比较之下而形成的，用以来确认、肯定自己的优势、劣势和综合条件下的个人总价值。当要进行这种评价时必须能将自己放到相适应的社会背景之中，来进行日常生活中的各种活动。私密性还可以帮助个人建立和保持自律，从而增强个人的独立性和选择意识，失去自律也就会失去与整个社会大环境相互作用的控制感。

在我们的传统文化下对于喜欢交往的那些个人往往给予“活泼、开朗”等肯定的评价，而对于喜欢安静和独处的个人往往给予“性格孤僻、内向、不合群”等否定性的评价，并常以此来划分性格的优劣，舆论的压力常使喜好安静的人担心自己会成为“大家眼中的另类”，并因此导致不必要的心理应激情绪。实际上，再喜欢热闹的人也有需要冷静与独处的时间，再喜欢清静的个人也会有与人交往的现实需要，关键在于所体验到的选择性和控制感——个人的选择应得到适当的满足，个人的控制需要得到应有的尊重。社会也需要一批勤于思考、耐得住寂寞之人。我们说善于交往是人的一种能力，而善于独处也是一种必需的能力。

私密性的满足能够使处于环境中的人得到控制感和选择性，缺乏足够的私密性会引起各种问题。著名的法恩斯沃思住宅（Farnsworth House）更是一个特例：住宅是长方形的玻璃盒子，室内的一切外面都看得通通透透，缺乏私密性。而且室内没有隔墙，只用矮柜分隔。建筑大师密斯与女业主原来关系十分融洽，但 1950 年住宅建成时却引发了法律纠纷：除了造价过高、屋顶漏水和冷凝水过多以外，业主还抱怨所谓的“自由流通空间”实际上固定而又封闭——她不得不四周安上窗帘以防窥视，而且也不使用密斯设计的不能移动的家具。17 年以后，新的房主重新修复了住宅，重又使用“密斯式样”的家具，并时常对公众开放。新房主（L. P. Palumbo）宣扬：住宅是“一首诗，一个亮点，一个梦想，一种习性、情调和怀念……而且，它具有一种高度罗曼蒂克的氛围”（1986 年）。这一住宅设计实现了密斯的浪漫构思。

5. 私密性的影响因素

每个人都有自己的私人空间，都有私密性的需要；随着环境氛围、文化修养、社会阅历的不同，对私密性的影响因素不一，要求也会有所差异。具体对私密性的影响因素有个体因素、情境因素和文化因素三个方面。

（1）个体因素。

对私密性有影响的个体因素为性别和个性。男女性别在私密性上有一定的差异，通常女性适应空间环境的能力比男性强，对私密性的要求比男性弱。而在个性方面，通常自尊感弱的人有更为强烈的私密性需要，且自我控制能力较差、幸福感较低。

（2）情境因素。

对私密性有影响的情境因素为社会情境和实质环境。社会情境的变化，对私密性的影响是显而易见的；如周边社会环境的改变，不可避免的影响人们对私密性的要求。而实质环境则是指客观现实的存在，人在这种客观环境中对私密性的要求会因人而异。如在柔和的灯光环境中，会使人感到亲切，客观上拉近了人与人之间的距离。

（3）文化因素。

文化因素对私密性的影响也是显而易见的，不同文化程度的人们对私密性的要求也不尽相同。受教育程度高的人，往往对个人空间的要求比较高，主张个性的张扬与体现，主张自我的尊严与社会的承认，主张自我空间的私密感，从而对私密性也更加有要求。受教育程度低的人，则一般会不拘小节一点，往往对私密性不会有过多的要求。

6. 满足私密性的措施

获得场所私密性的主要方式是要减少打扰或隔绝视听的侵扰。一般视觉为主要因素，但在住宅、居住区和室内私人谈话这样的特定情景中，有时听觉干扰甚至更为烦人。其中，物质方面的措施包括：合理选址，避开不良周围环境（高楼俯视和噪声源）；合理布局（内外区分、动静分区、减少过往人流不必要的干扰）；设置屏障物，以有效阻断他人的视线；加强隔声措施等。社会方面的措施有：改变活动或作息时间；显示警告标志；加强道德教育；提出善意劝告；诉诸法律等。其中，设置屏障物是确保内外有别的常用手段，如中国传统住宅的影壁、屏门、屏风、半门、篱笆和围墙等。中国传统文化中，家与园构成一个不可分割的整体。家是私密空间，园是半私密空间，一片可耕种的土地。虽然受到财力与物质条件的限制，但在建筑特征方面，仍能明显地反映出从居住的私密空间到半私密空间到公共空间的变化。

以北京一般百姓居住的普通四合院为例：由房间围合成对外封闭、对内开放的院落。尽管后来大多数都成了杂院，但室内仍属于个人或家庭的私密空间，院内则是全院居民共享的公共空间，而对外人来说，这里又是私密空间。院门通过过道对着厢房山墙。至于典型的四合院，院门内侧则正对影壁（独立或附于厢房，无论独门小院还是深宅大院），站在门外都不可能看到院子内部。类似的处理手法在我国北方城乡非常普遍。

好的场所首先应在内部提供不同层次的私密性。除了住宅外，其他居住场所也是如此。譬如，在我国不少大中城市，养老院已成为许多老年人晚年选择的归宿，但目前我国的养老设施相对比较落后，多数与以往的集体宿舍相差不多，更谈不上私密性和控制感。对于合理的养老空间场所，居民既可以保持相对独立，又便于相约交往和彼此照应，使每位老人的选择都得到尊重，从而增强了控制感，并大大减少了老人对工作人员的依赖性。我国城市居民的老龄化倾向正日益加剧，在解决当前城市问题时，为老年人提供住得起又感到私密惬意、舒心自在的养老环境也是地方政府的一项重要任务。

三、领域性

领域性是个非常广泛的概念，可以延伸到人类生活的方方面面；从抢占公交车的座位、就餐时桌椅位置的选择、到国与国之间的领土边界纠纷，都体现了出了领域性的问题。在对人类的领域行为综合多种研究的基础上，阿尔托曼（Altman）提出以下定义：领域性（territoriality）是个人或群体为满足某种需要，拥有或占用一个场所或一个区域，并对其加以人格化和防卫的行为模式。该场所或区域就是拥有或占用它的个人或群体的领域（territory）。领域性是所有高等动物的天性。人的领域性不仅包含生物性一面，还包含社会性一面，因此人对领域行为的需要和这方面的反应也比动物复杂得多。随着个人需要层次的不同，如生存需要、安全需要、社交需要、尊重需要、自我实现需要等，领域的特征和范围也不同，如一个座位、一个角落、一间房间、一套住宅、一组建筑物、一片土地……随着拥有和占用程度不同，个人或群体对它的控制，即人格化与防卫的程度也明显不同。领域这一概念不同于个人空间，个人空间是一个随身体移动的看不见的气泡；而领域无论大小，都是一个静止的、可见的物质空间。

1. 领域性的性质

（1）领域性的定义。

在行为学上，领域性是指个体或团体暂时或永久控制一个场所或物体。

（2）领域性的类型。

现实世界中的领域有大有小，涉及方方面面；基本上可以归纳为三个类型，即首属领域、次要领域和公共领域。

1）首属领域。

首属领域是指由面对面互动所形成的具有亲密人际关系的社会群体所拥有或专用的领域。如住宅、办公室、国家等都属于首属领域。虽然领域的规模和领域拥有者相差悬殊，但这些领域对其所有人而言在心理上的作用比较强烈，同时控制权也比较多，这些领域通常受到拥有者完全而明确的控制，是与他们融为一体的地方，因为它承担着重要的社会化任务，必须满足人们的情感需求。

2）次要领域。

次要领域是指涉及个人生活的部分领域，属于半公共性质，是首属领域和公共领域联系的纽带。如住宅小区内的组团绿地、住宅楼梯间、学校的公共教室等都属于次级领域。次级领域在心理上的作用比较少，拥有者的控制权也比首属领域要少，但它在人们的生活中，对于满足人们情感需求也很有价值。

3）公共领域。

公共领域是指对所有的人都开放的公共场所，它允许所有人拥有它的使用权，但是要遵守基本的社会规范，任何人都有一定程度的控制权，但它不是长久性、固定性的，它是临时性的、流动性的、间断性的。公共领域空间是所有人共享或轮流使用的空间。如海滨、商场、车站、公园、广场、剧院、餐厅等都属于公共领域。

（3）领域性行为。

通常人们的领域性行为以占有和防卫为主；采用的方法有个人化和做标记、领域防卫、领域的占有和使用等。

1）个人化和做标记。

要使个人化标记有效，需要明示或暗示领域的归属。界线上的界标就是一种典型的明示。所谓暗示就是安排一些线索来委婉的表达领域的归属。人们常常采用个人化和做标记这两种方式为领域建立线索。个人化就是为领域建立明示线索的行为。人们往往在首属领域和次级领域中建立个人化的标志物。譬如给某个人办公室贴上个牌子，上面写上名字就是个人化的领域行为。

而做标记则常常发生在公共领域里，如学校、餐厅、图书馆等。同学们为了使自己在图书馆的位子不被别人占据，在离开时会放上一些书本。在进入餐厅进餐的时候，也往往会先放置一些物品在桌上，这种为领域建立暗示线索的行为就是做标记。

2）领域防卫。

领域限定的实质要素从弱到强可以分为标志物、屏障和墙体。

标志物可以分为空间和字符性两个方面。空间方面如空间中顶棚的高低，地坪高度的变化，地面用材和铺设方式的变化，照明的造型及颜色的控制等。比这更明确的标志物是数字和符号，譬如院长室、总经理室等，这些又可叫做个人化的标志。屏障，包括玻璃、竹篱、浴帘等隔断比墙体更有选择性，它们通常只分隔一到两个感官的接触，因而它们既把人们分开，也把人们联系起来。墙体作为一种实体把人们完全隔离在两个空间里。墙体隔离的程度由材料、厚度和坚实程度来决定。

3）占有和使用。

对领域的控制通常通过个人和做标记以及领域标志品来实现。生活中简单地占有和使用场所也是向人们表明对领域控制的一种方式。一个地区的使用特性常常由使用者的活动内容来决定。而一些简单的物品就可以控制同一场所中因反复使用而习惯养成的领域权。既保持了领域归属的特权，又默认了同一地点不同时间轮流使用的有效性。譬如在公园中的某块绿地，常用来做野餐的场地，久而久之，游客们就默许了这一区域的活动性质。

（4）领域行为的空间层次。

1）微观环境。

微观环境是具有积极防范性的围绕个人空间周围的一个无形空间，不允许受到外界的干扰。它是以个人为中心扩大的，因个体的移动而移动，具有收缩的弹性范围。

2）中观环境。

中观环境具有半永久性，比个人空间的范围要大，包括个体的、小团体的或者群组性的空间环境。

3）宏观环境。

宏观环境属于公共空间，是活动的最大范围。

（5）领域性行为的作用。

领域性行为起着促进社会秩序的作用；如果没有领域性，国家社会就会一片混乱。领域性行为的作用有认同感和安定感两个方面。领域性行为不仅可以界定空间的控制权与使用性质，而且表达着使用者的场所责任感，以及非正式控制的有效性。

领域具有不同的尺度和区分方法，其中最小的领域便是个人空间，也是领域中的空间范围。其他依次为私人房间、家、邻里、社区、城市，形成了由小到大一整套领域系统。明确的功能分区使人们了解哪些具体领域从事哪些具体活动，会见到哪些人，有利于个人根据自己的角色和需要选择安排自己的行为，形成稳定秩序的生活。形成领域能增加占有者对环境的控制感。有的研究者认为（Russel Barton，1966 年），在医院病房中提供个人领域会促进精神病患者的康复。允许个人对自己的领域人格化，如按自己喜欢的方式加以装饰，增加对个人有意义的饰物，选择自己喜欢的色彩等，都会提高使用者的满意度，增强归属感。霍拉汉与塞格特（Holahan&Saegert，1973 年）为了研究提高领域性对改进治疗环境的作用，特地对纽约一所精神病院的病房进行了大规模改造，以便改善总体的社会——心理气氛。主要措施是将以前的多人病房分隔为双人病房。对改造后的病房经过 6 个月的连续观察发现，其中领域的人格化倾向明显增加：卧室内出现了书籍、杂志等个人用品，甚至窗台上还摆放了鲜花。与未改造的病房相比，病房内具有更好的社会气氛，病人也更加愉快，便于身体康复。

建筑物外部通过适当空间围合、草坪、树篱、台地、栅栏等形成具有不同私密性——公共性层次的领域也有利于个人或群体的控制感。老年人居住较多的住宅前，提供边界明确的半私密户外空地，供老年人从事栽花养草等园艺活动，既有利于老年人身心健康，又有益于美化环境。而且由于环境条件的改善促进了居民、尤其是老年人的户外交往，加强了对居住环境的监视与安全防卫。

某些城市住宅小区内住宅楼前后的小环境，有些业主种植季节性蔬菜或具侵略性的香椿树，使小区公共绿地成为菜园子，也破坏了小区的整体景观效果。

在一些没有明确领域感的地方则可能发生两种后果：一种是引起领域争端，导致邻里不和；另一种是无人过问，被糟蹋和滥用，造成失控状态，城市中后面一种现象更为常见。例如两区域交界处或两单位交界处常成为乱搭乱建或垃圾成堆的老大难地带。越是没有归属、没有人管、没有人打理的空间，环境越差；一旦有了明确的主人，形成领域并得到爱惜与呵护，就会受到尊重。

2. 领域性的影响因素

领域性行为是人类行为中的一种明显模式，有较为复杂的表现形式和多种影响因素。领域性的影响因素主要有个人因素及社会环境和文化因素。

（1）个人因素。

影响领域性的个人因素有年龄、性别、个性等因素；在性别上，通常男性的领域性大于女性的领域性；在个性特征上，通常男女中个性较强，且较为优秀的人领域空间较大一些。

（2）社会环境和文化因素。

不同的社会环境和文化氛围，对领域空间的影响也会有所不同。不同国家的人群，对空间领域的认同感不一；特别是当有跨种族、跨文化的入侵时，人们普遍反映较为强烈。

3. 领域性与安全防卫

美国建筑师纽曼（O. Newman）自 1968 年开始研究美国城市住宅区的犯罪问题，发现高犯罪率住宅区在规划布局与设计上具有户数多、层数高、区内可自由穿行、缺乏组团划分、公共空间缺乏监视等特点。他又考察了低犯罪率住宅区的特点，位于纽约的河湾住宅就是其中一例。这组住宅由两幢并排的 10 层楼组成，楼间的公共院落高于街道，形成了有别于街道的领域。楼内联系各户的外廊采光充足，底层每户前还设有略高于外廊的半公共小院，居民可以在院中休息或做家务，增加了邻居熟识的程度。公共院落、开敞的公共走廊、半公共的院落构成了一系列清晰的领域，为居民提供了较安全的环境。

纽曼在分析高层住宅区犯罪率高于低层住宅区原因时指出，低层住宅由于分组明确、居民较频繁使用门前的半公共领域（休息、停车、游戏），彼此容易熟悉，因而也便于共同负起管理和监视环境的责任。而高层住宅居民感到户外空间与己无关，结果互不相识，从而为犯罪分子提供了可乘之机。纽曼认为，这些问题应该通过建筑设计得到解决，为此他提出了“能防卫空间”（Defensible Space）的设计原则，其中与领域有关的主要有：

（1）形成易于被感知并有助于防卫的领域。

“形成领域”不等于简单的空间限定，必须与人的领域行为相应，即要对领域分级，形成私密性—公共性的空间层次，尤其要把住户门外的户外空间也作为居民的生活场所，明确其活动内容和作用。这在无形中扩大了居民占有的空间与活动范围，增加了居民对周围环境的关心和控制。例如，纽曼把多层住宅户分为三级：第一级为每层的户外空间；第二级为住宅单元入口和临近入口的户外空间；第三级为住宅建筑的组团，包括其户外空间。在领域划分中，组成每层的户数、每栋建筑的户数、每个组团和每个项目中的住宅栋数非常关键。“每组的组成数目”（number）不宜太多（应符合“认知的广度”），以便有利于居民相互熟识和交往，并识别外来者，增强共同维护环境的责任感。

（2）自然的监视。

通过建筑物布局和门窗位置，使居民可以从室内自然地监视户外活动，犹如环境长着眼睛，从而对犯罪分子具有心理上的威慑作用。自然监视和共同防卫只有在那些白天有人在家的邻里中才有效。如果邻近几幢住宅全是同一户型，居民都是清一色的上班族，这类住户组成本身就不可能建立起有效的全天候监视。

四、安全感

生活活动在室内空间的人们，从心理感受来说，并不是越开阔、越宽广越好，人们通常在大型室内空间中更愿意有所“依托”物体，因此无论何时何地人都需要有一个能受到保护的空间。在火车站和地铁车站的候车厅或站台上，人们并不较多地停留在最容易上车的地方，而是愿意待在柱子边，人群相对散落地汇集在厅内、站台上的柱子附近，适当地与人流通道保持距离。在柱边人们感到有了“依托”，更具安全感。而在餐厅、酒吧和图书馆等地方，只要存在着一个与人共有的大空间，几乎所有的人都会先选择靠墙、靠窗或是有隔断的地方，原因就在于人的心理上需要这样的安全感，需要被保护的空间氛围。当空间过于空旷巨大时，人们往往会有一种易于迷失的不安全感，而更愿意找寻有所“依托”的物体，所以现在的室内越来越多的融入了穿插空间和子母空间的设计，目的就是为人提供一个稳定安全的空间。

人们对于在日常生活中一定程度的稳定性、连续性和可预见性都有一种较大的基本需求。没有这种需求可能听起来挺让人兴奋，但是想象一下如果过着一种不断变迁和不可预见的生活会多么让人紧张。我们靠着对规则的了解保持明白和清醒。据说生活中最让人紧张的两件事情就是搬家和度假。回忆一下你上学第一天的感受，一方面这很令人兴奋，因为它标志着进步和一段新的生活的开始；另一方面我们不是太确信在新的环境中应该怎样去做，不清楚我们如何被期望的，不太理解我们的新同伴会如何看待我们。

有些场所修建起来后就能以某种方式让时间留下痕迹，甚至度量时光的流逝，这样的场所常常对人们有一种安定的效果。尤其突出的是，能表达日复一日的节律或者是季节更替的场所能使人平静和安心。对窗户的需要不单纯是提供采光和通风，而且使得这个空间的使用者保持着与外界的接触。通过太阳的运动来感知天气和一天中的时间可以带给我们安全感，许多人对此认为很重要。在医院里能够看到外部世界的病人极可能比那些不能看到外部世界的恢复得更快。将一个在有窗的教室里的小孩和在有自然光照明，但视线没有向外看空间中的小孩，以及在完全没有窗户空间中的小孩相比较。研究表明实际上日照光线对于保持良好的协调的平衡是必要的，那些被剥夺了日照的小孩可能变得不那么容易集中精力于他们的功课。也许当我们不能看到窗外的时候的那种不舒适的感觉就是我们的大脑告诉我们有这种需求的一种方式。人们希望居住的室内空间充满植物，有自然的元素，这也从另一个方面证明当建筑会将我们与外界分离开的时候我们会有与自然界保持接触的需求，并且尽各种可能的手段达到这种需求。

五、易识别性

我们的心理成分中起作用的最基本的力量之一，是创造和保持我们的可识别性的需求。很明显，空间的一个功能是创造一种环境，一种有利于我们按照日常生活中身份的范围来行事的环境。这种环境在很大程度上并不是由建筑师来完成的，而是由行为者自己完成的，毕竟，空间实际上是其自身行为举止的外在延伸。相应地，对建筑师的挑战是如何创造一个能够引发并有助于占据和人格化的空间。顺便提一下，值得指出的是，关于建筑师任务的这一观点与如今许多建筑学学派中似乎占有主导地位的观点有些不同，后者的观点认为，建筑师的任务就是创造空间，以成为建筑师创造力的纪念品。

人们对于归属和识别自己专有的场所或者至少是与自己有关的场所的需求，在任何地方都可通过将场所个性化的行为来得以表现。我们中的许多人厌恶千篇一律，然而许多空间和场所看来恰恰如此——特别是新建的地方。眼下，居住小区的规划模式千篇一律，房地产商提供给人们的都是些平庸的、单调的建筑。令人惊奇的还有人们花费在这方面的金钱和时间。当人们四下信步之时，会为不断地找到表达他们自身新方式的能力而感到惊讶，以人造可塑性石材和装配着固定的木质百叶窗装饰外表的砖砌房子似乎在大声宣称“这是我们所居住的地方”，可它们造价昂贵。从逻辑上讲，这些钱用在改进保温隔热材料、采用低能耗的灯具，或者装配太阳能板上会更有用处。然而那就完全大错特错了，因为这会忽视了我们对个性化和表达我们的可识别性要求的需求程度。

在家庭这个个性化很强的地域里，一个重要的特征就是必须能够很容易地以某种方式与其他地域区分开来。它独立的位置自然使其具有独特性，但是这还不够。它的形状和总的外观应该使得它很容易体现为可识别的实体，从而可以成为在那里生活的家庭的个性化的财产。这看来是再明显不过的事，但或者由于经济压力的结果，或是由于建筑师缺乏对生命体的关注，它却常常被轻视或忽略。

一排无趣的、大众化方式修建的连排别墅展示了这一点。这些房子一户挨一户而且都成一行，建筑上丝毫没有个性。通过在简单的门廊使用一种普通材料，这些住户极富创造力地，并在刻意地表达其各自家庭的识别性，以及他们与邻居的一致性。另外，这也是一种温和的竞争，看看谁的展示最为漂亮，也很快效仿，也用了同样的材料但是却采用了非常华丽的设计。他们还用低矮的栅栏将原先开敞空间围合起来，界定出所有自己的领地。即使是一只小狗也能很容易跳过这个栅栏，这说明了其象征的价值胜过了其实用价值。

人们需要表达他们个人的以及他们所在的工作群体标识的想法是设计的主要动力。赫兹伯格推论道，如果允许人们在工作中满足了这一基本需求很可能会让他们更为满意，从而工作效率会更高。在他设计的阿姆斯特丹学校中，他在每一个教室的入口处都设置了一些展示窗。这不仅仅使来访者能够看到里面，从而知道他们进入教室是否会打断一堂课，而且还能让孩子们展示他们近来的成果，并由此表达着这个班级的标识。

我们所看到的大多数内容，都是清清楚楚有关展示的。这些举止行为，类同于我们衣着、驾驶、佩戴徽章和说话的方式，既然是展示，就完完全全为了他人的。一所已知的拥有很多花园石像的房子就很生动地说明了这一点。每个石像，无论是在花园中或者是在房间中坐落在窗沿上的，都面朝外部。为了能从正面看到这些石像，房子的主人必须走出房子站到街上去。在起居室中的正常视线看到的是千万个石像的后脑勺。当然他们不是为房子的主人而是为走过的路人服务了。

个人空间、私密性及领域性直接影响着人的拥挤感、控制感和安全感。从生态知觉来说，私密性层次和领域特征对环境的主人是一种“提供”，对外来的侵犯者则是一种“遏制”。物质环境的生态特征在很大程度上影响着社会环境的生态。提供条件让住户对户外环境人格化，会调动居民的积极性，使其主动地维护环境。可以看到，社会生活在很大程度上是由老百姓的生活细节组成的，个人空间、私密性、领域性、拥挤感、安全感与控制感等方面的研究就是从不同角度了解和体察构成社会生活主体的广大百姓的正当需要，对于这方面的研究也将为建筑环境设计和城镇规划设计提供有益的启示。

第六节　环境行为的研究方法

如果我们不能去支配环境，环境就要反过来支配我们。关于环境对人的行为影响有几种设想的研究模型。

一、环境决定论

环境决定论在 19 世纪末盛行，主要是受达尔文进化论的影响。生命机体的进化受大自然的选择，优胜劣汰，适者生存。最后适合生存的动植物留存下来，繁衍生存于特定的环境之中，其他则被自然淘汰，由此大自然的气候、土壤、地域、地形、植物……可能控制着人的行为。在达尔文以前对这些因素有所忽略，由此历史学家、地理学家想把物质环境与人两方面统一起来，力求找出其中的因果关系。

这类思想有其历史渊源。开始是关于民族性问题的讨论，“欧洲寒冷地区居民由于地理气候影响，很活跃、彪悍，然而思想、技巧较弱；亚洲温带地区人们聪明、有技巧、有思想，但懒散，缺乏精神；希腊既不太冷，也不太热，因此，是兼有寒热两带地区最佳的人种”。这一想法后来被发展到极端，有所谓气候决定论，欧洲人种优越于其他人种的说法。还有更可笑的想法，某些研究引出了有些特定地点的环境对自杀的影响，直至发现所谓温度、阳光、电磁波、脉冲与自杀率的关系。德国人类地理学家拉采尔（Ratzel）的论文中提出“地点的物质因素，决定了当地人们的活动”一时备受敬重。这类观念在美国、英国、德国根深蒂固。1911 年森普耳（Semple）在《地理环境之影响》一书中以拉采尔的观点，论证北美自然景观如何制约早期开发者的行为。这一观念又延续到 1945 年的亨廷顿（Huntington），视气候与物质因素为“文明的主要源泉”。泰勒（Taylor）也特别强调在极端气候地理条件下北极圈、沙漠地带对人们行为的控制作用等。与上述观点近似，但有所修正的是经济与造价决定论，迄今仍颇流行，简单地说，一个人能在北极种西红柿，因为技术提供这种可能；但是，除非出于某种重要的战略考虑，这种做法即便可能，也是行不通的。类似的例子，如英国、日本由于缺乏陆地自然资源，必然成为海上强国；一个国家的地理环境决定了一个国家的对外政策。其他环境影响调节着人们的行为，也会引出某种结果。

在建筑方面，这种理论在早期建筑中也反映得很鲜明。所谓“建筑决定论”以铲除贫民窟来解决社会问题，调和阶级矛盾，消除种族歧视，物质技术决定建筑形式，形式追随功能等。总之，企图说明物质方面的因素是主宰一切的因素，同时具有一种不变的因果关系。这些论点是较为片面的。

二、环境可能论

由于环境决定论的绝对化，引起另一种“自由意志支配人类历史”学派的强烈反对。1920年一位法国地理学家和历史学家费弗尔（Febvie）指出：“历史很少重复，同一自然环境的影响，在不同社会环境情况下，可能产生截然不同的结果”。“可能论”者视环境为一种介质，由此提供人们以机会，这些机会可能为人们所了解，也可能不被发现，重要因素是人的选择与主观能动性。例如，西方古代建筑多采用砖石结构，中国古建筑采用木构架结构，不能说是由于西方缺木材，或中国缺石材，只是一开始的选择不同，对房屋认知的理念不同所造成的。古代文明最兴盛的民族，如希腊，到了近代，自然气候条件没有变，为何比不上其他地区后来居上的民族文明，最极端的“可能论”者从根本上怀疑人的行为是否被环境制约。50年代两派间引起激烈的论战。有些经过修正的“可能论”者，认为环境只是行为的范围，只是限制了任何想尝试的行为所可能取得的成就，而现代技术、资金与组织才能把环境对人们的限制范围缩小了，从而使人们有更多的选择机会。

三、环境忽然率论

环境“决定论”是机械唯物论的产物，而“可能论”也带有唯意志论的色彩。环境“忽然率论”是一种温和一些、不绝对化的观点，它立足于普通常识，认为“在环境与行为之间存在着一定的规律性的关系，地理、气候与生理等并不主宰一切，任何地点都存在着大量的潜在机会与供选择的可能性，只要仔细地研究，可以发现机体、行为与环境之间的持久关系”。如果这一看法是准确的，行为可以忽然率的方式被预测，即“一个人A在环境E中，A有a、b、c等因素，E有d、e、f等特色，由于个人动机M，有可能A会发生B行为”。这里所假定的个人，是在一定的文化社会背景之下的个人，并指的是讲理性的，依循社会文化规范，而且是有知识的个人。运用忽然率模型的概念去研究个人或群组行为；个人的决定不能预测，但其做出决定的幅度，以及选择其中哪一种行为的忽然率是可以判断的。

四、使用后评价（POE）

我们在做建筑设计和景观环境设计的过程中，往往带有强烈的主观色彩和个人喜好，较少关心使用者的需求和爱好。但是使用者的满意度才是一个设计成败的关键，因为建筑或外环境绝不是个人的纪念碑。我们对于使用者的关注不能仅仅停留在诸如“评价是设计的终点，也是设计的起点”之类的空话上，要想明确地了解使用者的需求和愿望，就必须做大量的调查工作。目前，国内对于建筑物和建筑环境使用方面的调查工作非常少，以致影响到建筑在设计和使用上的品质。而国外对使用者的调查以及检验他们对建成环境的满意程度已经普遍采用较为科学的使用后评价的方式。

1. 使用后评价的概念和目的

使用后评价就是要在建筑投入使用后评价建筑的绩效（performance）——将所评估的建筑或场所的实测资料，与建筑或场所的绩效标准进行比较，判断是否合格，并将有关的信息反馈给业主、使用者、设计人员和有关部门，或者作为基础资料，供今后同类建筑或场所设计使用。包括经有关部门认可作为设计指南，作为修改设计规范的佐证，供业主、使用者和设计者参考等。

建筑绩效作为相对的“成绩”和“效能”，实际上意味着一个过程：包括确立标准、测量比较、分析评估、反馈和前馈应用等一系列步骤，测量比较是其中的关键。绩效标准可分为定性和定量两大类。定量如温度、采光、照明、音质、材料耐久性等；定性则与审美特点有关，如建筑外观、与周围环境的协调关系等。定性评价有时可以影响定量测定。例如，专家对别墅的外观环境优美和饭店饭菜质量良好的定性评价，会增加参观别墅和光顾饭店的人数，从而增加旅游和餐饮业的收益。在确定绩效标准时应区分各类标准：建筑原来想要达到的标准；建筑现在使用的标准；评估者以专家身份所选择的标准；业主或使用者所期望的标准；现行的国家标准等。建筑绩效评估包含三方面的因素：一是使用者，包括个人、群体和单位；二是场所，包括场景、房间、建筑和设施；三是由技术、功能和行为因素组成的绩效标准。

使用后评估的主要目的为：通过评估发现并纠正未预见到的问题；提供有关建筑绩效的正式文件，证明所评估的建筑是否符合评估标准和使用者的要求；向有关人员和部门反馈评估结果；发布、交流和传播评估信息，作为更新和完善现行设计标准、规范和指南的基础资料和依据。因此，持续的使用后评估，对于满足使用者的需求，减低建造和维护成本，提高建筑和环境质量具有重要的现实意义。

2. 使用后评价的性质

用后评价有以下几个重要的特性。第一，用后评价强调用一种系统的方式展开评价工作，必须使用严谨而清晰的研究方法，并采用收集信息的方式（如访谈和问卷）和使用者及其行为的抽样调查。第二，用后评价的评价准则必须合理，唯有如此，评价工作才有说服力。第三，用后评价强调其应用性，它多以分析和解决问题为取向。

一般而言，用后评价最根本的目的是收集资料以供相关决策，其目的可分为以下几项：第一，改进相关计划和设计的决策工作；第二，建立建筑基本类型的研究；第三，设计工作参考性资料的修正；第四，了解和评价相关生产性工作的效率；第五，提升设施保养维护的效率和价值；第六，了解能源事业的成本效益；第七，了解和测试一些实验性设计的成果；第八，评估企业组织的相关目标，用以建立前导性（pro-active）的设施管理计划。

3. 使用后评价的类型

使用后评价大致可分为以下三类：

（1）指示性评价。

鉴别建筑的主要问题，指出建筑绩效方面的主要成败之处，通常评价时间较短，从两三小时到一两天不等，所采用的绩效标准部分来自评估者的经验。评估者应富有评价经验，并熟悉所评估的建筑类型及有关问题。

（2）调研性评价。

通常在指示性评价完成后，对所发现问题作进一步的调查，测定设施的实际绩效或者了解使用者的反应。比指示性评估更复杂，花费时间和人力更多（一般需要 160～240 小时/人），调查的问题更多更详细，所采用的绩效标准也更为客观和明确，结论更可靠。

（3）诊断性评价。

高投入、有深度和综合性的调研，采用与正式科学研究类似的方法，涉及所评价建筑各方面的绩效。费时几个月到一年，甚至更长。评价结果和建议不仅适合所评价的建筑，而且适合该建筑类型的现状。对于预期同一类建筑的建筑绩效，充实设计知识，改进设计标准和指南，具有重要的价值。

4. 使用后评价的过程

评价过程可分为三个阶段：计划阶段包括现场踏勘、可行性研究、制订资源（人力、财力、物力和时间）计划和研究计划；执行阶段包括数据的收集、监督、控制和分析；应用阶段包括完成调研报告、提出建议、评价研究结果等。评估时应首先决定评估什么问题，是调研少量因素还是进行综合性评价；其次决定所采用的方法，是采用几种还是多种方法；然后决定抽样样本。抽样样本应具有代表性，可参照有关抽样技巧的专门文献，决定样本的大小和组成。例如，调查1000名学生的学校，其中男生600人、女生400人，则50人的抽样样本应该由30名男生、20名女生组成。

5. 使用后评价的考察因素

在使用后评价中，主要考察技术、功能和行为三方面的因素。

（1）技术因素。包括结构、安全防火、房屋卫生工程、采暖、通风、空调、电气、外墙、屋顶、室内装修（内墙、顶棚和楼地面）、建筑声环境、采光、照明和其他新兴技术因素（节能、生态、智能建筑设计等）。

（2）功能因素。包括功能分区和空间布局、工作流程和联系、人流和物流流线、人的因素（即人体测量和工效学研究）、储存空间、建筑的机动性和改建、特定建筑类型内部的专门化倾向。

（3）行为因素。包括建筑物的使用、接近程度、领域性、私密性、社会交往、对建筑环境的知觉和体验、室内空间定向和寻址、建筑的意象、意义和象征等。

这样分类，主要是为了照顾建筑学中传统的“功能”概念，因此，上述功能和行为因素实际上都从属于建筑的“适用”范畴。审美因素未予单独列项，评估时可根据具体情况归入功能因素或行为因素。

技术因素一般采用仪器测定，功能和行为因素采用直接和隐蔽的观察、行为地图、认知地图、访谈、问卷、摄影、录像等方法。

某些环境（如广场、居住小区、一条街道、一幢建筑等）可以划分为一系列的行为场所。主要分析方法是行为状态分布图法，即以所研究环境的平面图为根据，依据观察结果，在平面上标出特定位置上经常发生的行为类型、时间和频率。

有些工程项目的环境设计投入使用后往往发现功能问题，其中很大一部分原因是由于设计者对在该类环境场所中人的行为模式（或潜在的行为模式）缺乏全面、细致的分析和了解。以街道环境为例，如果我们只认为它是行走的场所，那么设计出来的形式必然枯燥、乏味。如果我们精心地把休息、娱乐、购物、交通等多种项目活动组织到街道空间来，街道空间环境就会充满了生机和活力。又如我们在一些庭院空间中花费许多人力物力种植了大片草坪，但发现不久就被人踩坏了，而局部枯萎的草坪形成了一条小径，原因是设计师只想绿化，而忘记留下行人走路的最短路径。

6. 使用后评价的品质

对于从事用后评价的人来说，阅读研究文献不仅仅看研究的结论，更重要的是看该研究使用的方法，这样便能利用这种方法来解决自己的问题，如此，研究人员就有可能彼此改进研究的品质，而评价一种研究方法的效力主要看其信度和效度。

（1）信度（reliability）。信度表示对于同样的对象，运用同样的观测方法得出同样的观测数据的可能性。常用的信度指标有三类：稳定性（stability）、等值性（equivalence）和内部一致性（internal consistency）。由同一个受测者应用同一个测试工具（如问卷）作出反应（如回答），如果能出现前后一致的结果，则称这种测试方式具有稳定性。信度的第二个方面是考虑不同观测者（实地研究）对同一测试项目（问卷法中的问题和量表）带来的测试差异。内部一致性关注于不同测试项目所带来测试结果的差异。它在问卷法观测数据中经常使用到。

（2）效度（validity）。社会科学研究常采用内部效度（internal validity）的术语来研究问题。内部效度概念首先由坎布尔和斯坦利于 1963 年提出，用来考查经验证过的研究假设，判断其表述的变量间关系的可信程度。

信度和效度的关系如图 2-4 所示，图（a）表示信度高效度低；图（b）表示无信度低效度；图（c）表示效度信度均高。可见信度表示度量结果的重复性，数据与平均值的差异程度；而效度则判断度量结果是否真正是研究者所预期的结果，指数据理想值的差异程度。

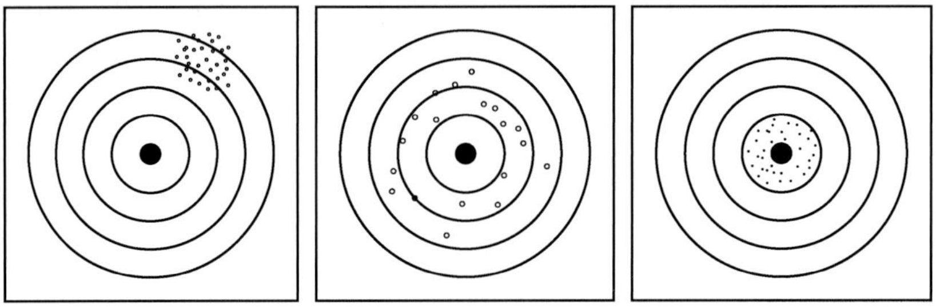

(a) (b) (c)

图 2-4 信度和效度的关系

第三章 建筑空间视觉与环境心理

第一节 建筑空间环境概述

一、建筑空间环境的认识

建筑是文化的表现，它反映着一个社会的形象。建筑空间与自然环境的结合，大自然与城市的关系，传统建筑与现代建筑对环境的尊重，历来都为公众所关注。在建筑设计中，特别是自然环境与人工建筑的关系，是不可分割的有机整体，随着建筑业的发展，建筑环境在建筑创作中愈来愈显示出它的重要意义。任何优秀的建筑作品，如果没有良好的环境相适应，将有损于它自身存在的价值。如果说建筑与文化发展有着千丝万缕的关系，构成了文脉，那么建筑如果脱离了环境，无疑是一堆孤立的砌块，缺乏生气，更谈不上建筑自身的韵调和情趣。但凡历史上著名的建筑，大都与周围的环境取得有机和谐，相映生辉，丰富了建筑内外空间环境，加强了建筑表现力，给世人留下了深刻的印象。

建筑空间环境是由于人们的民族文化、生活习俗、美学情趣和环境心理的不同，具有不同的心理感受，显现出绚丽多姿的风采，在长期的建筑实践中形成了各具特色的不同建筑体系。孤立地考察一幢建筑，必然会出现许多雷同的样式。一旦建筑结合环境条件，进行纵横围合与内外延伸，都将具有不同的空间表现，反映出各自的特点。结合不同的环境条件和建筑细部的处理变化，绝不会出现一样的模式。已建成的香山饭店、白天鹅宾馆、曲阜阙里宾舍、苏州博物馆等现代建筑空间，都吸收了传统与现代建筑空间的处理手法，使建筑空间与山石、水体、绿化等有机地融合，表现出不同的环境情调和心理感知。

建筑空间环境在建筑创作过程中是一个重要环节，它不但从宏观上把握建筑的总体效果和气势，体现建筑自身的性格，也有助于强化建筑空间的表现，体现某种文化意境和深层哲理。但在建筑实践中，大多数只能局限于建筑自身而忽视了建筑环境和心理感知。

现代建筑空间环境包括建筑外部环境、内部环境，不但涉及建筑自身的空间更要涉及人的环境心理感受。当然，也要涉及自然环境、历史环境、文化环境以及地理环境。要进行综合地分析研究，方能达到和谐的境地。当前，对于建筑结合自然、创造自然、保护自然（生态平衡）的问题，特别是涉及建筑空间环境的主体——人的环境心理感知方面，已引起建筑界的普遍关注，并在有些建筑实践作品中已崭露头角。人、建筑、环境三者的关系示意如图 3-1 所示。

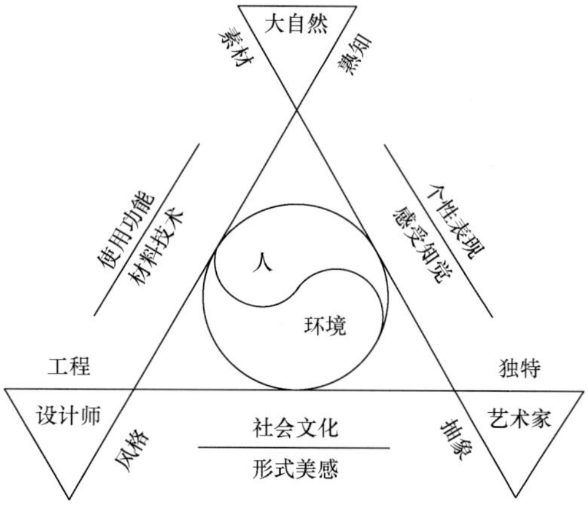

图 3-1 人、建筑、环境三者的关系示意图

二、建筑空间环境的要求

由于山石、水体、地形、地貌的不同，建筑环境有各种特定的表达方式。建筑创作侧重于建筑功能的满足和某种特定精神的表现，但是人、建筑、环境三者的关系是十分密切的。建筑不与具体的环境结合，将缺乏应有的生机，显得枯燥乏味。一幢好的建筑，在环境上能与自然的山、水、绿、道有机协调，与四周景物取得和谐的配合，相互协调呼应，将给人们增加某种审美情趣，将会令人心旷神怡。

从环境视野来分析，建筑环境涉及的范围可以概括为三个范畴，即远观环境、中观环境和近观环境，三者范围不同，视建筑与环境的远近关系，亦各有侧重。

远观环境目的在于取势。建筑所处的自然地理条件与四周联系的景物，通过建筑自身与环境的对比与协调显示建筑的气势。诸如嘉峪关的态势，布达拉宫的巍峨气质，皆由于所在的地势、地形和四周景物的配合，远远地吸引着人们，都能表达其特有的气势。

中观环境目的在于构景。如果说远观环境与大地的自然地势具有紧密的联系，中观环境则应以建筑总体气势占重要的成分。从而加强了建筑的表现，使之成为群体中的一景。北京的前门、故宫角楼都以其群体组合，完美的体型和四周绿化的衬托，构成特有的风貌，给人以深刻的印象。

近观环境目的在于耐看。随着人们自远而近地接近建筑，建筑装修的细腻、紧邻环境的细致处理，以及建筑附加的台级、花台、灯饰、地坪、绿篱、花丛等的质量与色彩，都是对建筑环境表现的强化。有的金碧辉煌，有的色彩斑斓，有的质朴素雅，有的粗犷雄伟，从中孕育着建筑的灵秀与精华，其精细的细部处理，极尽技巧之能事，令人叹为观止。例如中国建筑外檐装修，总体来看给人的感受是红柱、深檐、琉璃瓦，而深檐部分的梁仿彩画，近观则十分耐人寻味，具有更加丰富的文化内涵。

从建筑空间与环境的关系来看，不难看出，远观造势、中观构景、近观耐人寻味，三者均具备者，视为上乘。它有助于人们由远及近，不断深化理解建筑总体意境，相互间存在着有机的联系。

三、建筑空间环境的美感

建筑环境在建筑创作中涉及的因素，错综复杂，人们力求从中找出视觉美感，使之突出了建筑的特性，表达了设计匠心，构成了特殊的意境。

1. 秩序

秩序是视觉环境要求和感受的最基本条件。人们观察客观事物，对一个有秩序的整体，能够悟到周围环境为一个井然有序的模式，这是视觉环境的重要特征。其他次要因素和联想，只能是加强秩序的感受，而不是削弱它的秩序，以使人们抓住总体环境中的主要映象，在视觉心理感受上给予深刻的印象。

（1）主体。

人们常说“杂货摊”、“杂乱无章”，就是说客观事物在视觉环境中扰乱了人们的秩序感。那种琳琅满目，应有尽有，不分主从，没有重点，没有聚集中心，偶尔看一下可以，长期接触会使人不得要领，感觉到厌倦。因此，在建筑环境构成中，无论是建筑自身的体形、体量，或是环境中诸种因素的处理，应有主体和重点，以强化秩序感。

（2）总体。

建筑环境中的诸多因素：建筑四邻，地形地貌，绿化植被，道路地坪，建筑小品，山水怪石，看来似乎对建筑主体的组合与表现无关紧要，但是如果这些因素缺乏一定的组织，对一个新的观察者来说，将感到杂乱无章、摸不清方向，或支离破碎、枯燥乏味，这些都会影响主体建筑的表现。因而，在创作中要把这些环境因素作为总体环境中的一个组成部分，加以全面研究和总体设计。

（3）简练。

基于环境秩序的追求，以利于从错综复杂的条件中，体现环境的某种构想和意图。在数码信息时代，各种频率加快，那种诸般杂陈的方法，无疑会给视觉环境带来干扰，细腻纤巧的雕梁画栋，也会给人们以某种困惑。代之而起的则是简练的体型和抽象的符号，或某些特殊的线型、块体、色彩和表征，容易给人以醒目的提示。

（4）中心。

多数人对于客观事物的观察，对于连贯、秩序、理性都有敏锐的感觉。这种秩序大抵与不同的人节律同步，才能达到相应的和谐。每当进入一个陌生的环境，客观事物令你目不暇接、眼花缭乱，无形中增加了心理上的压力，自然地会捕捉视野范围内引人注意的中心目标，以及与之相联系的因素，使之构成视觉环境中暂时的依托。这种中心的强化，对于秩序的强化起到重要作用。当然，中心的强化和人的年龄、职业有关，由于年龄、职业不同则有不同的兴趣与心理效应，创作中应把重点放在人们公共性的需求上，这是一个较为重要准则。

（5）视点。

人们对建筑环境开放空间的观察，有漫步欣赏和细致分析的要求，它要借助于最佳视点的停点选择与处理。建筑环境中对于人流的行进、漫步、停止、逗留点等，都要进行细致地推敲，采用不同的手法，使停点成为环境的重要所在。

2. 规律

水平的舒展，垂直的突破，同一符号的反复，强烈的夸张对比，构成因素的连续，在视觉环境中作为视觉的诱导，形成某种规律，是强化秩序的重要手段。这种规律在建筑环境中可以概括为线条、图底、色彩和动静四个方面。

（1）线条。

线条包括垂直线、水平线、曲线、斜线所构成一系列规律的变化，使之在整个环境中相互组合，划分有序，组合成某种流线、顺序。不同的组织，给建筑的表现以强有力的对比和反衬。例如路径的引导、灯杆的排列、栏杆的延伸、短墙的变化、绿篱的分隔、拱桥的起伏、曲桥的转折，都是建筑环境中重要的线型因素。当然，更为重要的是不要忽视地平线、视平线、天际线对建筑环境的影响，有时甚至可以起到不可估量的作用。利用垂直线可以打破环境中的沉闷而强化生动气氛，强化水平线可以加强建筑的舒展效果。这种线条，可以自然地构成，也可以绿化进行调整，必要时可以利用对建筑的某些处理加以扩大延伸，使建筑与环境融合为一体，互为补充。

（2）图底。

环境中重视对地坪、路面的变化处理，因为人行道乃是人际交往、休息、交谈的重要场所，有别于一般交通道路。漫步其中，欣赏环境、停留、观赏、小憩、等待，都是人们接触建筑的不同需求和正常行为。故有的粗，有的细，既有美感观赏的目的，也是功能交通的需要。吸引着人们的视觉心理，给人一个宁静、安详的领域。当你行进在公园中游道之上，它那细致的花纹、图案，都使你放慢了步伐，激发了某种审美兴致。

（3）色彩。

色彩一方面来自绿化与人工建筑的对比，另一方面也来自环境四季不同的色调变化。为取得建筑的某种情调，花草的配置固然重要，同时四季常青、姹紫嫣红，对于丰富环境带来某种生机也十分重要。近年来，随着建筑环境的改善，无论是炎热的夏天或寒冷的冬季，由于树木的衬托，给城市建筑增添了生机。南方城市，由于气候的温和，地面植被与树木的相互配合，更显得环境娴静多姿、别具情趣。

（4）动静。

静止和流动在建筑环境组织中给人们不同心理的感受。动是对外，丰富多姿，变化不尽，给人以某种启迪与联想。通过各种线型、流水、道路、绿篱等，加以引导与延伸，通过不同的对比和平衡加以强化，给人增添了感觉上的激情。静是对内，是封闭私密性的一个侧面，给人以沉思、联想，以达到某种意向的满足。寺院前的石狮，入口的广场，建筑前的照壁、牌楼、柱列、雕塑等，都是通过轴线排列，达到静态的效果，增加建筑的肃穆情调。

建筑环境中静中含动、动中有静，这种交织变化是一种理想境界。如果一个开敞的公园，直通八达，一览无余，就很难吸引游客；既有公共活动的场地，也有曲径通幽、别有洞天的佳境，才能适应不同游人的情趣。情景交融，动静交错，夸张变形，和谐对比，节奏韵律等，都会给人的生活情趣以不同的刺激与感受，也符合人们心理节律的张弛秩序。空间层次的变化，是构成意境深远、井然有序之建筑环境的重要手段。

第二节　建筑空间环境构成

一、人的空间心理感受

在大自然中，空间是无限的，但是在我们周围的生活中，可以看到人们正在用各种手段取得适合于自己需要的空间。

一个简易帐篷，给他们带来了一个暂时的空间，使他们感到与外界的隔绝；一群观众为讲演者围合了一个使他兴奋的空间，人散之后，这个空间也就消失了。阳光下的一面墙体，向阳和背阴两部分，有着不同的感受；座椅布置方式的不同，产生的空间效果也就不同，它影响人的心理，例如，在火车硬卧上面对面的旅客很快就熟悉起来了。

空间就是容积，它是和实体与虚体空间相对存在着的。人们对空间的感受是借助实体而得到的，人们常用围合或分隔的方法取得自己所需要的空间。空间的封闭和开敞是相对的。各种不同形式的空间，可以使人产生不同的环境心理感受。

1. 建筑空间环境

建筑空间是一种人为的空间，墙、地面、屋顶、门窗等围成建筑的内部空间。建筑物与建筑物之间，建筑物与周围环境中的树木、山峦、水面、街道、广场等形成建筑的外部空间。建筑以它所提供的各种空间，满足着人们工作或生活的需要。

人们常常容易从建筑的实体部分，如它的形状、式样、颜色、质地等去观察建筑，当他谈到对某个建筑的艺术感受时，很少想到这些感受和建筑空间的关系，因为他还缺乏对空间的观察能力和想象能力。所以，对于专业设计师来说，应该加强对空间的想象能力，从空间想象平面，从平面想象空间。从平面图去想象建筑物的空间形状，并分析比较空间的开敞和封闭程度。

取得合乎使用的空间是建造建筑物的根本目的，强调空间的重要性和对空间的系统研究是近代建筑发展中的一个重要特点。近代建筑日趋复杂的功能要求，建筑技术和材料的重大突破，为建筑师对建筑空间的探讨提供了更多的可能性，从而使得现代建筑在空间功能和空间艺术两方面取得了新的进展和突破。

现代建筑类型繁多、功能多样，要解决好建筑的使用问题，就必须对其各个组成部分进行周密的分析，通过设计把它们转化为各种使用空间。就一定意义而言，各种不同的建筑类型，实际是根据其功能关系的不同，对内部各空间的形状、大小、数量、彼此关系等，所进行的一系列全面合理的组织与安排。而墙体、地面、屋顶等则是获得这些空间的手段。因而可以说，建筑的空间组织乃是建筑使用功能的集中体现。

在建筑艺术表现方面，古典建筑更倾向于把建筑视为一种造型艺术，在建筑的实体处理上，如建筑的风格式样、形体组合、墙面划分乃至装饰细节等方面取得了极高的成就。近代建筑则更加强调建筑的空间意义，认为建筑是空间的艺术，是由空间中的长、宽、高向度与人活动于其中的时间向度所共同构成的时空艺术。空间是建筑艺术最重要的内涵，是区别于其他艺术门类的根本特征。

2. 室内空间环境

室内空间是由建筑外墙与屋顶围合而成的。“室内环境设计应该反映出建筑的空间风格”。室内设计师应该了解建筑设计的原则、规范、方法、步骤，以便更好地理解建筑师的空间设计意图，建筑师应该了解室内环境设计的特点，以便在建筑设计中为室内设计创造良好的空间构成。

室内环境设计与建筑设计的异同：相同方面——都是同时考虑物质功能与精神功能，受材料、技术和经济条件的制约，都必须符合形式美的构成法则；不同方面——与建筑设计相比，室内环境设计更加重视视觉、触觉、心理（生理）效应，人的空间尺度，强调室内空间界面材料的质感、肌理效果，以及灯光、色彩的运用等艺术美感。

因此，通过室内环境艺术设计之后的建筑环境更为细腻、深刻。室内环境设计所具有的这种特点，是因为与外部空间相比，内部空间与人们的生活、工作关系更为密切直接。室内环境条件几乎全部为人们所感知，这足以表明室内环境设计不仅要非常注意空间环境的总体效果，还要仔细考虑所有触摸到的细部，精心设计好每一个装饰细节。

二、建筑空间环境的功能

1. 建筑空间环境的物质功能

人类从事建筑活动的主要目的是为给自己的生活寻求一个舒适的场所。从栖身山洞、构木为巢，到现代人建造起高楼大厦，人类通过漫长的进化过程，通过建筑印证了人类文明的发展。

值得注意的是，除了少量庙宇、碑塔之外，大多数建筑物都是直接为人们的生活与工作提供尽可能的物质条件。因此，建筑空间环境一定要满足这一实用要求，树立以人为本，物为人用的思想，它所展示的人与物的关系是直接的，所创造的空间艺术形象的个性特征与人的社会性是息息相通的。

要使建筑环境科学化、舒适化，除了要妥善处理空间的尺度、比例与组合功能外，还要充分考虑人们的活动规律，合理运用物质技术设备，解决好通风采光等基本物质功能问题。

如果忽视了这一点，只见物不见人，也会使栖息于其中的人们沦为“艺术”或“物质”的奴隶。因而，建筑设计师要有以人为本的设计思想，正确地运用物质技术，使建筑环境通往一个美的感受世界，反映着人、自然、社会统一的感性世界，通向一个物质技术与艺术思维融合的，人类文化结晶与设计实践相融合的世界。

2. 建筑空间环境的精神功能

精神功能首先是指环境心理学方面，建筑环境设计的发展是受社会意识形态的影响，建筑物一经建成，又反过来影响人们的精神及心理活动。为此，在考虑物质实用功能的同时，还必须考虑精神功能，即环境心理学方面的研究。它是研究人、建筑与环境之间人的心理相互关系和相互作用的科学，并侧重于研究人们的行为心理、文化心理、社会心理、民族心理及创造性心理学对建筑室内空间环境的视知觉心理，在人、建筑与环境中的相互作用。最本质、最有决定意义、活生生的、有意志、有思想的是人。人既是建筑环境影响下的客体，又是创造和影响建筑环境的主体。

因此，研究建筑与环境设计，只有对人的心理活动的规律性具有清醒的认识和深刻的把握，才能根据人们在特定的空间环境下的心理需求，设计出优秀的建筑空间艺术作品。

日本心理学家相马一郎、佐古顺彦合著的《环境心理学》一书指出：“环境心理学是现代环境科学的一个重要分支，这一新兴的、多学科的综合领域不仅涉及到心理学、社会学、工效学、生态学和人类学等，而且和建筑学（含室内环境设计）、造园学以及城市规划有着极为密切的关系”。

《建筑十书》第八十二页中说：“当他们想要在这座神庙中布置柱子时，因为还没有它的均衡，就探索着用什么方法能把它做成适于承受荷载和保持公认美观的外貌，试着测量男子的脚长，把它和身长来比较。这样，陶立克柱式就在建筑物上开始显出男子身体比例的刚劲和优美。科林斯柱式的式样是模仿少女的窈窕姿态而形成的”。这正是建筑环境心理学的绝妙写照。因此，建筑环境设计就要充分运用环境心理学，以满足人们的精神审美功能需要。

一般心理过程包括认知过程、情感过程和意志过程，即认知—情感—意志过程。其中认知过程是最基本的，因为人们要弄清各种事物必须首先看、听、触、闻，以产生感觉和知觉。除感觉、知觉外，记忆、想象、思维等都属于认知过程。人们在认识客观事物的过程中会产生喜爱、厌恶或恐惧等情感，伴随着这种情感还会产生意愿、欲望、决心和行动，这就是心理过程中情感过程和意志过程。环境中的认知、情感、意志这三个过程是密切相关，联系在一起的。只有认识了事物，才能产生情感和意志，产生了情感和意志又能深化对事物的认识。不言而喻，研究这些过程及其规律性，对室内环境设计是十分重要的。以商业室内空间环境为例，看到室内琳琅满目的商品陈设，听到服务员热情接待的声音，或被商店精心的艺术设计所吸引，进而就对商品有一个良好的印象，顾客对此产生某种信任之感，尔后，就可能产生购买某种商品的欲望。这就将人们的心理由认知—情感转化为意志进程，从而增加了购物的决心。人们在购买商品时必然对商场环境、质量及服务员态度有了进一步了解，对认识更加全面和完整，意志过程又会使前两个过程深化和发展。

环境心理与建筑空间环境，必须在符合人的认知等整个过程、特点及其规律的情况下，才能被人们所感知（知觉），即整个设计必须体现主次分明的原则，重点景物要强调，以引发人们的兴趣，使人感兴趣的东西就容易被人们所感知。强调不同空间的使用环境心理功能，如图 3-2 所示。

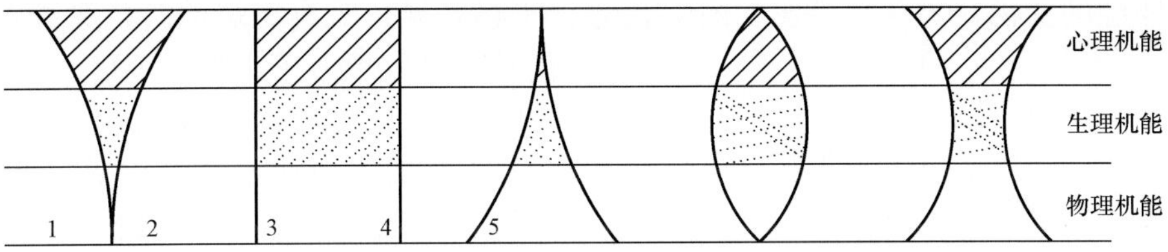

图 3-2　强调不同空间的使用环境心理功能

1—纪念空间；2—人居空间；3—厂房等工业空间；4—伤残等活动空间；5—医院等活动空间

作为建筑师、艺术家研究人们经验、需要兴趣、个性与好奇乃至喜好等，并赋予联想、反映、刺激，由室内环境联想到外部环境，由人工环境联想到自然环境，情不自禁地感到不是在室内，而是在欣赏美丽的大自然，返璞归真，这即是感情上的联想认知过程。

三、建筑空间环境构成

1. 建筑空间环境

由于诸种因素的制约，在建筑设计中各有不同的侧重。根据建筑各自的特点和所包含的内容，以及建筑师的素养有所不同。其基本原则离不开形势、围合、因借和变化。

（1）形势。

形与势是建筑环境中的两个重要反映，二者有大小、远近、粗细之别，有个体与总体的区分。根据中国典礼制度和总体环境及建筑型制要求，建筑既重远观也重近瞧，这就要求建筑的形势并重，二者相辅相成，不可偏颇。

有关书籍指出："远为势，近为形；势言其大者，形言其小也"。"势可远观，形须近察"。"远以观势，虽略而真；近以认形，虽约而博"。"千尺为势，百尺为形"……这说明了建筑的形与势的关系。

（2）围合。

建筑空间环境的围合因素很多，建筑可以围成广场，由建筑来限定一个特定的空间环境，供人际交往，加强建筑环境和空间层次的表现。

在我国各地的建筑中，出现了各式各样的院落，这是建筑空间围合的重要表现，院落的纵深发展或横向开拓、封闭或开放等视环境条件和组合的方式而定。

地面不同的砌筑花纹、质地变化，都可界定一种空间环境，甚至有时亦可利用各种建筑小品来加以分割，构成建筑不同的空间环境。

（3）因借。

建筑环境因借某些自然条件和人工因素来丰富建筑环境，亦是常采用的方法。中国建筑对于山川地形的利用，因山就势，以达到环境处理丰富多变。"俗则屏之，嘉者收之"，"远者纳之，近者怀之"，这种因地制宜，因势造景，借助于自然山水丰富环境的方法，得到了广泛的应用。因此，在因借中不但要注意对外部的观察，还应考虑门景、窗景、洞景所显示的景色。

因借中要充分地利用建筑环境中的山、水、林、泉、岩、石、建筑，小品、古迹、宝刹、洞穴等景物，使之构成一定的可观赏景色。切忌那种移土填壑、截弯取直、斩土砌坡、残岩断壁的做法，避免“伤动地脉、大兴土木”之徒劳。

(4) 变化。

建筑环境的变化，要自然谐趣，依山就势，步移景异。既有蜿蜒曲折，又须纵横驰骋，方能显示其气象万千、变化不尽。

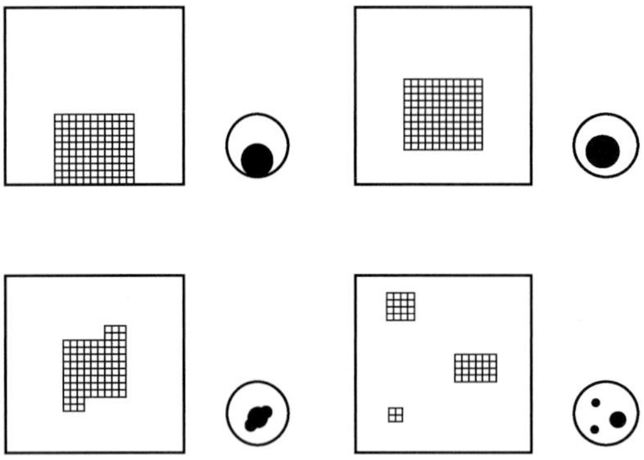

图 3-3 建筑空间产生的动势变化

建筑环境与建筑自身相比，当以灵巧多变，出奇制胜。以使在严谨之余而具灵巧，人工之后而法自然，二者相辅相成，使其相得益彰。

变化中要因人、因物、因山、因水、因景而异，富有意境情趣，独显特性。构成因素相同，而处理方法迥异，也会呈现不同的变化而妙然生辉。建筑空间产生的动势变化如图 3-3 所示。

2. 建筑视觉环境的限定

建筑环境从视觉上分析，有一个视觉范围与视点的距离问题。随着建筑城市化、密集化、高层建筑的出现，建筑环境应满足远观、中观、近观的要求，实属困难。对待这一问题，近观环境在于加强建筑的表现，中观环境侧重于总体的控制，这是较为理想的境界。在远观环境中，特别是隆重的、重要的建筑，由于道路的导向，建筑层次的变化，以及视觉走廊的引导作用，亦应力求完美。重点之处在于以建筑的性质和所在的具体环境来决定。

为了全面地对视觉环境加以权衡，可以按建筑高度（包括建筑与观察者竖向的标高差）与视距之比划分范围。

垂直视角过小时，视野内目标过多，视觉不易集中，而垂直视角过大时，则只能注视到个别局部而缺乏综合的了解，或者观察总体易产生变形，视觉上容易发生透视变形。当然，垂直视角的大小与观察者视点距离远近有关。建筑作为一个观察对象，垂直视角大于 45°，就易变形；若要讲究近观对局部细腻的刻画，垂直视角等于或略大于 27°，即可满足要求；要观察总体，垂直视角在 18°～27°之间，能够很好地反映建筑的气势。垂直视角小于 11°时，视觉范围内干扰因素较多，目标含混不清，有时不得不将景色加以分段组织。以动的视野来概括全景，在研究景观时常以此为限。如果视野范围更大，人们会把客观景象分割成不同的片段加以欣赏，以便组成全景，这就需要景色之间具有良好的协调与配合，以便相互之间的连续与过渡。

若建筑总标高作为近观、中观、远观的建筑环境的控制圈，其最佳视距的距离宜为 $2H$，$3H$，$5H$。在不同的控制圈内，建筑环境在设计上都有不同的要求。

视点距离 $2H$ 时，垂直视角 27°，近观，侧重建筑细腻刻画；

视点距离 $3H$ 时，垂直视角 18°，中观，反映建筑总体气势；

视点距离 $5H$ 时，垂直视角 11°，远观，反映建筑整体景观。

应当指出，根据视觉的远近，对建筑环境各方面的处理各有侧重。有时一幢建筑要满足近观、中观、远观三者的要求。

第三节　建筑空间与视觉环境

一、建筑空间视觉分析

人们生活中的各种视觉现象从理性上进行分析，加上社会、政治、历史、文化、经济、技术因素的影响，可以找出建筑空间相互之间的依存关系，有助于人们对建筑空间的正确感受和客观地评价，所以对一些视觉现象需要进一步把握它的内在关系，进行细致地分析。

1. 物象的感知距离

物象尺度由视距与视角共同来判断，视角大小不同，会有远近差别，视距差别并不改变物象的尺度，但人们感知上，却有大小变化，但对相同的则在感知上就有区别，两者的实际尺度是相同的。由于物愈远，细部则愈小，故建筑在总体上观察时，要有清晰和简明的要求。中国绘画理论中有“远人无目，近树无枝”之说，是符合视觉原理的。至于说“丈山、尺树、寸马、豆人”的尺度关系，既反映了物象的差异，同时也体现了物象远近关系。

人们的视力，理论上的视角为1°，由于受了视觉环境条件的种种限制，实际上采用4°～10°。而视觉锐敏度，即双眼能分辨视距的极限值夹角。海尔姆霍茨认为，视觉锐敏度为视力的1/6，即10°范围内，人们可以看到视距差。若大于10°时，从这一角度直到无穷远的距离之间，无论什么物象看起来都是一样平的。

人们的视觉感知是相同的物象，其感知尺度应当由于远近的关系而在视觉上产生大小高低的差别是较为自然的。如果不同的物象有距离差别而感知尺度相同，就会尺度失真。建筑设计中，特别是总体设计和建筑细部处理应加以深入分析，以免在尺度感上造成错觉。

2. 室外视觉分析

（1）建筑视角。

理想的视角为27°，垂直视角大于45°时，物象容易产生透视变形。观察建筑总是由远及近，逐步深入，先看建筑与环境的关系，而再顾及建筑轮廓、建筑总体，再细观建筑主体乃至建筑细部。若以建筑在视平线以上的 H 为高度，D 为视距，我们可以对观察的垂直视角有一个大体的控制：

垂直视角45°：$H/D=1$，观察细部、局部。大于45°就变形。

垂直视角27°：$H/D=1/2$，观察建筑主体。

垂直视角18°：$H/D=1/3$，观察总体、环境。

垂直视角14°：$H/D=1/4$，观察建筑轮廓。

垂直视角11.2°：$H/D=1/5$，观察建筑与环境的关系。

垂直视角是对观察的对象加以控制的，实践中也有以视距作为控制的：

室外视距：$D=20\sim30$m，观察建筑细部。

室外视距：$D=30\sim100$m，观察建筑主体。

室外视距：$D=100\sim300$m，观察建筑总体。

室外视距：$D=300\sim600$m，观察建筑轮廓。

室外视距：$D=600\sim1200$m，观察建筑总体及环境。

室外视距：$D>1200$m，研究环境景观，只能分析景物的高低层次、整体明暗、城市天际线的轮廓，具体的景物就很难分辨了。建筑与环境的视距与垂直视角关系，如

图 3-4 所示。

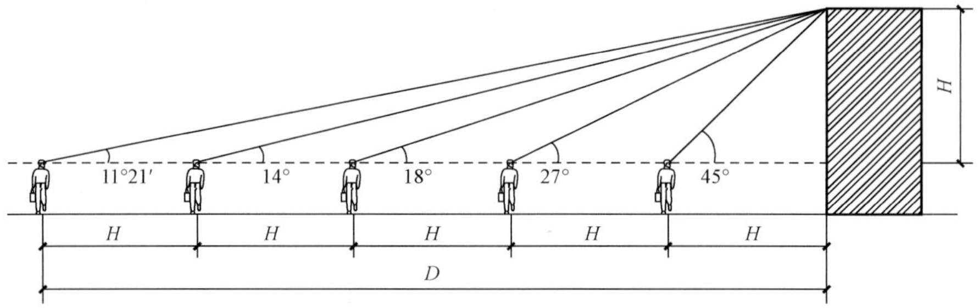

图 3-4 建筑与环境的视距与垂直视角关系

（2）广场尺度与街道空间。

城市广场往往都集中了重要建筑，并且是各条道路的交叉点或交汇点。一般广场的深度，除了交通的组织以外，还与观察的视距大小有关。为求得建筑主体及建筑总体的效果，视点距建筑的距离，应为视平线上建筑高度的 2～3 倍之间是理想的。过大了显得空旷不够亲切，如果再小则显得广场过于拥堵。

理论上的街道空间尺度，街道宽（红线间的宽度）应为高的一侧建筑视平线高度的三倍，使人感到街道宽敞而不显得拥堵。但由于建筑层数不断地拔高，人行道较窄，实际上看建筑的第一层往往就达到了 45°的垂直视角，在街道的另一侧亦无法看到建筑的全貌，这是当前城市空间中十分突出的问题。理论上的街道空间尺度，如图 3-5 所示。

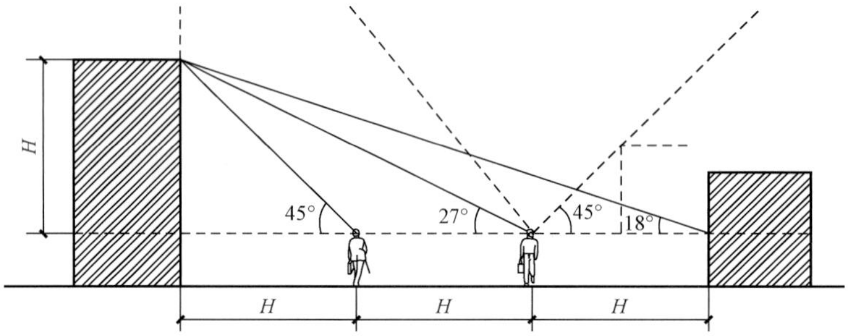

图 3-5 理论上街道空间尺度

应当看到，人行道宽度和车行道的宽度也有差别，若以最低限度来分析，站在建筑物对面的车行道边缘，看建筑物的垂直视角亦应保持在 45°以内较为恰当，否则街道就显得过于拥挤，使人心理上产生压抑。必要时对建筑可重点处理下面几层和入口，其他从简处理。亦可呈台阶状使建筑后退，以此来缓解视觉上的压抑感。

广场较宽大、街道较宽敞时，建筑的空间关系应从动视野进行分析，使环境因素在视觉的移动中体现出动的规律性与序列变化，以丰富建筑的空间艺术效果。

3. 室内视觉分析

（1）一般观察视角。

前面所述的，已对理想的垂直视角为 27°作了分析，其他可以用动视野来加以调节。但若加上下倾角 6°时，则实际的垂直视角为 27°+6°=33°。随着视距的增加，物象尺度亦随之发生变化，人们可以根据这一关系，决定建筑空间尺度。人的平均高度应为 1.7m 左右高，应该等于 33°（18°～33°之间）。

实际上，按这种关系而求得的空间相当高，在实践中有时要产生尺度的夸张。原因是在封闭空间内，空间感知首先是水平向的加大。相对地说，室内光线有局限，人们观察物象时视距近，室内观察的物象大多在视平线以下（坐下的机会多），物象多为室内空间的立面，桌、椅、台、柜、橱、陈设等，尺度都偏小，若席地而坐，空间尺度还会更低。

由于建筑室外空间尺度较大，所以观察视距一般较远，若以建筑室内空间尺度距离来分析，则人际情况、视觉心理变化又有所不同。

室内视距：0～0.45m，夫妇，亲密交谈。

室内视距：0.45～0.6m，人际距离，朋友关系。

室内视距：0.6～1.2m，人际距离，少数民族。

室内视距：1.2～3.6m，社交、会谈距离，办公室谈判。

室内视距：3.6m 以上，公众距离，讲演、仪式。

按视点平均值高 1.6m 左右（人的视觉高度），当视距 D 为 2m、4m 时，可以计算出各部分的高度。但如坐下，视觉高度只有 120cm，在沙发上看物象视点高度只有 100cm，这比 160cm 降低了 60cm；所以，当室内空间开间或进深 4.0m 时，空间高度 H 为 360－60＝300cm 高，在感觉上还是舒服的。

（2）近距离观察视角。

室内观察物象视距近，有时还要近瞧，近瞧时往往身体产生向下的倾角，倾角约为 15°～20°不等，这与视距的大小有关。有时看细小的物象还要盯着看，倾角更大，可以达到 75°。若按观察倾角为 20°计算，加以原有的下倾角度。则总的向下倾角为 20°＋6°＝26°，与垂直视觉基本相近，无形中扩大了垂直视角的范围，若视距为 2m，所限定室内最低空间高度为 260cm。一般室内由于建筑结构、采光、视觉感受、装饰等种种原因，都会有所加高。但室内家具高度大多以 2.6m 为高限，再高则使用上就有局限性。

同时也应看到，室内垂直方向的动视野亦具有积极的作用，至少也可达到与左右视野范围相等的角度（60°）。也就是说，距观察者自身所在位置 50～90cm 之外，都在视觉搜索范围内。室内空间设计中之所以对地坪的设计加以重视，也基于这一原因。室内近距离观察、室内不同的垂直视角分析，如图 3-6 所示。

二、建筑空间视觉特性

建筑空间视觉的基本特性，其理论基础涉及光、色、艺术心理、形式构成等一系列的知识，并吸收了格式塔心理学的某些论点，以加深对建筑空间视觉的理论认识。

人们的视觉活动有了变化，从总体上物象的形式在心理感受上也有不同的反映。观察物象绝不能把它看成为各部分相加之和，或看先有各部分的感觉，然后把这些感觉加起来，凑成一个印象。

任何形象，其最基本的特征应当是：第一，一个完整的形象，是由各种因素或部分

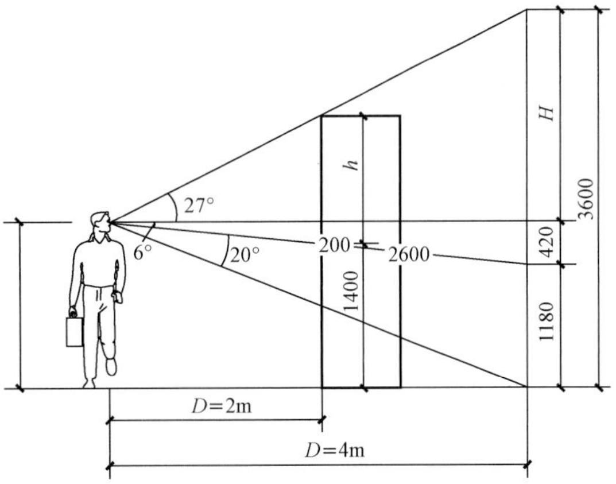

图 3-6　室内垂直视角分析

组成，但绝不等于是构成它所有部分之和，它要反映一种新的形象。第二，一个形象或各个构成部分的大小、方向、位置等均改变的情况下，在总体上形象仍然存在，只不过在情调上有所差异。

形象既是一种组织或结构，不同的形象有不同的组织水平。在特定条件下视觉刺激被组织得最好、最规则（对称、均衡或统一）和具有最大限度的简单明确的形象，被称之为“简约合宜”的形象。

刺激物本身如光、色、线条等，并不一定都成为简约合宜的形象，但观察者自己会产生一种改变刺激物的强烈趋势放大或扩展某些适宜的特征；也时常出现在观察者已有的经验中，习惯的某种形象或简单的几何形，相近相似的成分，容易被组织在同一个单位之中。围裹起来形成简洁连续的轮廓线、倾向于一个方向，因而看上去似乎有相同命运的线，容易被看成一个独立的整体，或一个大整体中的小整体等。而另一方面，也会忽视那些组织或妨碍其成为简洁规则的好的形式。所有这些都涉及观察者一系列的心理活动和情感状态。

视觉对于简洁完美形象的追求，心理学家称之为“完形压强”，心理上追求一种平衡以改变在探索中紧张的心情，以免除各种猜想。当然，这种视觉活动过程，遵循着一系列的原则，例如相近原则、类似原则、图底原则、完形原则、闭合原则等，而其中最主要的是简化原则——按刺激物的相似、相近、连续的特性组织成为一个相对完善的结构。人们在观察物象时，根据不同的经验，可以获得某种强烈的印象（有时可能会出现偏差）而记录在自己脑海中。若物象组织结构中不具备紧张的内力（视觉力、心理力），就不存在“完形压强”，对视觉来说，就“不起眼”，印象上较为淡漠。

简洁完美的形象，可以是简单的几何图形、高度复杂的式样、人们熟悉的物体或其他能迅速识别和认识的视觉式样等，它们的不确定性和无规律性较低。某一完美简洁的形象，知道了某些部分，可以依照完形律（各种完形都遵循一系列的原则）进行组织活动，变得轻松、简单、经济、省力。但也有消极的一面，某些形象仅以惯例行事去观察的惯性力量，会造成日常生活中某些视觉印象的种种偏差与误解，因为观察物象时，知觉已对客观刺激物进行了较大幅度的改造活动，不是客观事物的传移默写，有时会“走了眼”、认错了人等。

再者，人们对客观反映的事物印象，是视觉瞬间的“组织”或“重构”，不是个别部分的拼凑与相加，实质上是从物象构成成分中反映出来的抽象关系。即使各种成分本身发生改变，形象反映的关系也可保持不变。由于物象反映与人们的基本生存活动和从外界获取的信息量有关，即便不联系其联想的、再现的或符号的含义，形象本身就可以给人造成某种感受。

简洁完美的形象给人的感觉舒服，造成对“完形”相依赖的情形，不简洁和不规则会造成紧张与烦闷。“完形压强”会追求内在紧张力；其中应当指出，因光、色、明暗、虚实不同，亦会产生不同的简洁完美形象。所以，在建筑造型中，有的强调光，有的着重于色，有的强调明暗，有的偏爱虚实，各有千秋，不能一概而论。

人类知觉中包括视觉、听觉、触觉、味觉等各个方面，是人们对客观事物的形、声、质、味等信息的生理与心理感觉过程。在认识事物心理过程中的感性认识阶段，它是人类生存活动获得外部信息的重要方面，而通过一定的思维、灵感，上升为理性阶段。意志则是人类在理性认识的基础上，在客观事物过程中反映的心理过程。心理现象是人脑对客观现实能动的反映。建筑中对于视觉感受特别敏锐，它涉及人们的信息、思维、意志各个环节，构成了建筑创作的复杂性。

根据建筑环境视觉的要求，将建筑视觉的基本特性分为几个方面，有助于对建筑空间环境造型进行理性的分析。

1. 单纯印象

视觉观察物象，由于条件的限制，光线强弱、距离远近、物象尺度、天气透明度、环境干扰度、颜色因素、刺激量的大小、时间久暂、人们的经验等原因，总是先寻找出其中容易捕捉的单纯构造或“形”加以感觉，以把握物象的主要特点，追求一个“完形”。而后随着条件而加强或减弱，再逐步加深或淡薄，这就是单纯性的基本特性。视觉力求以简化符号的形式表现深刻而丰富的内容，通过精炼集中的形式和易于理解的秩序，传达到人的内心。

单纯性在捕捉一个复杂的物象时，视觉是把一个整体印入脑海，构成印象，或称第一印象。如看一个人，先观察到是“人”，随着条件推移才能辨明是大人、小孩、男人、女人。如为男人，若条件允许，进一步仔细观察他的服装、仪态、肤色和面貌。

建筑无论怎样复杂，观察时首先是捕捉简单、肯定的几何外形，抓大的印象，古今中外比较著名的建筑大都如此。它反映了视觉观察物象由远及近的过程，由印象到深化的过程，同时也是视觉单纯性深化的过程。

建筑造型中出现的体量分散、体量竞争、重点分散等现象，就会给视觉单纯性带来干扰，使观察者难以把握总体，形成不了中心和重点，就不易达到预期的效果。换句话说，就是建筑自身缺乏秩序性，容易造成散乱。

2. 向心集中

物象在视觉上的聚集现象，是循着相似性原则进行组织的，体现了物象的群化性，说明了物象相互之间、部分与整体的关系。聚集现象系大脑把分散的因素通过视觉组织起来的一种方式，凡物象在三个以上时，都容易产生聚集与群化问题，使之构成为一个整体。

物象各部分构成的形式，是视觉瞬刻间的“组织”或“重构”的产物。这是由于物象的形状、明暗、色彩、位置、方向、距离、运动、粗细等不同情况及其变化，形成的基调、弱调、强调的差异，强化了中心，产生了力感而具有一种聚集力，使不同的物象产生了内聚，构成一个有机的统一体。

(1) 集中。

大小物象并置，小的向大的集中，小的依附于大的，有轻有重，或成组，或形成组团，构成了物象总体的重心和中心。

(2) 诱导。

在没有一定方向的组合中，各种物象的排列，由于视觉诱导的作用，使之具有方向的趋向性、连续性及一贯性的力感，体现着一定的秩序。建筑的层次，平面的布局，空间的流动等，都特别重视视觉的诱导作用。

(3) 强化。

物象在一般基调之中有所突破，平淡之中使视觉变化构成视觉的聚集力，使之突出重点以统率全局。在建筑立面构成及体型组合中常采用这种方法以增强视觉的内聚性，突出建筑的重点。

3. 方向诱导

视觉中的秩序、视觉诱导、线条都有方向性。建筑的长短、高低、线条的组织都由视觉的方向性来加以判断。同一个空间、同一个物象，由于线条方向不同就有不同的视觉心理效应。视觉方向性中的导向如图 3-7 所示。

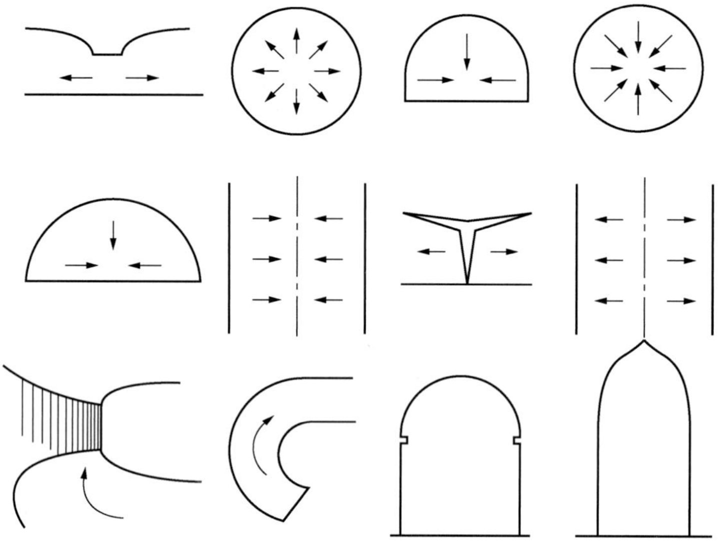

图 3-7 视觉方向性中的导向

建筑中的构件组织对于视觉方向性反映特别强烈。其线条组织的纵向、横向、交织、重叠、疏密、长短、引导、过渡等，都给视觉心理带来不同的效果，是建筑造型中最为直接的手法。同时，由于线条的粗细、质地、组织方法的不同，也会给物象一种性格上的表征。建筑造型反映的方向性主要有三个方面。

（1）构件组织。

例如由钢架构件组成的穹隆，乍看是混沌的一个整体，由于构件组织的规律性和视觉诱导，有着不同的方向反映。它是自外而内或由内而外产生的聚集力所致。

（2）形体分割。

建筑中由于对形体面线的组织方法不同，采用恰当的比例分割建筑体块，可以产生不同的视觉诱导，其立体构成的方向性千姿百态；有时能给一个沉静的建筑带来生机，呈现动态和活跃气氛；这是通过巧妙的体块分割，对视觉方向性产生的特殊效果。

（3）建筑构架。

在一个平面上，由于空间与距离上物象与边缘关系的不同（绘画中称视野——框架关系）也会产生强烈的方向性。例如一个单纯的墙面，其中某一部分有小的突起或开口，与大片墙面产生了强烈的对比，这是由于力的聚集亦产生了方向，打破了原墙面的沉静，给建筑带来了表现力。中心、非中心限定和轴线控制如图 3-8 所示。

4. 光线运用

植物有向光性，人的眼睛也有同样的效应。不需要特别引导、控制，视觉总是被吸引到视野范围内的亮处，以加强注视中心。舞台上的追光，目的在于使观察者视觉集中于中心人物。向光性是视觉分析中的重要原则，视野中最亮的部分，也应是视觉作用最理想的部分。但向光性由于光线强弱也有不同的反应，过强的光线会产生眩光。

视野内的物象或观察目标要采取必要的措施，主要目标应当明亮或闪烁发光，能吸引观

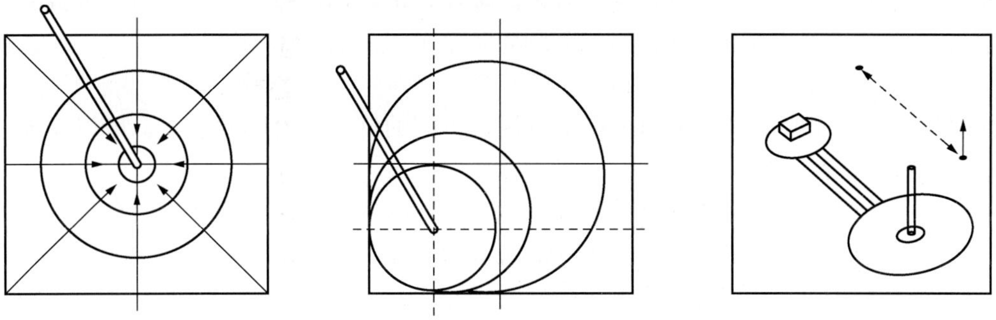

图 3-8　中心、非中心限定和轴线控制

察者视觉的注意。建筑的主要立面应当鲜明，达到引导视觉的目的。如果建筑入口、开口是暗的，则属于聚集力的反映，也有同样的效果。总体布局中，建筑明暗度，亦应有所区别，以便突出重点。

在低照度环境下，视野范围内光亮部分是视觉捕捉的重点，所以博览馆建筑陈列设计中利用向光性这一特点，使人处在暗处看亮处的展品，达到了吸引观众视觉集中于展出对象的目的。公共建筑内部为加强建筑导向性，在天棚、地坪、墙上也分别处以不同的灯光；商业建筑的橱窗、标志灯光等就是利用视觉的向光性这一特性，设计师都做了精心的设计。

古人云："锦衣夜行"，说明任何美好的形象在没有光线的条件下，在视觉上不起作用。建筑造型无论是内外或群体，要把功夫用在明、亮处，非目力所及之处，应当有所区别。

5. 色的处理

正常人的视觉可以分辨 130～200 种不同的颜色，大千世界由于在光的作用下，会呈现绚丽多彩的色彩。建筑中无论是建筑材料、明暗变化、天气阴晴及环境关系，都会给建筑的光与色带来很大影响，显得建筑中的色彩更加丰富。

视觉中物象上下左右的环境是色彩感觉最具影响力的参考框架，同一色彩放在不同的参考环境中就有明、暗、鲜、灰的变化，甚至色相的变化。例如阴影不是单纯的色彩，是若干环境色彩综合作用的结果，其中包含光照中的色彩支配和补色作用，固有色及邻近面的微妙折射光的作用。

建筑是利用空间的变化，光色的变化，反映了新的建筑气氛，例如黑白相间的物象，由于视觉的暂留，出现了闪烁，呈现了黑、白、灰（白色中间呈现灰，白线条交叉点呈现灰），使图像呈现出浑然一体或出现了灰色中间调，改变了固有的色调强度，这对于建筑造型中明暗阴影的处理和材料色彩的配合至关重要。

简洁的建筑形体是工艺精湛的工业化的必然产物，巧妙利用光色使简洁建筑形体获得新生，在自然光、人工照明条件下，建筑光影随着不同的时间在发生变化。

波特曼的共享空间有一条重要原则：利用光线、色彩、材料质感创造空间，天然光随时间、气候而异，空间效果多变，人工照明更具魅力。空间环境中利用光线和灯光将有色饰物创造出动人的视觉意境。

利用色彩、空间性格、材料质感，可创造优美的环境，反映新的意象。这种光色的复合，改变了原有的光色性格。例如喷泉，加上光色，不再是冰冷的清水，借助于光色，构成了五光十色的动人图景；冰灯加光色，给人以暖意，可以创造出丰富多彩的各种景象，都改变着空间和物象所固有情调。当然，音乐喷泉除了光色之外，再配合音乐，则更加深入一层。

夜间建筑的泛光照明，越来越被广泛运用，不同的灯光和不同的位置，可以增加建筑和环境的某种特殊气氛。

在建筑设计中，往往利用简单的造型，通过曲面的变化、体形的转折，在日出、日落之中由于光照条件的变化，亦会产生多样的建筑效果，充分显示了视觉光色性的实用性价值。

6. 重复排列

眼睛观察物象，是往复不停地运动着，先总体而后中心再回到总体。日本测定观察物象的运动路线是一个不规则的四方形，自下而上自左而右而后回归原点扫描的闭合过程。它说明了部分与整体的关系，将整体作了分解，又使部分合为整体。自然地把部分重构为整体，同时也反映建筑构件的组织和重点的选择，物象左重右轻的关系，这都反映了视觉往复性的特性。

建筑的整体相对大环境是独立的，部分也具有相对的独立性。例如主入口、次入口，主梯、辅梯，主体、裙房等。但二者在比例、尺度、处理方式、色彩、材料应用上应有一定的关系，否则部分就脱离整体。

对于建筑群体而言，每一建筑单独是一个整体，而就群体而言仅是一个局部，可以构成整体的不同组群或序列。何时为整体，何时为局部，取决于观察者的位置视点和视野范围内所能包括的内容。有时经常会出现视觉观察效应与实际情况的差距，一是总平面图印象，二是立体模型效果，由于在视野中二者都容易概括全貌，看起来，主从层次、空间疏密、道路关系、绿化布置、色彩分配等，都可以全面把握直到理想的境地。但在实际上尺度放大以后，观察的仅仅是局部。所以对于建筑群，关键在于恰当地选择视点，从不同的角度进行空间的分析。

基于视觉的往复性，反映在建筑的部分与整体环境关系的重要性，通常可以采用强化主次关系的方法来解决。

采用对比方法处理各个部分：一部分占主导起支配作用，控制全局。支配作用不一定是体量大，而是位置重要、明显的是视觉的焦点或中心，另一部分居于从属地位。

支配作用的部分加以强化：无论在体量、位置、处理形式、功能、意义及装饰上使之与从属部分有一个等级上的差别。

7. 视觉异变

形象与视觉环境关系至大，视觉环境不同，情况就有显著差别，所反映的形象也各有千秋。成形性是视觉中的一个重要特性，它所遵循的重要原则是形式连贯性在视觉中的反映，对于形式、形状都适用。尽管视点不同引起视网膜图像变化，而大脑对物像形式、形状的感受仍不变，大脑可以补充与校正，包括把整个物象以最简单、最可能的方式表达意思，以部分表达整体。

连贯性使人们注意力集中到第一次所见物象上的有效显示方式，让人们把某些刺激当作背景而聚精会神地去注意另一部分形象。换言之，即注意力要善于把握第一印象，因此，对于物象的大小、形状、色彩的连贯性，在视觉语言中被视为是最有活力的源泉。凡是处于视野中央注意力集中的地方，物象最易成形。

视觉中的参考框架，对于物象成形有很大影响。所以一般被包围的领域比包围的领域易成形。例如，一个大的平面中有细部处理就很突出，反之，大的平面四周都有细部就不尽然，这在建筑细部处理上反映特别突出。另外一种情况是在参考框架中，物象边缘的线异常醒目，这也是建筑上景框构图产生的一个原因。在一定的领域内，物象的形象，异形比同形更易显现，它容易打破沉闷，对视觉具有较强烈的刺激性。

由于视觉的连贯性，习惯于观察自左上而右下的光照条件投下的阴影，若发生自下而上的光照条件，易产生物象的混淆，凸凹反常。从下方夜间照一个人的面部会显得吓人或产生变异。另外视野内相对亮度对成形性也有重要作用，例如亮的物象处于暗的背景之中，会加强物象的自身亮度，使之更加明显。

视觉本着闭合法则，有助于强化物象空间秩序性，增强稳定的组织力，这些将使观察对象形成闭合的紧密整体。在复杂的视觉环境中寻求最稳定的物象形体或环境因素干扰少的形体，是建筑处理中重要的原则，被力感吸引则集中，疏远则醒目。平时人们常说，某建筑显得宏伟，某建筑显得达不到规模，这是对于复杂的环境而谈。人们在复杂的环境中主要注意力是集中于建筑中的几个大面，几个大的几何形体，其力感性强，形象容易突出。如果是较分散的实体，穿插变化，视觉就易分散。一个较为集中的整体，偶尔有些突破，超出力感之外，也具有某些变异效果。

对称的物象，由于受到视觉环境框架的支配易于成形。同时，由于已有图形的经验，在思想上容易产生联想。三角形、正方形、圆形最易联系到所观察到的物象。即或不含这些图形，在平铺一片的图像中，如地坪分格，嵌花地板，砖石砌体，视觉上也易去探求其中的线、块、形的组织，使之与自己思想上固有的形象发生共鸣。几种线条构成的图形，表示在环境框架中重点装饰的光、影和质地造型的错觉的效果。建筑的光影和造型中的瘦、大、高、矮、肥的视觉感受，如图 3 - 9 所示。

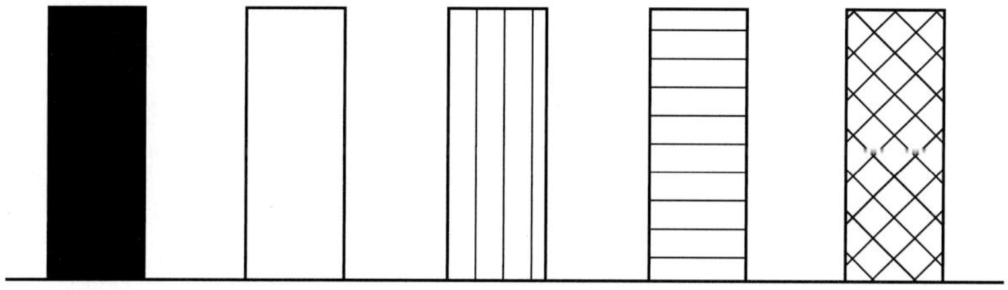

图 3 - 9　建筑的光影和形的瘦、大、高、矮、肥

8. 视觉力感

观察物象，视觉上产生运动和方向，构成了力感与动感，在心理诱导方向上产生了力度，形成了视线。这种视线在连续运动中停留在一个目标，构成注视中心等，这都是视觉力能性的反映。

视野中有动静之感，视线是动的，视点是静的，二者之间蕴含着物象诸因素的构成，形成一个有机的整体。观察物象包括视点与视线二者的关系，单纯以静的观点研究物象有局限性，现代建筑采用流动的观察效果来处理建筑的空间与造型，合乎视觉力能性的要求。如瓢板，流动的曲线、面、体等。

物象在空间的不同聚集，在空间上产生了不同方向的力，构成心理上的力感，不同物象在一个空间中相互聚集，产生了力的相吸或相斥，这种力构成了虚中心，有时亦成了物象的新中心，根据力能性建筑的间距、建筑群的疏密与不对称建筑等，通过视觉的恰当处理，可以达到相互关系之间的调和。

物象所构成的视觉力场，反映了不同的力能性，按事物的近相吸、远相斥的原则，可以观察分析物象间的亲近性、相对独立性和分离性。若以两个物象之间的距离为计，亲近性、分离性和相对独立性，建筑中应通过不同的处理，使之分清主次，中间要通过适当过渡处理，使之构成为一体。

建筑中的静动感觉，呆板与活跃，大多依赖于构成因素之间的紧缩力与引诱力的力场情况，但视觉力场随人们的性别、年龄、职业、环境等有很大差异：儿童重在点，成人重在面；非专业人员重局部，专业人员重整体；四周环境暗则聚，四周环境亮则散等。作为物象统一性来说，平衡点与中转点的力度和向量，前者相向，后者相背。建筑处理强化相向性，改造相背性，这是应当采取的对策。

视觉力感有结构力、外射力、内收力，视觉力场中有地与象对抗，构成力场，其稳定程度决定于象与地的比例，同时还要注意“同类相吸于相斥”现象，使分散的物象联为一体。

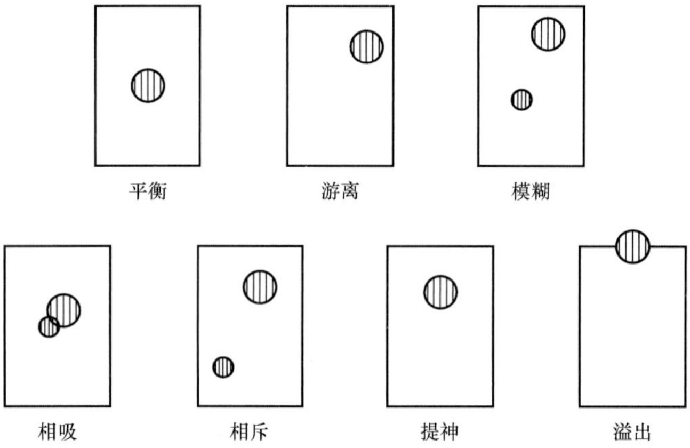

图 3-10 建筑视觉力场的物象状态

视觉力场、方向性不同，在心理上形成不同的力感，表现了不同的紧张程度，人们对物象的感受也有不同的情调。同时还要注意某种偏见，即习惯于某种视觉效果，如柱式、门廊、拱、花边、屋檐线等。有时，某一时期会构成社会的时尚和倾向，带来某种设计上程式化的内容。当然，除了视觉的偏见之外，还要涉及社会环境心理和人们审美观念意识。建筑视觉力场的物象状态如图 3-10 所示。

三、建筑空间视觉语言

视觉语言概括地说，就是事物在视觉上反映的一些符号，具有指示性、图形性、象征性与隐喻性，视觉语言的组织原则具有自律性，按照人类的生存模式去组织一个可感知的实用领域——建筑所构成的视觉环境；它是一种体现感官的创造的符号，富有内在意义，其形象表现是人的思想和精神活动的产品，视觉语言反映在建筑空间上是建筑符号，受内在骨架的制约，并体现整合思维。

1. 造型力

视觉观察物象所体现的兴奋、压抑，力的传递、灵巧、平滑、曲直、向心集中、均布、动感、宁静、柔和、平正、厚重、轻巧、软硬、隐显等，都是造型力的体现。

物象是被人感受的图像，是经过组织过程而演化成为形体，造型图像通过各种力在各自力场内相互作用而存在，且受这些力场的制约。

外力是客观世界充满着形、光、色因素，构成了视觉语言，起着视觉的吸引力作用。内力是观者需要完整性，眼睛不能承受混乱、干扰而追求统一体，背景与图像是不可分割的整体，这种内力在中国书法中特别突出，每个字体都不能脱离它所在的幅面来谈个体，应当考虑整体效果。

物象在空间的位置、大小、方向、形状、明暗、色彩、质感等因素构成了空间力，任何的视觉差别都会产生一种空间感。

空间力场是空间力充满着吸引、排斥、增强、干扰，两个力场具有应变的能力，空间的力能经常集中在交线和交角之上。

视界是视觉的造型力，取决于周围紧邻的表面、色彩、质地，它们都离不开背景与环境，具有一定的参考框架。同样一个建筑，在大的广场中显其小，而在狭窄的街道上则显其大，背景与环境变了，相应的比例也会改变。

2. *形式美*

自然界中普遍性的形式就是规律，因而亦可以说，形式美是指事物外形的物质材料的自然属性以及它们组合的规律所呈现的美的特性，造型力、形式美、动态感是事物形态的基本要素。

形式美是通过形式法则，诸如对比、调和、节奏韵律、比例尺度、统一变化等来表达的，由其对人的感受来决定。但它的表现也反映着历史的发展，具有文化、社会的含义。

外界的因素在大千世界中是无限的，而视觉在注视范围内所能承受的元素是有限的。所以对客观的形式要经过视觉瞬间的组织，并聚集多数单元才能被感知，它要依赖于客观事物的相近性、相似性、连续性和闭合性等来达到。

3. *动态感*

建筑造型图像自身的变化，打破了呆板与沉寂，给视觉以新的刺激，变化就意味着运动，造型的最终目的是构成一个动态美的结构。

空间的紧张感，说明了事物组织的动态平衡，没有力的表现则缺乏生机，在动态平衡中，视觉上会出现新的平衡点和力的重心。造型的任务就是通过视觉把这种关键的点找准，并将它通过艺术和技术手段进行强化。

空间的连续性，则具有动态感，在运动中达到统一性，表现了空间的模糊。线性组织可比之音乐中的旋律，每个形状的外形具有共同的视觉流向，视觉间隔产生动的图像轮廓，构成了造型的组成部分。

视觉的顺序性反映了物象组织的节奏和秩序，视觉之所以自动地对观察事物加以组织，目的在于追求某种秩序感。

视觉中所反映的客观事物的大小关系，发散、收敛、前进、向上、轻盈活泼，直线透视，反转透视，多点透视，透明性的相互渗透，垂直位置的深度关系，色彩、面积的变化等，无一不与事物的动态感有关，这是对视觉环境造型的强化，是当代建筑表现创造的生命力所在。

第四节　建筑空间与视觉心理

一、建筑空间视觉思维

人对事物的认识由感觉到知觉，是感性认识到理性认识的心理发展过程。人的眼是视觉与心理变化的感受器，视觉受外界的光、色、形的刺激，反映了物象的存在。视知觉的感知量在总知觉量中占绝大部分。

视觉思维是通过揭示视知觉的理性本质，来弥合感性与理性、思维与心理、艺术与科学之间的裂缝，正确地反映事物的性质。由于艺术家与科学家往往有所偏执，在揭示事物的性质时，会在感性或理性上出现偏颇，影响对问题的深化。实际上许多先哲，如中国的老庄都竭力强调感知在人类生活中的巨大作用，认为感知是发现真理的源泉和起点，感知中就已经包含着高贵的理性和对真理的初步发现。道家认为，感知能把握充斥天地宇宙的“道”，并且可以从感觉和知觉过程中发现各种思维与心理活动。

1. 视觉感知

在各种感知中，尤其是视知觉具有思维的某些特性，所谓认识是指积极的探索、选择、对本质的把握等，而这一切又都涉及对外界事物形态的简化和组织（抽象、分析、综合、补足、纠正、比较、结合、分离，在背景中突出某种形象等）。认识某种物象，实际上就等于问题的解决，这一切都是在视知觉的感知中发生的，是感性向理性的过渡。而感觉是客观事物的个别属性在人们头脑中的直接心理反应。

（1）对事物的感知：有利于观察者采取更加适宜的，与现实相一致和平衡的活动，有利于对事物更加全面的认识，因而是理智的最基本的表现。

（2）视觉自身有选择性：观察者的注意力总是指向最喜欢的对象。

（3）视觉涉及对某一问题当场寻求解决：如判断深度，根据已有经验，通过思维推断对事物外部形象不完全部分进行适当的补足心理。例如爱神维纳斯雕像，人们总是想凭借经验把她补全。

（4）视觉注视的范围：把主要目标与环境区分开来，显然至关重要；视觉如偏离中心视轴（敏感最高区域），其敏锐性程度就迅速降低，有时甚至只有原来的1/5。所以，每次观察物象愈仔细，其注视范围愈集中。

（5）人们赋予事物的意义：反映了人们在观察中的思维活动。一切物象总与观察者的习惯、联想与心理作用交融在一起，看它像什么？是什么？否则就等于猜谜，将会造成思想上的紧张、烦恼与困惑，甚至久久停留在脑海中。一旦对其明确或得到合理的解释，则又是很大的安慰。一个创造者，只限于一般的程序和规划是无法满足他对意义的解释，而必须以非凡的智慧创造出自己作品的意义。

图3-11中画谜所反映的是物象在一定的视觉心理中的联想和感应，当人们没有找到恰当的答案，思想上总是在想说明了什么。其中，图（a）是在窗口中看到的长颈鹿的颈；图（b）是看到的一段树干，有一个熊在它另一边爬；图（c）是一妇女在栏杆上向下看，所见的部分是一个背影。如果这样说明之后，虽然也不尽理想、圆满，但思想上如释重负，得到了心理的满足。从这一画谜说明，视觉在接触外界事物过程中有一系列思维与心理活动，在没有找到恰当的解释之前，往往在沉思、遐想、玄想、幻想之中，总想找到某种精神的安慰，这是视觉感知的一种自然追求。

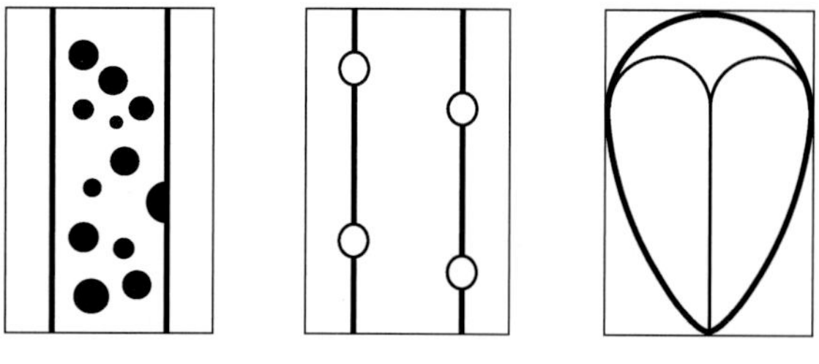

(a) (b) (c)

图3-11 画谜

2. 视觉思维

视觉思维涉及整个神经系统内“力场”的作用，这种力的物理变化才是发出人类的种种心理感受乃至情感的真正根源。

不管是知觉形象，还是内心意向，人们看到任何一种形象进行思考后，便产生了思维活动。这种思维活动都以某种具体形象或某种描述作为出发点和基础，进而深化人们的思维活动。

视觉思维就在于它通过一般普遍性的概念而进行深化；意象是针对个别的与具体的想象而显示。美学家鲁道夫·阿恩海姆认为：凡是创造性思维，都是通过意象进行的，只不过这种意象不是人们通常所说的那种意象，是通过知觉的选择作用生成的意象。如看到火车，分不清是客车还是货车，仅是一列朦胧的火车形象，只能代表事物的本质或某种内在感情表现的“力”的图示。它是既具体又抽象，既清晰又模糊，既完整又不完整的模糊形象。

意象在思维中的作用，主要是通过图示、符号与记号，如一个三角形，它可以是山，是等级符号，危险的交通信号，也可能是金字塔的投影，它可以同时具有二、三种功能，以再现事物的本质。符号是抽象观念赋予的可见的形体，创造性的思维活动都通过意象来进行，于是就产生了“图示语言”、“图像思维”等。

思维遵循的基本原则是判断意义，心理学和感觉领域的理论认为，思维会得出一个最简单的可能的意义与事物配合，通常是通过“简单法则”来完成。“简单法则”科学界称作“精确法则”，它表明最好的科学解释是符合时代的最简单明了的解释。赖特的流水别墅最基本的是几组平行线，柯比西耶的朗香教堂也仅是几个意象符号的深化，贝聿铭设计的苏州新博物馆将民居和园林建筑凝练成简洁的几何形体，这正说明了它的实质。

人们观察客观事物，在心理上不仅要寻求一个简单的形态，而且还要求有一个“最好的”或“最确切”的形式，不是就事论事，而要从头脑里思索出它是什么。

思维活动的另一个重要原则：一旦得出有意义的结论，思维也就结束，太简单又不屑一看；太隐晦曲折、艰涩难懂，又无法作出结论，同样会敬而远之。真正的伟大作品，向人们提供足够的刺激，会让你作出一些似是而非、零碎的结论，一时捉摸不透，然而标志设计在视觉形象上要求就不一样，如不能一下吸引观众，抓住事物的本质，令其深化，这种标志就达不到目的。所以，在建筑中不单求内部的舒适，还要有吸引人的魅力；强烈的刺激，才能引起思维上深层的探索。如法国蓬皮杜文化中心、澳大利亚悉尼歌剧院的形象，它们在不同人的视觉中所产生的形象，有不同的联想和概念，人们一直争论不休。又如新落成的中国国家大剧院的形象，到底象征什么？在建筑家的评论和艺术家的笔下各不相同，可谓仁者见仁，智者见智，它激发了不同行业的人们的思维活动，正说明了其建筑空间艺术创作的价值。

3. 视觉抽象

康德说：“没有抽象的视觉谓之盲，没有视觉的形象的抽象谓之空”。一般是把抽象与具体变成两个互斥或截然相反的东西，实际上一种意象能代表或再现同类中所有其他个别现象，这就是一般普遍性或抽象化，如仅考虑它自身就是个别的。视觉只要有了注意力，且当人们的心理有了足够的警醒和使注意力高度集中的能力时，就已经具有抽象力。从刺激物象抽出一种相当简化的式样时，则表明了具有较高的抽象力。

抽象反映有两个途径：第一，把握某种事物最重要的性质。抽象图式是抓住概念中心主题，以揭示事物的本质。第二，构造出它的动态形式，以达到人们把握其总体结构状态。凡是关键性质，总具有一种关联性，以把握其整体设计结构，以关联性作为整体结构的高峰或缩影。

心理学认为："许多经验中的现象，都是围绕一个简单而又集中的阶段（或部分）组织起来的，这一阶段大都有一种简单而又清晰的结构"。所谓关联，往往与事物的发生和发展相联系，故其关键性质往往渗透到事物的全体。

作为感知的事物，能保留和储存在记忆中的是表象，表象既有直观性又有概括性。在理性认识过程中，侧重了反映事物的共同感性特征的一般表象。一般表象再经过抽象，形成反映事物本质属性的概念，成为抽象思维进行分析、综合、判断，推理的基础，有助于对于外界事物认识的深化。所以视觉要通过感知抽象，才能达到深入的理解。

二、建筑空间视觉心理

在视觉中不论是对于形、光、色的体验，对客观事物的认识，都涉及一系列的心理活动。其中包括了运动视觉、形式心理、好奇心理、个体心理、心理力场、光色视觉以及错觉幻觉诸种心理活动。研究它的目的在于加强物象的中心，强化对象的秩序以达到完善的境地。

1. 运动视觉

运动视觉可以归纳为不断变化的知觉，盯住一个不变的刺激的图像，在视觉中会忽隐忽现的反映。在视觉中有一种现象，就是在黑暗之中看两种现象的明暗交替变化，如果位置恰当则如同一个物体的位移，就产生了运动。商业广告和室内装饰利用这一现象而构成动感，它可以把连续的图形融合在一起。

时间视觉来自头脑储存的运动变化的记忆，实际上与时钟无关，专心致志的工作，时间就过得快，有时光流逝之感，把自然的进程变成了运动。

运动视觉具有相对性，运动感是在目击了一系列目标的变化之后在视觉上才会出现。无论在建筑上进行空间的穿插、曲线的变化都是在总体观察之后（这里也反映了时间视觉）而构成的整合的表现。

运动视觉中很大程度上取决于物象和背景的关系，通常总是依赖一个背景来体现物象的运动。运动视觉最大的特点是强化视觉的注意力，建筑立面视觉构成动感处理、闪烁的灯光、喷泉、流水、动雕之所以被广泛应用，其目的亦在于此。

2. 形式心理

形式心理是物象的形式感对人们产生的心理反应。物象在空间中存在的形式，不同的结构关系产生了不同的形式心理。形式心理的最为突出的表现如图 3-12 所示。

（1）在参考框架中物象的方位：物象不同的方位可以产生"悬浮"、运动和下坠的感受。

（2）物象的排列：由于视觉的诱导，可以构成不同的动势。

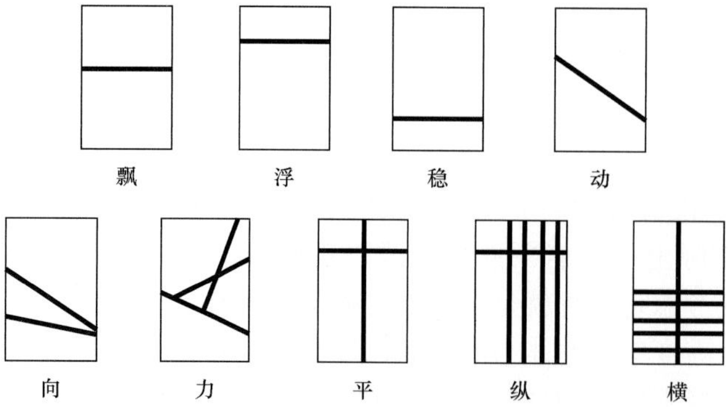

图 3-12 形式心理的表现

(3) 物象反映的不同线条：直线、折线、斜线，会给人们的视觉带来不同的情感。有时，还可以构成不同的几何模式，强化物象的图形。

(4) 物象在各种元素组合中：物象会形成各种不同的向心、放射、引导的作用，以强化目击的焦点。

(5) 在视觉参考框架中：物象的虚实对比，面积分划，线条的组织，都会给思想带来不同的情趣。如图 3-13 所示的形式心理所产生的方向性。

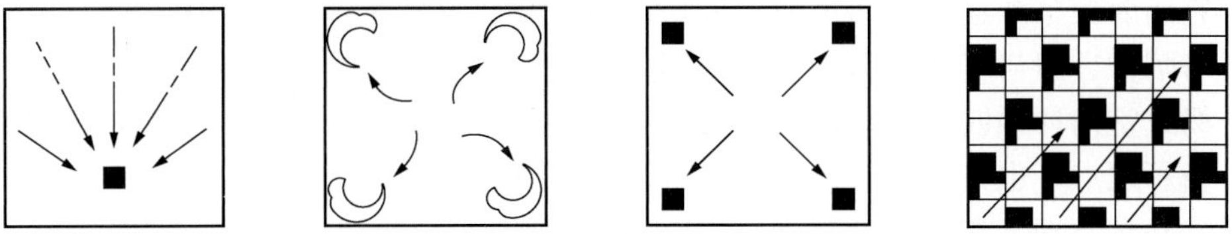

图 3-13　形式心理产生的方向性

3. 心理力场

根据视觉的力能特性，物象所产生的放射、分散与凝聚，都是心理力在一定范围内相互关系与矛盾变化的结果，构成了心理力场。

视觉心理力的机制，在于引导人们的注意，传递转移外界信息，在移步换景中能完整地理解客观物象。故产生了各种诱导、障碍、隔景、张力；产生了开张闭合的序列，构成了不同的凝聚点。

心理力有单向的，如轴线、平行的、交叉的、有水平垂直交叉的，不规则的相集，放射性的，以及螺旋上升和下降的等。在建筑中既有二维的反映，也有三维的体现，无论是平面、立面、空间、绿化环境等都有不同的表现。

4. 光色视觉

视觉对光色的感应特别敏感，无论是明暗强弱和色彩的联想，对于人的生理、心理都有不同的影响，有时甚至影响人们的正常的生理感受。绝不能认为它是属于心理方面的因素，而在建筑中不予重视。

色彩对人们的心理影响，由于职业、年龄、民族、社会的不同，偏重于个人的、专业的、社会的影响，同时文化传统对色彩的象征含义也有差异。在西方白色代表纯洁，而中国把白色看作是死亡的代表，这说明色彩两极相对的含义。基督徒穿黑服，佛教和尚穿橘红衣服，俄罗斯则丧事为红色标志，这完全取决于不同社会的约定俗成或某种规定。

当然各种颜色对心理上所表达的感情，则完全取决于人们的心理感知作用。至于光线，黑白灰三者，在建筑中的反映也比比皆是，其最突出的反映则是明暗关系、虚实变化、阴影分配等，无论在哪一方面的变化，都将改变着建筑的情调。同时，由于所处的环境、绿化配置不同，一天早中晚的时间变迁、阴晴雨雪的不同，建筑的光（亦包括色）就有很大的随意性。在设计中如何更好地把握主要的环节，则是建筑视觉空间艺术所研究的目的。

5. 好奇心理

(1) 好奇心理的概念。

无论是什么样的建筑空间都有视觉中心，有一个或多个组成，很难说某个建筑空间没有视觉中心，假如说没有，那么就可以肯定它不是一个完整的设计，或者说不是一个完美的环境设计。作为建筑设计师，自然要在设计中考虑如何突出视觉中心，如何强化视觉中心问题，这就是所说的好奇心理概念，即视觉中心的强调。

所以对这一问题作全面的、统一的认识，并能根据不同的情况具体处理好各种关系，对建筑群体、室内空间环境会形成良好的视觉环境和完美的设计效果。建筑空间设计除了满足人们的使用功能之外，满足人的视觉心理需要是很重要的。建筑室内外的空间形态构成，包括墙面、隔断、地面、天花、屋顶及陈设等均有形、色、质的形态构成，是有内容、有精神含义的。它们要在整个建筑空间环境构成一定的关系。组合在视觉关系中必然会出现主次关系，中心与陪衬、虚与实、精彩与平淡等形式美现象，这里的中心指视觉环境的中心。当人们走进广场或室内环顾四周之余，自然会把目光停留在视觉中心的位置上，它是视觉上的悦目之处，精彩之点，也是环境心理学中好奇心理的具体表现。

因而，好奇心理（有时也被称为趣味中心）即视觉的落脚点，没有它建筑群体或室内空间就会平淡无味，设计就不完整统一，所以建筑设计师在构思时必然设置一个或多个视觉中心，以满足视觉审美的需要。建筑空间环境视觉中心在强调的基础上，还存在着其他中心，如个体中心、功能中心等，不同人们对不同的中心感兴趣。然而，不管是设计者还是使用者，他们对好奇心理、视觉中心的认同应该是一致的。

（2）好奇心理的满足。

第一，在设计中，好奇心理的满足是需要设计师精心计划的，当设计师接受设计任务时，必然会遇到一大堆问题，其中有些是主要的，有些是次要的，如将主要的问题处理好，其他的问题就迎刃而解了，像这种问题可称为“设计重点”。例如，某个室内有许多排列不均的柱子，这些有碍观瞻的柱子僵硬地竖着，不肯作丝毫让步，这似乎是对设计师的挑战，显然这是最使设计师头痛的问题。当然，只要处理好柱子，设法将其“隐去”，或是把柱作为一种特殊的设计语言加以巧妙地利用，其问题就好办了，这个问题就是指设计中心。

第二，功能中心，任何一个建筑空间，都以一定的目的存在着，如以教学为目的的教室，满足这个教室的功能中心便是目的。再如卧室，卧具应当成为它的功能中心，尽管是卧室但还可以有梳妆区、写字区、起居区。然而应当把室内最好的、最有利于寝卧的地区让给这个功能中心；在卧室中绝对不能将床置于令人难堪、让人不适的位置上，这即与实用功能联系在一起。

第三，最使人感兴趣的地方可称之为好奇心理的兴趣中心，兴趣中心的形成是比较复杂的，它的主观因素比较明显，而且带有可变性。不同的年龄层次在同一室内会有不同的好奇与兴趣，有的欣喜一件精美的工艺品可成为兴趣中心，有的虽然不是处在视觉中心的位置上，但在很多情况下，兴趣中心可以与功能中心融合起来。对设计师来说，这几种中心都会遇到。因此，除了正确理解其中内涵以外，处理好它们之间的相互关系，对于创造良好的室内环境来讲是至关重要的。尽管它们之间相互转化，相互结合，但是更多的情况下它们是各自独立的。

（3）兴趣中心层次。

提出了室内环境好奇中心这一概念，就使我们设计者把设计中各种关系通盘的考虑并把兴趣中心处理好。

视觉是多维的世界，而人在感受视觉对象时，受视域的限制，视点、视距影响视觉的感知，视觉的意识状态也影响视觉的感知。

视觉有三种工作状态：一是无意识的视觉扫描，即视线在目标表现移动；二是无意识的凝视；三是有意识的视觉分析，即朝着选定的目标注意地观察。一般来说，视觉扫描是先近后远，先中后边，但在很多情况下这种情形会受到冲击。以展览厅为例：墙壁上的作品一幅幅依次而挂，从一般的视觉顺序来讲应是依次而进，但实际上有几幅作品会首先跳入观察者的视野。由此看来，视觉顺序首先取决于方向。面对面的视觉物先被感知，背向的则后于面向的。然而在面向的视野内，当人的视觉经过无意识的扫描后，人的目光一般都会停留在最有吸引力的视觉对象上，人具有这样的一种自然能力，能迅速地捕捉到视觉醒目的视觉中心上。

例如，在空无一物的房间里，窗外的景色自然成为视觉对象。如在一般情况下的室内若有壁画，室内就会出现两个景点：一是窗外景色；二是墙上壁画。这时谁是视觉中心，则取决于窗外景色质量和壁画的艺术效果。在一般情况下人们首先注意人为的作品，然后注意自然的作品。所以说壁画更能成为这个室内的视觉中心，如果壁画的艺术效果很弱，那么室外的景色也会成为视觉中心。如在室内还有雕塑、陈设等作品，那么室内就出现了三个景点，那么中间的最强烈的部分就会成为兴趣的中心，所以兴趣中心的形成取决于景点的艺术质量的高低和设计师的主观意图。

那么，容易成为视觉中心的条件有：第一，对比强烈的视觉形象易成为视觉中心，也即易被感知，其中有着明暗对比、形状对比、色彩对比、质地对比等。第二，特异的视觉形象易成为视觉中心，其原因是这些形象均具有异于该设计中其他形象，使人一下子捕捉到空间环境中的特异部分。第三，动态形象易成为视觉中心，如动态雕塑、喷泉水景等。第四，暖色形象易成为视觉中心，暖色系列色彩具有鲜明的激进感，暖色进冷色退，因而首先映入眼帘。

以上几种条件，如设计师在设计中加以运用，自然就能成为我们创造视觉中心有利的条件，这些条件始终贯穿着对比的要素。尽管如此，对比有强有弱，有恰当、不恰当，有精彩、有平淡之分。因此，应把最强烈、最恰当、最精彩、最不同寻常的对比关系运用在最关键的位置上。

建筑空间的视觉环境是立体的，而人的眼睛却具有向背性，即便是面向人的眼睛视觉景观也只有双眼夹角 60°以内才是正常视觉范围。由于这两条限制，要求设计者在设计视觉中心时要符合这两个条件，即不能把视觉中心设置在正常视觉范围之外；如果把视觉中心安排在不恰当的位置上，不仅对视觉不利，其室内效果也会大大减弱。一个建筑空间至少有六个面，除去天花、地面，还有四个侧界面，而这四个面的视觉条件不同等，其中有的是主要的展示面，有的是次要的陪衬面；有的具有公共性，有的则有私密性，视觉中心应设在何处？这都要视具体情况设计，不能一概而论。在空间较大，关系复杂的室内区分展示面的主次，设计者把设计重点投入关键部位会起到重要作用，在一个整体的空间中各个面的设计程度应有所差异，如果面面俱到，那么就会使空间出现主次不分的混乱局面。

（4）兴趣中心的设计。

建筑设计的视觉中心设置不能纯粹地凭个人爱好，它还有一定的设计依据。由建筑群体围合构成的城市广场，视觉中心的设置是辨别广场空间效果的标尺之一。闻名世界的意大利圣马可广场，被誉为欧洲最美丽的客厅——融拜占庭、哥特、伊斯兰和文艺复兴时期各种建筑流派于一体，其视觉中心是高高矗立的竖向钟楼，如图 1-24 所示。能容纳百万人的北京天安门广场，原来广场的视觉中心是天安门城楼，新中国成立后建起的人民英雄纪念碑成为新的视觉中心，而后建造的毛主席纪念堂同天安门城楼、人民英雄纪念碑（三者在同一中轴线上），同时成为广场的视觉中心；由安德鲁构思设计的国家大剧院，以其新颖别致的造型，也成为天安门广场上的视觉中心。上述提及的市政广场设计至少有一个或多个视觉中心，客观上讲设置几个视觉中心为宜，这就要根据广场的功能性质而定。

建筑单体的视觉中心通常设计在建筑物的重心竖向轴线上，一般通过设置在主立面上的主入口、屋顶及强调竖向尺度的主体部分来突出兴趣中心。

建筑室内的空间划分要根据室内的功能性质划分动与静两大类别。静的如书房、卧室、办公室、图书馆阅览室内等，这一类功能性质的室内其视觉中心的设置应比较单一、集中。因此，不仅在数量上要少，而且还要把视觉中心背向功能中心；例如书房，书写者所面对的展示面应尽量简洁，这样既不会使阅读、书写及思考受到视觉形象的干扰，又可使之在休息时调节精神。根据室内的空间划分，在多层次的空间中则要考虑怎样设置视觉中心，才能有助于形成室内良好的视觉关系，既要注意大的整体空间的视觉效果，又要顾及小的局部的视觉景观的完整性。

建筑空间环境视觉中心的创造手段是多样的，可以利用多种手段和富有特色的造型语言来建立各种类型的视觉中心。一般来讲，室内环境的视觉中心是通过一定的造型媒介来确定起来的。例如壁画、雕塑及美术作品是创造室内视觉中心最常用的媒介之一。它的好处是表现力丰富、形式多样、主题性强，容易吸引视觉；壁画的基本型有单幅和组合壁画（壁画、壁饰、屏风、陈设等)，这些类型繁多的壁画在创造视觉中心的特色方面各有所长；如局部壁饰可形成点式的视觉中心，而整体壁画则可形成面式的视觉中心，主题性壁画在室内视觉环境的情调和气氛方面大有可为。在选用壁画作为室内视觉中心时，必须从室内整体空间环境效果出发，而不能把它作为纯粹的艺术性壁画来创造，壁画的主题、造型手段、风格情调应首先服从室内的总体气氛。

自然光是大自然的恩惠，虽然它本身是无形的，但我们可以通过有形的体与面，给予光以一定的形象，使空间轻重强弱有着丰富的变化。人工光更是可以根据人的主观愿望来塑造形象；特别是灯具、灯饰的有机结合，宜直接的或间接的采光，它们的表现力就更为丰富多彩。利用光来创造室内环境的视觉中心是现代设计师常常采用的手法，光在渲染室内气氛方面比之其他手段有不少特别之处。

用家具作室内的视觉中心是非常自然的，家具虽有实用性，但更有艺术性的一面；作为艺术性的实用品，它的很多造型是很有艺术魅力的；尤其使人注目的是现代家具设计，强调家具形态的寓意性，运用多元化的造型手法，这对利用家具作为室内视觉中心提供了新的可能。利用建筑空间构件如梁柱、楼梯、漏格、墙面、门窗、壁炉、屏风等来创造室内的视觉中心别有韵味，这是环境艺术设计师所应深刻思考的问题，也是今后发展的必然方向，使室内空间获得自然美感，不经意中寓意深远。

壁炉作为室内视觉中心，也能体会到一种异国情趣。总之，室内环境视觉中心的创造是设计师研讨的非常有意义的课题，它不局限于以上几种手法，如景观小品、水体、绿化、清水砖墙及室内陈设品等。只要在符合功能需要的基础上、去强调形式上的视觉美感，且它们之间是互补的，设计师一定能创造出优秀的室内环境设计作品。

6. 错觉幻觉

自然界万物的变化无穷无尽，在视觉上产生的错觉、幻觉以及图形的变形在所难免，面对这种问题，一是加以修正，二是加以强化以表达某种特殊的效果。

错觉、幻觉有时对于人的心理活动会产生奇妙的变化，可能会改变对于空间、形体的固有形象，在当前的建筑内部与外观中经常予以夸大应用，构成奇幻的境界。无论是灯光的处理、线条的组织、明暗的配合、镜面的反射等，都可借助于错觉、幻觉的应用，创造新奇的视觉效果。

三、建筑空间视觉美感

1. 感情性

视觉美感所具有的基本特点是带有浓厚的感情色彩，美感中很大程度上得力于情绪的帮助。虽然，它也调动以往的经验作为补充，而最终还以当时的情绪作为决定因素。当一个人心情不好或是变化时，他对于事物的美感会有很大的差异。

2. 目标性

观察者的敏锐选择力取决于对美的感知度，这种选择力与人们的职业、修养不同而有很大的差别，建筑师的观察和艺术家的观察，领导的选择和一般人的选择不同，因此，对建筑评论也各有不同的出发点。电影有特写镜头，雕塑有重点刻画，舞台有追光跟踪等，建筑有趣味中心，目的就是引导人们的注意，使其集中于主要目标，令视觉美感有一个客观的关注目标。

3. 总体性

美感具有总体性的特点，天安门的巍峨，在于两侧低矮建筑的配合。红花是由绿叶衬托，所以事物的大小高低、明暗、虚实等形成的反衬心理效果，突出地表现了统觉和整合的作用。因此，在观察事物中，无论是形与神，静与动，个别与一般，偶然与必然，都要作全面总体的整合考虑。

在建筑造型中，对于视觉美感，除了把握以上特点之外，还应从下列几个方面进行探索。

（1）视知觉侧重于具象化，对二维的感知特别强，在建筑的正面，古典建筑的静态观察反映特别突出。

（2）均齐平衡性，在视觉力场中，力的平衡，讲求轴线、沉静、对称、平衡，这些由静态观察所决定。而今的建筑则渗入了动态观察，因此要讲究动态平衡。

（3）动态平衡，即运动中的平衡，诸如拓扑变换，光色复合，流线组织，创意引导，目标显示等都是动态效果的反映。

（4）节奏韵律性是秩序性的追求，组织状态的反映，在视觉中占重要的比重，这是从复杂的环境中找出来的最基本的物象组织的最简洁、最单纯的形式。

（5）动态有三维、四维和多维的叠影效果，视点的选择和环境条件都需要加以考虑。线条在我国建筑中反映很独特，绘画中更加显著，它体现了物象的方向、动势和神韵。

（6）视觉对客观事物的简化、选择性，反映着人们的主观意向，视觉中有构成性的特点，对客观事物能自动地加以分类和组织，进行抽象概括。

第四章 人 体 工 程 学

第一节 人体工程学概述

人体工程学是20世纪40年代后期发展起来的一门技术科学，是研究人、人造物（即产品）和环境之间的关系的学科，也是随着科技的进步和人类文明的发展而逐步完善的边缘学科。在环境设计的人性化发展趋势下，对人体工程学的研究渐渐渗透到人类生活的各个领域，为人们生活质量和工作效率的提高作出了巨大的贡献。

一、人体工程学的命名

由于人体工程学（Ergonomics）应用范围的广泛，不同领域的研究人员从不同的角度诠释着这门学科，因此该学科又被称为人类工效学、人类工程学、人机工程学、人体工学、工程心理学、宜人学等。它为解决“人—机—环境”系统中人的效能、健康等问题提供了大量的研究方法和理论支持，打破了各学科之间的界限并有机的融合了相关学科的知识来完善自身的研究体系和技术标准，从而具有很强的综合性和实用性。

二、人体工程学的定义

同人体工程学的命名一样，其定义也随着研究领域和发展阶段的不同而不断变化，在人体科学、环境科学和工程技术紧密结合的基础上，该学科的不同定义也有其各自的侧重点。美国人体工程学专家C. C. 伍德森认为：设备设计要适合人的各方面因素，以便在操作的过程中以最小的代价换得最高的效率；而美国著名人体工程学及心理学家A. 查帕尼斯则认为：人体工学是在机械设计中考虑如何使人操作简便而又准确的学科；除此之外还有在科学与技术的角度下的定义，即：人体工程学是研究人—机—环境系统中人、机器和环境三大要素之间的相互作用的学科等。

国际人类工效学协会（International Ergonomics Association）的会章中把人体工程学定义为：这门学科是研究人在工作环境中的解剖学、生理学、心理学等诸方面的因素，研究系统中各组成部分的交互作用（效率、健康、安全、舒适等），研究在工作和家庭中、在休假的环境里如何实现人—机—环境最优化的问题的学科。

三、人体工程学的起源与发展

（一）人体工程学的起源

人体工程学的产生并不是突然的，它的起源与人类文明的出现有着必然的联系，回溯历史，在人类发展的每个阶段都影印着人体工程学的潜在意识，也正是这些在人类历史发展中不断积累起来的经验，对日后产生的人体工程学奠定了重要的基础。自从有了人类和人类文明，人们就一直在不断改进自己的生活质量，在人们的创造与劳动中，人体工程学的潜在意识开始产生，这些可以从现有出土的大量文物中看出。如旧石器时代制造的石器多为粗糙的打制石器，造型也多为自然形，经常对人的肢体造成伤害，棱角分明不太适于人的使用；而新石器时代的石器多为磨制石器，表面柔和光滑，造型也更适于人的使用。因此可以说，人体工程学的知识和总结是在人们的劳动和实践中产生，并伴随着人类技术水平和文明程度的提高而不断发展完善。

人体工程学作为一门新兴的边缘学科与工业革命是分不开的。自工业革命以来，安全、健康、舒适已成为人们关注的问题，在欧美等西方国家尤其受到学者们的重视。早在20世纪初，英国学者F. W. 泰罗就在传统管理方法的基础上，首创了新的管理方法和理论，他被认为是最早对人与工具的匹配问题进行科学分析的学者，他研究了怎样操作才能省时、省力、高效，并制订了一整套以提高工作效率为目的的制作方法，被称作“泰罗制”，这也是人们从理论上对人体工程学进行归纳研究的开始。德国心理学家L. W. 斯滕首次提出了“心理技术学”的名词，美国哈佛大学教授闵斯特伯格最先把实验心理学应用于工业生产，以此来改善工作条件和减轻疲劳从而提高工作效率。

（二）人体工程学的发展

1. 萌芽

自人类创造器具并使用器具伊始，人与工具之间便存在着千丝万缕的联系，早期的经验人体工程学便由此发展而来，虽然当时并没有系统的研究方法，但其科学化的发展完全符合人体工程学的基本原理。19世纪后期，大量的发明和发现为西方工业的迅速发展提供了技术基础，以此推动了日趋成熟的机械化的生产方式和机器大工业发展。人们开始热衷于追求效率并涌现出大批以实现功能为目的的机械设计，人们的生产活动开始被动的围绕机器的运转节奏展开，萌芽状态的人体工程学到达了一个早期的由人适应机器的时代。

第一次世界大战期间，英国成立了工业疲劳研究所，但人体工程学的研究还不是很普遍。这个阶段主要的研究者大多数是心理学家，研究也主要集中在从心理学的角度选择和培训操作者，使人能更好地适应机器。

2. 初兴

经验人体工程学一直延续到第二次世界大战之前，随着劳动复杂程度和负荷量的变化，人们迫切的需要改良生产工具和改善劳动环境，因此在第二次世界大战时期人体工程学正式建立了，从而到达了科学人体工程学的研究阶段，也就是机器适应人的阶段。

“二战”期间，美国军方为早日获得战争的胜利，研制了大量的高性能武器，期望以技术的优势来决定战争的胜败。然而由于过分地注重武器的性能和威力，忽略了使用者的能力与极限，出现了飞机驾驶员误读高度表而意外失事，座舱位置安排不当导致战斗中操纵不灵活、命中率降低等意外事故。后经过研究人员多次调查，才查明这些事故主要是控制设备配置不当导致操作失误所致。调查发现飞机高度表的设计存在很大问题，高度表对于飞机非常重要，但当时的高度表将三个指针放在同一刻度盘上，这样要迅速读出准确值非常困难，因为人脑并不具备在瞬间同时读三个数值并判断每个数值含义的能力，说不定正是这关键的几分之一秒就造成了严重的后果，所以很难说这种仪表在关键时刻能发挥作用。后来人们把它改成了一个指针，消除了因高度表发生的事故隐患。这个简单的故事告诉人们，设计任何机器都不能仅着眼于机械和设施本身，同时要充分了解人使用时的方便与否，以便使人能安全、自由、正确地使用。

“二战”结束后，专家们将人体工程的体制及各项研究成果广泛地应用到产业界，以追求人与机械之间的合理协作。自英国工业革命以来，手工业的工业化促使了生产线作业普遍发展，这与手工业时代使用个人惯用的工具、技术的个人性以及工作的个人性等生产方式有很大的不同。生产线的作业是单调、反复性的工作，在“二战”以后的工业生产向机械化和自动化发展的过程中，一连串流水线生产系统的发展、新式生产机械和新的生产技术的使用，使工业生产量大幅度增加。但是由于高度的机械化和自动化，人与机械间产生了高度的生理与心理摩擦，直接或间接地影响了工作效率与正确性，从而产生了许多严重的后果。因此人们逐渐发现，在设计机械时，有必要对人的因素进行深入的研究，并使这种研究渗透到机械设计本身之中，使机械具备人的特性，适应人的行为，这才是适合人使用的现代化的机械。机械为人服务，应该是机械适应人的要求。过去是先设计机械，然后训练人来操纵；现在是先了解人，然后根据对人的了解来设计机械。因此过去的基点是“机械”，现在是“人”。如果不能遵循这样的原则，那么机械文明的飞快发展对人并不意味是好事。

20 世纪 50 年代末期是科学人体工程学发展的又一阶段，随着战争的结束，人体工程学的研究从军事领域向民用领域过渡，并逐步运用战争期间的研究成果来解决各领域生产活动中的诸多问题，此时的研究范畴已经打破了心理学的界限，心理学、医学、工程技术、建筑技术等领域也逐渐介入了学科的研究，并与之相互渗透，自此人体工程学逐步走向了综合性成熟化的发展方向。

3. 成熟

20 世纪 60 年代以后。世界各国逐渐进入大规模的经济发展时期，随着人体工程学涉及的领域不断扩大，其研究的内容也相应扩大，科技的进步、机械化、自动化、电子化的发展为其提供了大量的发展机会和发展空间，诸如控制论、信息论、系统论和人体科学、环境科学等新的理论成果也为人机系统的新发展提供了理论支持和技术支持；解剖学、生理学、心理学、人类学、工业卫生学、工程设计、建筑设计等专业也为该学科开拓了新的研究领域。区别于传统的人体工程学着眼于“人”研究，现代的研究方法则更多地着眼于工程和产品的设计，并在其中融入心理学、生理学、物理学、数学、工程技术等元素，密切的结合应用实际，力求开辟学科研究的新纪元。

此时，仅停留在“人—机器”之间的研究已远远不能满足社会的需要，环境、能源等问题已是人们不容回避的现实，于是人体工程学也进入了一个新的发展阶段，即系统的人体工程学阶段。

“人—机—环境”成为这个阶段主要的研究内容，它涉及的知识领域相当广泛，目的是使人—机—环境能更好地协调发展。各国把人体工程学的实践和研究成果，迅速有效地运用到空间技术、工业生产、建筑及室内设计中。1961 年创建了国际人类工效学学会（FIEA），从而有利地推动了该学科不断向更深的方向发展。时至今日，社会发展已进入后工业社会、信息社会，人体工程学提倡以人为本、为人服务的思想，强调从人自身出发，在以人为主体的前提下研究人们的衣、食、住、行，以及一切与生活和生产相关的各种因素如何健康、和谐地发展。这也将成为人体工程学研究的主要内容。

4. 发展现状

国外的人体工程学研究已经有半个多世纪的历史。随着在产品设计中对人—机—环境的新认识，学科的研究和应用已经走向实用阶段，在建筑环境设计、航天航海机械设计、日常交通工具设计和安全设计、无障碍设计等方面，人体工学的应用水平和应用力度已经成为了设计产品成败的决定性因素。人们开始运用更加精准和科学的计算机三维图形技术、电子模拟技术和仿真验证技术来分析和评价各种设计和研究成果。最早由英国诺丁汉大学研究的人机系统模拟程序软件，再到把人的模拟系统和飞机的模拟系统在计算机上结合起来的美国麦克唐纳·道格拉斯飞机制造公司，现代技术与科学理论的结合，造就了突破传统极限的人体工程学的新发展。

我国的人体工程学研究起步较晚，但随着国内科学领域和经济环境的发展，该学科的研究在国内也取得了一定的成就。从 20 世纪 30 年代开展的少量研究到 1980 年以后系统、深入的研究并由国家标准局成立了全国人类工效学标准化技术委员会以及 1984 年国防科工委成立的国家军用“人—机—环境”系统工程标准化技术委员会之后，我国的人体工程学研究便开始在国防和军事领域扎根并逐步发展到人们的日常生活中来，成为我国人民现代生产生活中必不可少的应用学科。

四、人体工程学基础知识

1. 人体工程学研究的主要内容

虽然我们赋予人体工程学的各种命名和定义不尽相同，但研究的对象、目的和方向却并无本质的差别。在人—机系统中，不管机器的设计多么高端，自动化水平多么发达，它始终是被人有目的有意识的控制、监管、利用和操纵，人永远是出于主导地位的，因此该学科研究的主要内容中对人的研究是必不可少的，而对于机器和环境的研究则与对人的研究相辅相成、相互依存，用更好的机器设计和环境条件来适应人的活动，从而保证人的操作简便快捷、安全舒适、准确便利以求最高的经济和社会效益。人体工程学的主要内容大致分为以下三方面。

2. 工作系统中的人

研究内容包括：人体的尺寸、人对信息的感受和处理能力、人的运动能力、人的学习能力、人的生理及心理需求、人对物理环境的感受性、人对社会环境的感受性、人的知觉与感觉能力、个人的差别、环境对人体能的影响、人的长期和短期能力的限度及愉适点、人的反射及反应形态、人的习惯与差异（这包括民族、年龄、性别、生活习惯等）、错误形成的研究等。

3. 工作系统中直接由人使用的机械部分如何适应人的使用

这涉及人与产品关系的设计和人机系统的整体设计等，除了探究人同时作为自然人和社会人的形态特性、感知特性、反应特性的一系列参数以及社会行为、价值观念、人文环境的综合影响之外，还要考虑设备设施、机械工具、作业用具能否为使用者创造带来高效的条件。这主要分为三大类。

（1）显示器：仪表、信号、显示屏；

（2）操纵器：各种机具的操纵部分，杆、钮、盘、轮、踏板等；

（3）机具：家具、设备等。

由显示器与操纵器可制作成二合一综合界面，如目前受到消费者喜爱的 iPhone 手机。

4. 环境与人的使用

这一部分涉及工作场所设计、信息传递装置设计、室内外建筑环境设计、环境控制和安全保护设计等内容，其主要目的是解决场所设计的宜人问题和促成高效率、高舒适度的感官因素。从人的特性出发，在设计中融入多方面多角度的知识来传递更加精准、可靠、便捷的环境使用信息，并由此为基础深入研究预防措施、应急预案、防护保险装置、冗余性设计、防止人为失误的装置、事故控制方法、求援和救援措施等。这包括以下两方面。

（1）普通环境：建筑与室内空间环境的照明、温度、湿度、环境声控制等。

（2）特殊环境：比如冶金、化工、采矿、航空、宇航和极地探险等行业，有时会遇到极特殊的环境：高温、高压、振动、粉尘、噪声、辐射、有害气体和污染等。

5. 研究需要遵循的原则

从人体工程学研究的问题来看，以上的各种设计涵盖了技术科学和人体科学的许多交叉的问题，它涉及很多不同的学科，其中包括医学、生理学、心理学、工程技术、劳动保护、环境控制、仿生学、人工智能、控制论、信息论和生物技术等。因此如此错综复杂的综合性系统中，人体工程学要遵循以下的研究原则。

（1）物理的原则：如杠杆、惯性定律、重心原理等，在人体工学中也适用。在处理问题时应以人为主体来进行操作，而在机械效率上又要遵从物理原则，两者之间的调和法则是要保持人道而又不违反自然规律。

（2）生理、心理兼顾原则：人体工程学必须了解人的结构，除了要了解人的生理因素，还要了解人的心理因素。人具有复杂的心理活动，人的心理在时间和空间上是自由和开放的，它会受到人的个人经历和社会传统、文化背景的影响，人的活动无论在何时何地都在受这些因素的影响，因此，人体工程学也必须对这些影响心理的因素进行研究。

（3）考虑环境的原则："人—机"关系并不是单独存在的，它存在于具体的环境中，单独的研究人、研究机械、研究环境，再把它们机械加和起来，并不是科学的研究人体工程学，它们存在于人—机—环境的整体相互依存关系中，绝不可分开讨论。

6. 人体工程学研究的相关学科

前面已经提到过，人体工程学是一门综合性的边缘学科，除了同人体科学、环境科学和工程技术有着密切的关系，还与生理学、心理学、卫生学、人体解剖学、人体测量学、人类学、运动生物力学、环境保护学、环境医学、管理科学、行为科学、系统科学、社会学、技术美学、语言学等学科有紧密联系。从人—机—环境系统来看，只有综合了上述相关学科的理论原理、科研成果、研究方法、研究数据等因素，才能充分将人、机、环境这三大要素构成一个具有有机联系的完整体系并使其自身具有完善的理论系统。也只有这样，才是真正的以人为本，发散的研究人—机—环境之间相互的协调关系和协作规律，从而达到使用过程中的整体的最优化配置。

第二节　人体工程学研究方法

一、研究方法

1. 计测和研究的对象

在庞大的人—机—环境系统中，人、机械、环境这三大要素中的各个环节都是人体工程学研究和计测的内容，各相关要素和相关环境的中介数据都对系统的研究人—机—环境起着重要的作用。

（1）针对人的计测和研究。

这包括人体的结构尺寸、功能尺寸、形态尺寸、动态尺寸、静态尺寸、人体各项机能指标的测定、残障人士各部分尺寸的测定、个人的生活背景（即年龄、民族、经验等）等，是人体工程学各研究方法的基础。

（2）针对机械的计测和研究。

首先按照机械的使用功能、使用环境和适应人群将机械分类，对各类机械的操作性能、工作效率、工作负荷、作业强度、作业手段、作业时对人和环境产生的影响（即噪声、废气等）、机械本身的使用频率等。这是一个相当复杂的工作过程，也是一个不断完善和改进的过程，是人体工程学研究方法中的重要环节。

（3）针对环境的计测和研究。

对环境的计测和研究所得的数据和结论为人体工程学提供了必要的应用平台和发展平台，这包括大气质量、噪声、照明、温度、湿度、振动、环境触感、室内外环境设计中的各类指标等。

2. 计测和研究手段

人体工程学是一门边缘性学科，具有多学科性、交叉性、综合性等特点，正是由于这些特性，在沿袭了相关学科的多样性研究方法基础之上，本学科也有自己独特的研究方法，这里介绍的是一般常用的方法。

（1）自然观察法。

自然观察法是研究者通过观察和记录自然情况下发生的现象来认识研究对象的一种方法。观察法是有目的、有计划的科学观察，是在不影响事件的情况下进行的。观察者不参与研究对象的活动，这样可以避免对研究对象的影响，可以保证研究的自然性与真实性。自然观察法也可以借助特殊的仪器进行观察和记录，如摄像头、照相机等，然后逐步对其进行分析和整理，这样能更准确、更深刻地获得感性知识。

（2）实测法。

这是一种借助实验仪器进行测量的方法，也是一种比较普遍使用的方法。我们必须对使用者群体进行测量，对所得数据进行统计处理，这样就能使设计产品符合更多的使用者。例如对人体尺寸的测量、人体生理参数的测量（即能量代谢、呼吸、脉搏、血压、血糖、心电图等）、作业环境参数的测量（即温度、湿度、照明强度、噪声、特殊环境下的失重、超重、辐射等）。

（3）实验法。

实验法是当实测法受到限制时所选择的实验方法，在人为设计的环境中测试实验对象的行为和反应。实验可以在作业现场进行，也可以在实验室进行，被测试的对象可以是真人也可以是人体模型，例如汽车的防撞实验中的人体模型。在作业现场进行实际操作试验，可获得第一手资料，但测试结果一般不宜直接用于生产实际，应用时应结合真人实验来进行修正和补充。一般分为客观仪器测试和感官评价试验法两种。

（4）资料研究法。

资料研究法是对人机系统已取得的资料和数据进行系统分析的一种方法，也是研究人机系统最基本的方法之一，在搜集丰富资料的前提下对资料进行整理、加工、分析和综合并由此找到系统的内涵规律。

（5）系统分析法。

系统分析法真正体现了人体工程学学科的特性，即将人—机—环境系统作为一个综合系统的整体来考虑的基本观点，它是在资料研究法的基础上进行的，通常包括对作业环境的分析、作业空间的分析、作业方法的分析、作业组织的分析、作业负荷的分析、信息输入及输出的分析等。美国人体工程学家亨利威尔根据分析的性质不同将分析法总结为六种形式。

1）瞬间操作分析：分析在连续的生产过程中人和机械之间的连续的信息传递，由于分析本身操作上的难度较大，故将连续的分析测定改为间歇的分析测定，即统计的随机取样法，测定每一间隔时刻的操作者和机器之间的信息并将其用统计推理方法加以整理最后得到有益于改善人机系统的资料。

2）知觉和运动信息分析：这种分析方法是用信息理论来阐明信息传递的数量关系。其经过是这样的，外界信息通过人的感觉器传到神经中枢，经大脑处理后产生反应信号并将信号传递给肢体来操作机器，机器被操作后又送回信息给操作者。由此周而复始形成一个完整的传递反馈系统。

3）连续操作的负荷分析：这是一种采用强制抽样电子计算机技术来分析操作人员连续操作情况的方法，这首先要规定操作所必需的最小时间间隔并推算操作者的工作负荷程度。

4）全工作负荷分析：对操作者在单位时间内工作负荷的分析，一般用单位时间的作业负荷率（%）来表示。

5）频率分析：测定和分析人机系统中的装置、设备、设施等机械系统被使用的频率，其结果作为调整操作者负荷的参考数据。

6）设备的互相关联分析：观测和分析设备的使用方法以及人与机械状态的变化，从而获得机械和控制装置的适当比例关系。

（6）计算机辅助分析或称模拟实验法。

随着现代科学的发展，计算机技术和数字技术也作为重要的研究手段辅助本学科的研究，在数字环境中建立的人体模型模仿了人的特征、行为、尺度、形态和部分心理活动的表征，这样的数字人体模型使得产品设计和产品的人机分析过程可视化，是研究人员在设计的早期就可了解产品的变数及其发展趋势，能够很好地控制产品的特性并以人的特性为基准来研究产品的功能参数，还可以用人的数字模型进行产品的安全测试，如汽车、航天器等产品的安全测试。运用各种技术和装置的模拟，对某些操作系统进行逼真的试验，不仅可以得到更加符合实际的数据，还可以节约成本，具有一定的经济效益，因为模拟器或模型通常比所模拟的真实系统价格便宜得多。

（7）调查分析法。

调查分析是人体工程学研究的重要方法之一，应用十分广泛，同时适用于经验性问题和各种心理量的统计，一般包括：口头询问法、问卷调查法和跟踪显示观察法。

1）口头询问法：通过同被调查者谈话来评价被调查者对某条件下某一特定环境的反应，要求提问简明扼要、语言准确、思路清晰。

2）问卷调查法：主要是设计问卷，要求问题明确、填答方便、重点突出以便被调查人能够便捷、正确的填写。

3）跟踪观察法：通过直接观察和间接观察来记录自然环境中被调查者的行为表现、活动规律并进行分析。

二、人体测量的基础知识

1. 人体测量数据的来源

人体测量学是具有古老渊源的一门学科。人类对人体尺寸和结构的兴趣可以追溯到2000年以前，早在公元前1世纪，罗马建筑师维特鲁威（Vitruvian）就已经从建筑学的角度对人体尺寸做了较全面的论述，他从人体各个部分的关系中发现人体基本上是以肚脐为中心。一个站立的男子，双手侧向平伸的长度恰好就是其高度，双脚趾和手指尖恰好在以肚脐为中心的圆周上。而对人体测量的关注早在1300年左右就已经开始了，文艺复兴时期的1492年由达·芬奇进一步整理出著名的人体比例图，它显示了一种理想的人体比例关系，即一个人臂展距离和身体的高度相等，他对人体比例的研究成为后来人体测量的基础，如图4-1所示。

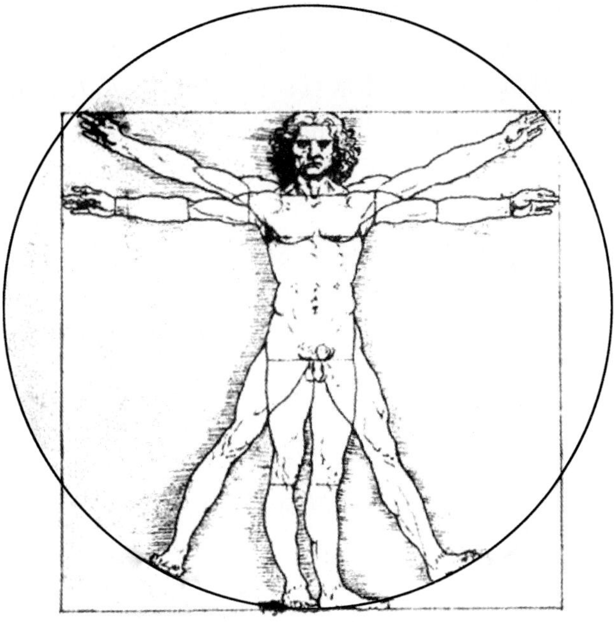
图4-1 人体比例图

人体测量学是通过测量人体各个部分的尺寸来确定个人之间和群体之间在人体尺寸上的差别的一门学科，最早由比利时数学家奎特命名，并于1870年出版了《人体测量学》一书。他本人也成为世界公认的学科创始人。此后，许多哲学家、数学家、艺术家和理论家都对人体尺度进行了大量的研究，但大多数是从美学角度来研究人的比例关系，还没有考虑到人体尺度对生活和工作环境的影响。人体测量学正式创立于1940年，当时积累了大量的人体测量数据，但经过几十年的发展，很多数据需要修订，可是要有一个全世界范围内的人体各部位尺寸的平均测定值是一项繁重而细致的工作，因此，在设计中要具体到某个人或某个群体（国家、民族、职业）的准确数据是非常困难的。目前我国在设计中依据的数据来源主要有以下几个：1962年中国建筑科学研究院发表的《人体尺度的研究》中有关我国人体的测量值；1989年我国正式颁布的GB 10000—1988《中国成年人人体尺寸》；1991年颁布的GB/T 12985—1991《在产品设计应用人体尺寸百分位数的通则》；1992年公布的GB/T 13547—1992《工作空间人体尺寸》；最近公布的GB/T 26158—2010《中国未成年人体尺寸》等国家标准。据悉，我国最新的成年人人体尺寸测量也已完成，届时将有新的标准依据。

（1）人体测量。

人体测量学是人体工程学的重要组成部分，在进行人体工程学研究时，为了便于进行科学的定性定量分析，首先遇到的第一个问题就是获得有关人体的心理特征和生理特征的测量数据。所有这些数据都要在人体上测量而得，我们生活和工作使用的各种设施及器具，大到整个生活环境的设计，小到一个开关插座的生产，与我们身体的基本特征都有着密切的联系。它们如何适应人的使用，舒适程度如何，是否有利于提高效率，有利于健康，都涉及人体的测量数据。人体测量的目的就是为研究者和设计者提供依据。

（2）人体测量的内容。

人体测量包括很多的内容，它以人体测量学和与它密切相关的生物力学、实验心理学为主，综合了众多学科的研究成果。一般情况下，人都处于相对静止或相对运动的状态之中，因而人体的测量数据主要分为静态测量数据和动态测量数据，其中动态测量数据又具有连贯性和运动性。不同的学科涉及的人体特征也是不同的，比如，服装涉及人体尺寸、人体表面积；乘载机具涉及人体重量；机具操纵涉及人的出力、肢体活动范围、反应速度和准确度等；在建筑与室内设计中相关的人体测量数据主要包括：人体尺寸、人体活动空间、出力范围、重心等。按照实际使用，人体测量主要包括以下几方面。

1）形态测量。

形态测量以检查人体形态的方式进行测量，主要内容有：长度尺寸、体形（胖瘦）、体积、体表面积、重量等。人体形态测量数据分为两大类：一是人体构造上的静态尺寸，又称人体构造尺寸；二是人体功能上的动态尺寸，它包括人在各种工作状态和运动状态下测量的尺寸。

2）运动测量。

运动测量在人体静态形体测量的基础上，测定人体关节的活动范围、肢体的活动空间和人体的活动过程。如动作范围、动作过程、形体变化、皮肤变化等。

3）生理测量。

测定人体的主要生理指标，如疲劳测定、触觉测定、人体感觉反应测定、出力范围大小测定等。人体测量的数据被广泛用于许多的领域，如建筑业、制造业、航空、宇航等，用以改进设备适用性，提高人为环境质量。

2. 人体测量数据的分类

人体尺寸的测量可分为静态人体尺寸和动态人体尺寸，又称人体构造尺寸和人体功能尺寸。

（1）人体构造尺寸。

人体构造尺寸即静态的人体尺寸，它是被测者处于静止的站姿或坐姿的状态下测量得到的数据，可以测量许多不同的标准状态和不同部位，如身高、手臂长度、腿长度等。它与人体直接接触的物体有较大关系，主要为人们的生活和工作所使用的各种设施和工具、工作空间、生活空间的大小提供数据参考。

（2）人体功能尺寸。

人体功能尺寸即动态的人体尺寸，是指被测者在进行某种功能活动时肢体所能达到的空间范围，它是在动态的人体状态下测得的数据，通常包括手、上肢、下肢、脚所及的范围以及各关节能达到的距离和能转动的角度。对于大多数的设计问题，功能尺寸可能有更广泛的用途，因为人总是在相对运动着的，人体结构是活动可变的，而不是保持一定状态僵死不动的结构，任何一种身体活动，并不是由身体的独立部位来完成的，而是各个部位协调一致，是具有连贯性和活动性的。

3. 人体尺寸的差异

人体尺寸是建筑结构、家具设计等各行业的重要基本资料，只有运用这些数据的有效值进行设计才能使设计更加舒适、更加高效、更加安全。人体尺寸测量如果仅仅是着眼于积累资料是不够的，还要进行大量的细致分析工作。由于很多复杂的因素都在影响着人体尺寸，所以个人与个人之间，群体与群体之间，在人体尺寸上都存在很多差异，不了解这些就不可能合理地使用人体尺寸的数据，也就达不到预期的目的。人体尺寸的差异主要存在于以下几方面。

（1）种族差异和地区差异。

从人种学的角度来说，由于遗传等诸因素，不同的国家和地区、不同的种族，因地理环境、生活习惯、遗传特质的不同，人在体格方面有着明显的差异，人体尺寸的差异也十分明显。即使在同一个国家，由于环境习俗、生活水准的不同，各区域之间也有差异。从越南人的平均身高 160.5cm 到比利时人的平均身高 179.9cm，高差幅达 19.4cm。随着国际的交流不断地增加，不同国家、不同地区的人使用同一产品、统一设施的情况越来越多，因此在设计中考虑多民族的通用性也将成为一个值得注意的问题。表 4 - 1 列出了一些国家人体尺寸的对比。

表 4 - 1　　部分国家人体尺寸对比图

序号	国家与地区	性别	身高 H（cm）	标准差 SD
1	美国	男	175.5（市民）	7.2
		女	161.8（市民）	6.2
		男	177.8（城市青年 1986 年资料）	7.2
2	苏联	男	177.5（1986 年资料）	7.0
3	日本	男	165.1（市民）	5.2
		女	154.4（市民）	5.0
		男	169.3（城市青年 1986 年资料）	5.3
4	英国	男	178.0	6.1
5	法国	男	169.0	6.1
		女	159.0	4.5
6	德国	男	175.0	6.0
7	意大利	男	168.0	6.6
		女	156.0	7.1
8	加拿大	男	177.0	7.1
9	西班牙	男	169.0	6.1
10	比利时	男	173.0	6.6
11	波兰	男	176.0	6.2
12	匈牙利	男	166.0	5.4
13	捷克	男	177.0	6.1
14	非洲地区	男	168.0	7.7
		女	157.0	4.5

此外还有许多其他的差异：像地域性的差异，如北方人的平均身高均高于南方热带地区人的身高。社会的发达程度也是一项重要的差别，发达程度高，营养好，平均身高高，现在的日本人就是一个很好的例证。了解了这些差异，在设计中就应充分注意它对设计中的各种问题的影响及影响程度，并且要注意数据的特点，在设计中加以修正，不可盲目地采用未经细致分析的数据。

（2）世代差异。

随着人类社会的不断繁衍发展，卫生、医疗、科技和经济水平的提高以及体育运动的大力发展，人类的成长和发育也发生了很大的变化。我们在过去 100 年中观察到的生长加快（加速度）是一个特别的问题，子女们一般比父母长得高，这个问题在总人口的身高平均值上也可以得到证实，欧洲的居民预计每隔 10 年身高增加 10～14mm，身高的变化势必带来其他形体尺寸的变化，如果使用三四十年前的数据会导致相应的错误。美国的军事部门每 10 年测量一次入伍新兵的身体尺寸，以观察身体的变化，“二战”入伍的人的身体尺寸超过了“一战”；美国卫生福利和教育部门在 1971～1974 年所作的研究表明：大多数女性和男性的身高比 1960～1962 年国家健康调查的结果要高，最近的调查表明 51%的男性高于或等于 175.3cm，而 1960～1962 年只有 38%的男性达到这个高度。因此，认识这种缓慢变化与各种设备的设计、生产和发展周期之间的关系的重要性，并作出预测是极为重要的。

（3）年龄的差异。

年龄造成的差异也应注意，从婴儿到幼儿、儿童、少年、青年、中年最后到老年，体形的差异随着年龄的变化而变化，其中最为明显的时期是青少年期。人体尺寸的增长过程，通常男性 15 岁、女性 13 岁双手的尺寸就达到一定值；男性 17 岁、女性 15 岁脚的大小也基本定型；女子 18 岁结束，男子 20 岁结束。此后，人体尺寸随年龄的增加而缩减，而体重、宽度及围长的尺寸却随年龄的增长而增加。一般来说，青年人比老年人身高高一些；老年人比青年人体重重一些；男人比女人高一些，女人比男人娇小一些。在进行具体设计时必须判断设计内容与年龄的关系，是否适用于不同的年龄，例如，对工作空间的设计应尽量使其适应于 20～65 岁的人。另外，美国的研究发现，45～65 岁的人与 20 岁的人相比，身高减少 4cm，体重增加 6（男）～10kg（女）（见表 4-2）。

表 4-2　　年龄差异与人体变化

测量项目(mm) \ 年龄分组	18～60 岁（男）							18～55 岁（女）						
百分位数	1	5	10	50	90	95	99	1	5	10	50	90	95	99
胸宽	242	253	259	280	307	315	331	219	233	239	260	289	299	319
胸厚	176	186	191	212	237	245	261	159	170	176	199	230	239	260
肩宽	330	344	351	375	397	403	415	304	320	328	351	371	377	387
最大肩宽	383	398	405	431	460	469	486	347	363	371	397	428	438	458
臀宽	273	282	288	306	327	334	346	275	290	296	317	340	346	360
坐姿臀宽	284	295	300	321	347	355	369	295	310	318	344	374	382	400
坐姿两肘间宽	353	371	381	422	473	489	518	326	348	360	404	460	478	509
胸围	762	791	806	867	944	970	1018	717	745	760	825	919	949	1005
腰围	620	650	665	735	859	895	960	622	659	680	772	904	950	1025
臀围	780	805	820	875	948	970	1009	795	824	840	900	975	1000	1044

关于儿童的人体尺寸统计很少，而这些资料对于设计儿童用具、幼儿园、学校环境都是非常重要的。考虑到安全和舒适的因素则更是如此，儿童意外伤亡与设计不当有很大的关系，例如，只要头部能钻过的间隔，身体就可以过去，猫、狗等小动物便是如此，儿童的头部比较大，所以情况也是如此。按此考虑，栏杆的间距应必须阻止儿童头部钻过，以 5 岁幼儿头部的最小尺寸为例，它约为 14cm，如果以它为平均值，为了使大部分儿童的头部不能钻过，多少要窄一些，最多不超过 11cm。

目前人的寿命逐渐增加，现在世界进入人口老龄化的国家越来越多，如美国 65 岁以上的人有2000万，接近总人口的1/10，而且每年都在增加。我国2030年或更早也将进入人口老龄社会，所以设计中涉及老年人的各种问题不能不引起我们的重视，统计资料也应对老年人的人体尺寸更加关注，在目前的情况下，至少有两个问题应引起我们的注意：

1）无论男女，上年纪后身高均比年轻时矮。

2）年长者伸手够东西的能力不如年轻人。

设计人员在考虑老年人的使用功能时，务必对上述人体特征给予充分的考虑。家庭用具的设计，首先应当考虑老年人的要求，因为家庭用具一般不必讲究工作效率，而首先需要考虑的是使用安全、方便，在使用方便方面则年轻人可以迁就老年人，所以家庭用具，设施设置，尤其是厨房用具、柜橱和卫生设备的设计，相对高差较大地形的坡道设计，更应照顾老年人的使用。

（4）性别差异。

在男性和女性之间，人体尺寸、重量和比例关系都有明显差别。3～10岁这一年龄阶段男女的差别极小，同一数值对两性均适用，两性身体尺寸的明显差别从10岁开始，成年后一般女子的身高比男子低10cm左右，但有四个尺寸女性比男性大些：胸厚、臀宽、臂部和大腿周长，在设计中应注意这种差别。男女即使在身高相同的情况下，身体各部分的比例也是不同的，同整个身体相比，女性的手臂和腿较短；躯干和头部站点比例较大；肩较窄，盆骨较宽；皮下脂肪厚度及脂肪层在身体上的分布也于男性不同。因此，不能以身材矮小的男性的尺寸来代替女性尺寸，特别是在腿的长度尺寸起重要作用的工作场所，如坐姿操作的工作，分别考虑性别差异的尺寸至关重要。

（5）职业差异。

职业差异也是影响人体尺寸差异的一个因素，如篮球运动员普遍高于普通人，而体操运动员低于普通人，脑力劳动者和体力劳动者、运动员和教育工作者等人体尺寸的群体差异都是不同的。他们当中有一些是由于长期的职业活动改变的形体和比例，使其某些身体特征与人们的平均值不同。对于不同职业所造成的人体尺寸差异在产品设计中必须予以注意。另外，数据来源的不同、测量方法的不同、被测者是否具有代表性特征等因素，也常常造成测量数据的差异。

（6）残疾人个体的差异。

在任何一个国家里，残疾人都占一定比例，全世界的残疾人约有6亿，是世界总人口的1/10，因此残疾人是一个相当重要的群体，需要引起设计师的重视。根据残疾人的残疾等级不同，对设计的要求也各异，对尺寸敏感主要与残疾人的行动能力有关，在这里我们根据活动的方式，简要地将其概括成两类。

1）乘轮椅者。

目前仍然没有大范围乘轮椅者的人体测量数据，进行这方面的研究工作还是很困难的，因为患者的类型不同、病因不同，有四肢瘫痪和部分肢体瘫痪，残疾级别不同，肌肉机能障碍程度不同、乘轮椅对四肢的活动带来的影响也不同，这种种因素使得调研工作很难进行。但在设计中要使设计更人性化，首先假定坐轮椅对四肢的活动没有影响，活动的程度接近正常人，而后，重要的是决定适当的手臂能够得到的距离、各种间距及其他一些尺寸，这要将人和轮椅一并考虑，因此对轮椅本身应有一些科学知识。

应当指出的是，大多数的乘轮椅者活动的时候都不能保持身体的完全挺直，相应的人体各个部分也不是完全的水平或者垂直的。Henman. L. Kam 博士从几何学的角度测定，在假想姿势中，脚髁保持 90°，腿就随椅子坡度抬起，与垂直线夹角 15°，膝腘处为 105°，靠背大约向后倾斜 10°，腿与背部形成 100°角。如果身体保持这种相对关系，整个椅子向后倾斜 5°，因此椅子面与水平线呈 5°角，腿与垂直面之间 20°夹角，背部与垂直面之间成 15°夹角。如果使用者可以挺直坐着，尽管椅子靠背倾斜，标准的手臂够得到的距离数据完全可以满足要求。如果背部处于一种倾斜状态，与垂直线夹角 15°，则手臂够得着的距离尺寸必须依此修改，因为这个尺寸的标准数据是在背部挺直和椅子面保持水平的情况下得出来的。

2）能走动的残疾人。

对于能走动的残疾人，则必须考虑他们使用的辅助工具，如拐杖、助步车、支架、导盲犬等，这些都是残疾人身体尺寸的一部分。所以为了做好设计，除应知道一些人体测量数据之外，还应把这些工具当作一个整体来考虑。

4. 百分位的概念

人体尺寸有很大的差异和变化，并没有一个确定的数值，它是分布于一定的人群范围内的，如亚洲人的身高是 151～188cm 这个范围。而我们设计时却只能使用一个确定的数值，而且并不能像我们一般理解的那样采用平均值，只能对某一尺寸在一定范围内进行数值分段。那么如何确定使用哪一数值呢？这就是百分位的方法要解决的问题。百分位的定义是这样的：百分位表示具有某一人体尺寸和小于该尺寸的人占统计对象总人数的百分比。

大部分的人体测量数据是按百分位表达的，把研究对象分成 100 份，按从最小到最大顺序排列、分段，每一段的截至点即为一个百分位。由于百分位是从最小值到最大值进行的数值排列，因此高位的数值总是大于低位的数值。例如我们若以身高为例，第 5 百分位的尺寸表示有 5％的人身高等于或小于这个尺寸，换句话说就是有 95％的人身高高于这个尺寸；第 95 百分位则表示有 95％的人等于或小于这个尺寸，而剩下 5％的人具有更高的身高；第 50 百分位为中点，表示把一组数平分成两组，较大的占 50％，较小的也占 50％。第 50 百分位的数值可以说接近平均值。

统计学表明，任意一组特定对象的人体尺寸，其分布均符合正态分布规律，也就是说大部分属于中间值，只有一小部分属于过大和过小的数值，它们都分布在此范围的两端。图 4 -2 中设定了第 5 百分位和第 95 百分位，第 5 百分位表示身材较小的，有 5％的人低于此尺寸；第 95 百分位表示高，即有 5％的人高于此值。在设计中，要满足所有人的要求是不可能的，也没有这个必要，但是必须满足大部分人的要求。所以必须从中间部分取用能够满足大多数人的尺寸数据作为依据，因此一般都是舍去两头，排除少数人。也有些针对性的设计需要根据不同的设计对象，选用其中相应的尺寸数据作参考；美国男性高度分布曲线如图 4 -2 所示。

在选择测量数据的时候，应注意根据设计的内容和性质选用最合适的百分位数据。

（1）够得着的距离。

在设计中一般选用第 5 百分位的尺寸做依据，如果设计坐着或者站着的功能高度，第 5 百分位的人能够得着则其余 95％的人都能够得着；如果设计适合矮个子人使用的椅面高度，对于第 5 百分位以上的人来说只要将腿向前伸一点即可，而仅有 5％的人可能脚够不着地面。

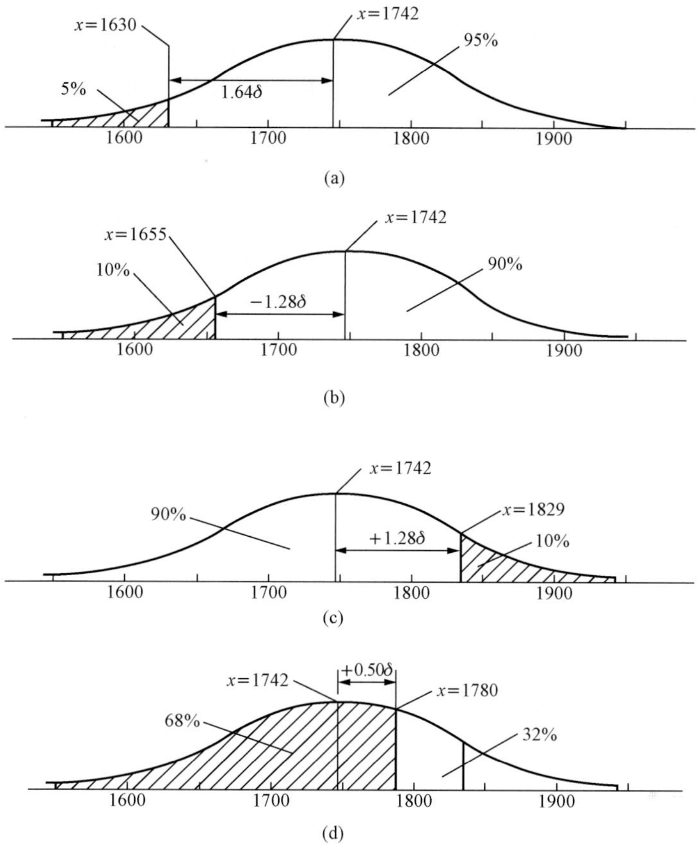

图 4-2 美国男性高度分布曲线

（2）容得下的距离。

在设计中一般选用第 95 百分位的尺寸做依据，如果设计通行空间间距，只要 95％的人能够顺利通行，则大部分人都可以，只有 5％的人通行有困难。

（3）常用高度。

此数值一般选用第 50 百分位上的数值作为参考依据。例如开关、把手、常用设施等高度，这些大众化的设施要考虑所有人的平均需求。

（4）可以调节的尺寸。

如果在设计时确定某百分位的大小有一定的困难，在条件许可的前提下，可以增加一个调节尺寸范围，例如可升降的座椅、可调节高度的隔板等，利用这些可调节的尺寸来满足大多数人对设施的使用需求。调节尺寸的大小是根据人体尺寸、工作性质、家具设备的加工能力、使用环境等因素来决定的。

5. 平均值的谬误

选择数据时，如果用 50 百分位数据代表“平均人”的尺寸，那就错了，这里不存在“平均人”的概念，只有平均值的概念。在某种意义上这是一种易于产生错觉的、含糊不清的概念。第 50 百分位只说明所选择的某一项人体尺寸有 50％的人适用，不能说明别的什么。事实上几乎没有如何人真正够得上“平均人”的标准，美国的 Hertz-bexy 博士在讨论关于“平均人”说法的时候指出：没有平均的男人和女人的存在，或许某人的人体尺寸只是个别的一两项上（如身高、体重或坐高等）是平均值。因此这里有两点要特别注意：

（1）人体测量的每一个百分位数值，只表示某一项人体尺寸，如身高50百分位只表示身高，并不表示身体的其他部分。

（2）绝对没有一个人在各项人体尺寸的数值上都同时处于同一百分位上。

6. 常用的人体尺寸及其应用范围

人体的结构尺寸和功能尺寸作为产品、环境等设计的基础，其准确性和科学性对于很多相关学科都有着至关重要的意义，能否正确运用人体测量数据直接关系到各种设计是否合理。在运用这些数据的同时，还要尊重设计针对的主要对象的尺度、设计的使用群体、产品的使用环境、产品的使用功能以及数据的动态变化等一系列因素。由此看来，人体数据的正确取样、分析、整合并加以应用，不仅是一项繁杂的工作，更是一项关乎其他相关学科正确发展的艰巨任务。

人体的结构尺寸和功能尺寸以及他们的示意图、分析说明、应用范围、注意事项和百分点的选择，都是完成一个具体设计的初期需要严格考察和大量分析的资料，下面就介绍一些常用的人体尺寸。

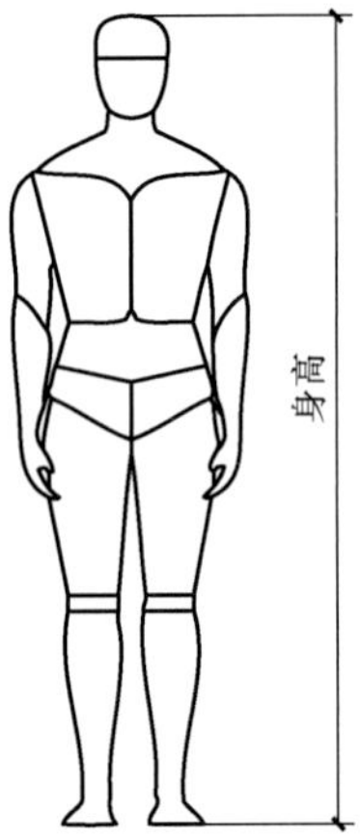

图4-3 身高

（1）身高。

1）定义：身高是指人身体垂直站立、眼睛向前平视时从脚底到头顶的垂直距离，如图4-3所示。

2）应用：这些数据通常应用于确定通道、门、行道树的分至点最小高度和床、担架等设施用具的长度。一般建筑规范规定的和成批生产预制成品门和门框高度都适用于99%以上的人，这些数据对于确定人头顶上的障碍物高度极为重要。

3）注意：身高是在不穿鞋袜的状态下测量的，故在使用时应给予适当补偿。

4）百分点选择：由于主要的功用是确定净空高度，所以应该优先选用高百分点的数据。因为天花顶棚高度一般不是关键尺寸，设计者应考虑尽可能地适应100%的人。

（2）立姿眼睛高度。

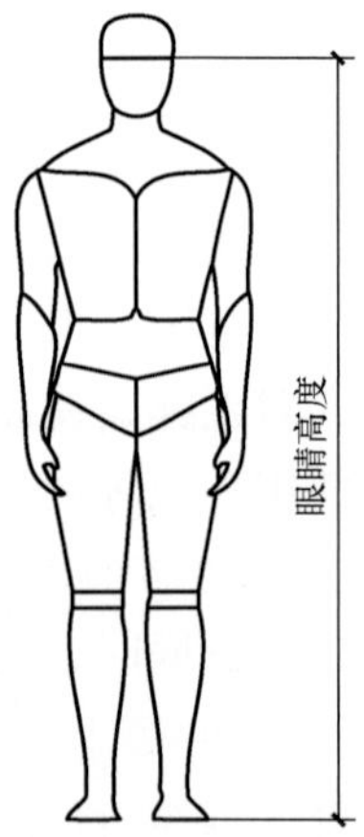

图4-4 立姿眼睛高度

1）定义：立姿眼睛高度是指人身体垂直站立、眼睛向前平视时从脚底到内眼角的垂直距离，如图4-4所示。

2）应用：这些数据可用于确定在剧院、礼堂、会议室、室外墙体或充当墙体阻挡视线的绿篱等高度；也作为布置广告、招牌和其他展品时的参考数据；还可用于确定屏风和开敞式大办公室内隔断的高度。

3）注意：由于这个尺寸是在光脚状态下测量的，所以还要加上鞋跟的高度，男子大约需2.5cm，女子会更高。这些数据在使用时应当与脖子的弯曲和旋转、视线角度资料相结合，以确保在不同状态下、不同头部角度的视觉范围。

4）百分点选择：百分点选择将取决于空间或场所的性质以及其

他关键因素的变化。例如空间或场所对私密性要求较高，那么所设计的隔离高度就与较高人的立姿眼睛高度密切相关（即第 95 百分点或更高），例如更衣室、卫生间隔断的设计等。假如高个子人的视线不能越过隔断看过去，那么矮个子人也一定不能看到。反之，假如设计问题是允许人看到隔断里面，则逻辑是相反的，隔断高度应考虑较矮人的眼睛高度（即第 5 百分点或更低）。

（3）肘部高度。

1）定义：肘部高度是指从脚底到人的前臂与上臂接合处可弯曲部分的垂直距离，如图 4-5 所示。

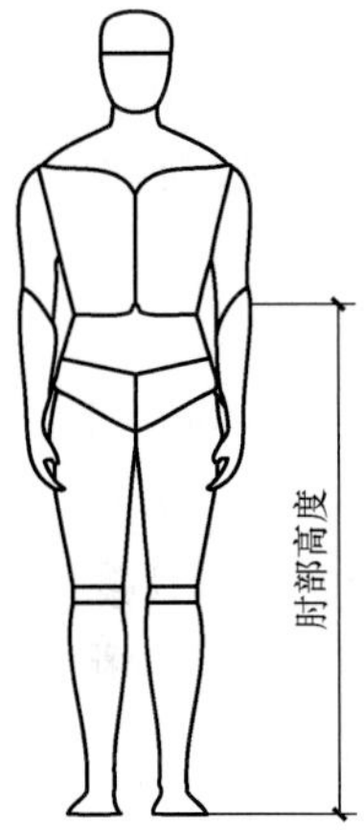

图 4-5　肘部高度

2）应用：在确定站着使用的工作台面的舒适高度时，肘部高度数据是必不可少的。主要用于确定柜台、梳妆台、厨房案台、操作台、工作台等高度。根据科学的研究分析，通常这些台面最舒适的高度是低于人的肘部高度 7.6cm。另外，休息平面的高度大约应该低于肘部高度 2.5～3.8cm。

3）注意：确定上述高度时必须考虑活动的性质、场所的性质和使用对象的特性，这一点很重要。

4）百分点选择：假定工作面高度确定为低于肘部高度约 7.6cm，那么从 96.5cm（即第 5 百分点数据）到 111.8cm（即第 95 百分点数据）这样一个范围都将适合中间的 90％的男性使用者。考虑到第 5 百分点的女性肘部高度较低，这个范围应为 88.9～111.8cm 才能对男女使用者都适应。由于其中包含许多其他因素，比如存在特别的功能要求和每个人对舒适高度见解不同等，所以这些数值是可以依照具体设计、具体情况稍微变化的。

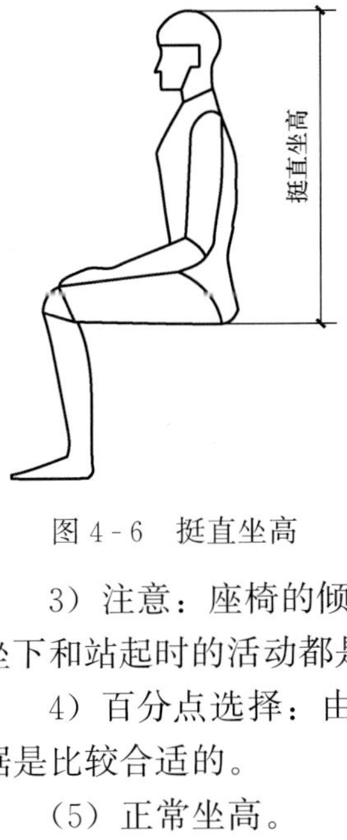

图 4-6　挺直坐高

（4）挺直坐高。

1）定义：挺直坐高是指人挺直坐着时，座椅座面到头顶的垂直距离，如图 4-6 所示。

2）应用：用于确定座椅上方障碍物的允许高度。在布置双层床时，或进行创新的节约空间设计时，例如火车卧铺空间的高度设计、阁楼或楼梯下的空间设计、办公室或其他场所的低隔断设计、餐厅和酒吧里隔断的设计等都要由这个关键的尺寸来确定其高度。

3）注意：座椅的倾斜、座椅软垫的弹性、帽子的厚度以及人坐下和站起时的活动都是要考虑的重要因素。

4）百分点选择：由于涉及间距问题，采用第 95 百分点的数据是比较合适的。

（5）正常坐高。

1）定义：正常坐高是指人放松坐着时，从座椅表面到头顶的垂直距离，如图 4-7 所示。

图 4-7　正常坐高

2）应用：可用于确定座椅上方障碍物的最小高度。布置上下铺时，进行创新的节约空间设计时，在吊柜下生活和工作时，都要根据这个关键尺寸来确定其高度。

3）注意：座椅的倾斜、坐垫的弹性、帽子的厚度以及人坐下、站起来时的活动都是要考虑的重要因素。

4）百分点选择：由于涉及间距问题，采用第 95 百分点的数据比较合适。

（6）坐时眼睛高度。

1）定义：眼睛高度是指人的内眼角到座椅座面的垂直距离。

2）应用：当视线是设计问题的中心时，确定视线和最佳视区要用到这个尺寸，这类设计对象包括剧院、礼堂、教室、展厅和其他需要有良好视听条件的室内空间，如图 4－8 所示。

3）注意：应该考虑头部与眼睛的转动角度、范围，座椅软垫的弹性，座椅面距地面的高度和可调座椅的调节角度范围。

4）百分点选择：假如有适当的可调节性，就能适应从第 5 百分点到第 95 百分点或者更大的范围。

（7）坐姿肩高。

1）定义：坐姿肩高是指从座椅座面到脖子与肩峰之间的肩中部位置的垂直距离，如图 4-9 所示。

2）应用：这些数据大多数用于机动车辆中比较紧张的工作空间的设计中，很少被建筑师和室内设计师所使用。但是，在设计那些对视觉听觉有要求的空间时，这个尺寸有助于确定出妨碍视线的障碍物，也许在确定火车座的高度以及类似的设计中有用。

3）注意：要考虑座椅软垫的弹性。

4）百分点选择：由于涉及间距问题，一般使用第 95 百分点的数据。

（8）肩宽。

1）定义：肩宽是指人肩两侧三角肌外侧的最大水平距离，如图 4－10 所示。

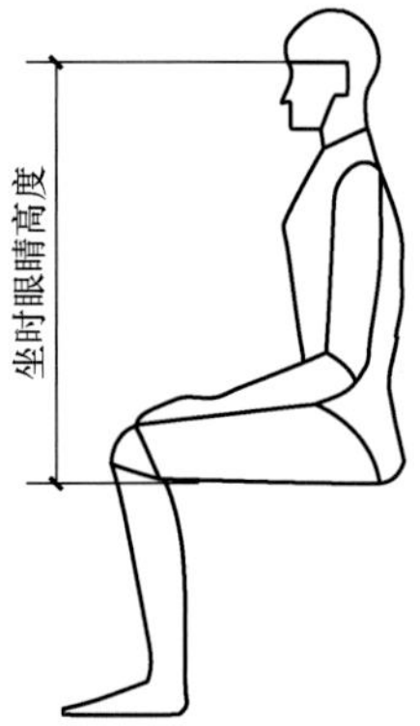

图 4－8　坐时眼睛高度

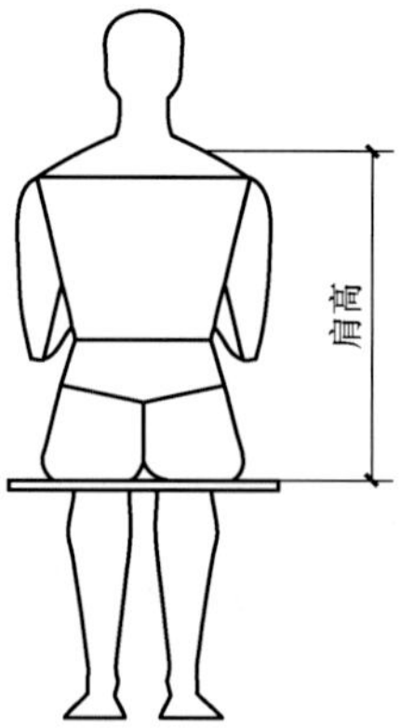

图 4－9　坐姿肩高

图 4－10　肩宽

2）应用：肩宽数据可用于确定环绕桌子的座椅间距和影剧院、礼堂中的排椅座位间距，也可确定部分室内和室外空间的通道道路的宽度。

3）注意：使用这些数据要注意可能涉及的变化。要考虑衣服的厚度，对薄衣服要附加

7.9cm，对厚衣服附加 7.6cm。还要注意躯干和肩的活动范围，两肩之间所需的空间还会加大。

4）百分点选择：由于涉及到间距问题，应使用第 95 百分点的数据。

（9）肘宽度。

1）定义：两肘之间宽度是指两肘弯曲、自然靠近身体、前臂平伸时两肘外侧面之间的水平距离，如图 4－11 所示。

2）应用：这些数据可用于确定会议桌、报告桌、柜台和牌桌周围座椅的位置。

3）注意：应该与肩宽尺寸结合使用。

4）百分点选择：由于涉及间距问题，应使用第 95 百分点的数据。

（10）臀部宽度。

1）定义：臀部宽度是指臀部最宽部分的水平尺寸。一般是坐着测量这个尺寸，也可以站着测量。坐着测量的尺寸要比站着测量的尺寸大一些，应用也更广泛，如图 4－12 所示。

2）应用：这些数据对于带扶手的座椅内侧尺寸特别重要，对酒吧、前台和办公座椅极为有用。

3）注意：根据具体条件，与两肘之间的宽度和肩宽结合使用。

4）百分点选择：由于涉及间距问题，应使用第 95 百分点的数据。

（11）肘部平放高度。

1）定义：肘部平放高度是指从座椅座面到肘部尖端的垂直距离，如图 4－13 所示。

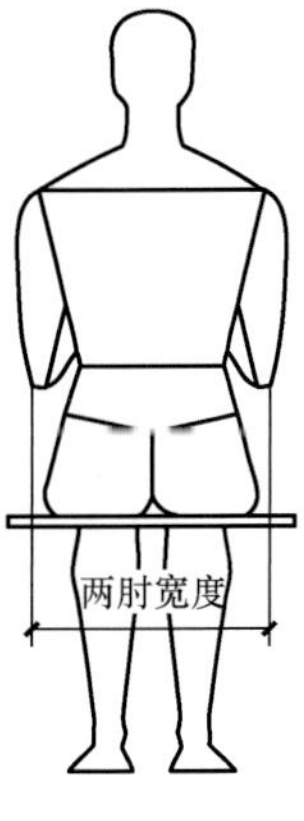

图 4－11　两肘宽度

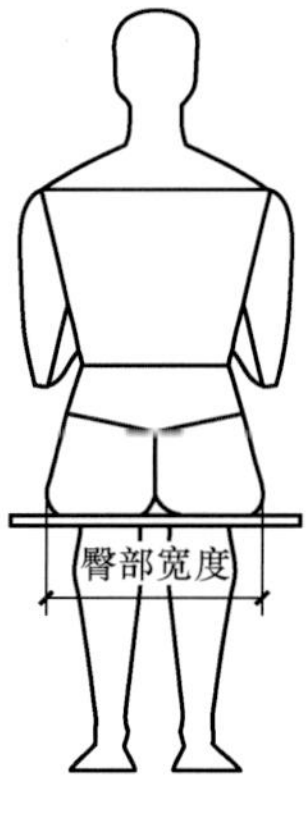

图 4－12　臀部宽度

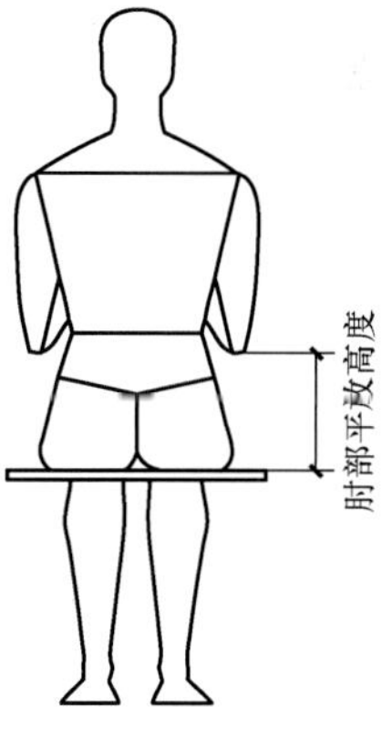

图 4－13　肘部平放高度

2）应用：与其他一些数据和考虑因素联系在一起，用于确定椅子扶手、工作台、书桌、餐桌和其他特殊设备、设施的高度。

3）注意：座椅软垫的弹性、座椅表面的倾斜以及身体姿势都应予以注意。

4）百分点选择：肘部平放高度既不涉及间距问题，也不涉及伸手够物的问题，其目的是使手臂得到舒适的休息。因此选择第 50 百分点左右的数据是很合理的。在许多情况下，这个高度在 14～27.9cm 之间，这个范围适合大部分使用者。

（12）大腿厚度。

1）定义：大腿厚度是指从座椅座面到大腿与腹部交接处的大腿端部之间的垂直距离，

如图 4 - 14 所示。

2）应用：这些数据是设计柜台、书桌、会议桌、家具及其他一些室内设备的关键尺寸，而这些设备都需要把腿放在工作面下面。特别是有直拉式抽屉的工作面，要使大腿与大腿上方的障碍物之间有适当的活动间隙，这些数据是必不可少的。

3）注意：在确定上述设备的尺寸时，其他一些因素也应该同时予以考虑，例如膝盖高度和座椅软垫的弹性等。

4）百分点选择：由于涉及到间距问题，应选用第 95 百分点的数据。

（13）膝盖高度。

1）定义：膝盖高度是指从脚底到膝盖骨中点的垂直距离，如图 4 - 15 所示。

2）应用：这些数据是确定从地面到书桌、餐桌、柜台底面距离的关键尺寸，尤其适用于使用者需要把大腿部分放在家具下面的场合。坐着的人与家具底面之间的靠近程度，决定了膝盖高度和大腿厚度是否是关键尺寸。

3）注意：要同时考虑座椅高度、鞋跟的高度、坐垫的弹性和衣服的厚度。

4）百分点选择：要保证适当的活动间距，故应选用第 95 百分点的数据。

（14）膝腘高度。

1）定义：膝腘高度是指人挺直身体坐着时，从脚底到膝盖背后（腿弯）的垂直距离。测量时膝盖与髌骨垂直方向对正，赤裸的大腿底面与膝盖背面（腿弯）接触座椅座面，如图 4 -16 所示。

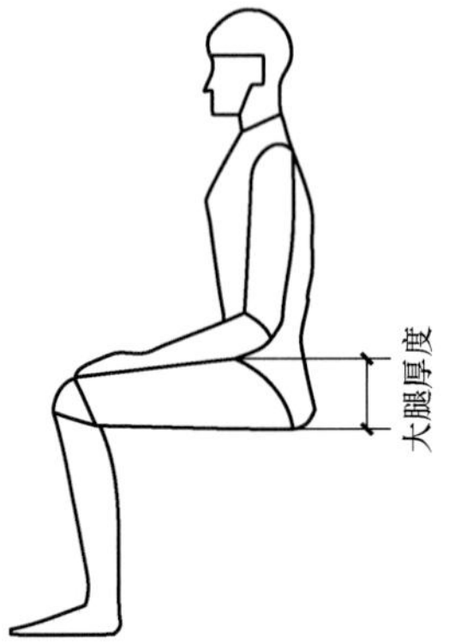

图 4 - 14　大腿厚度

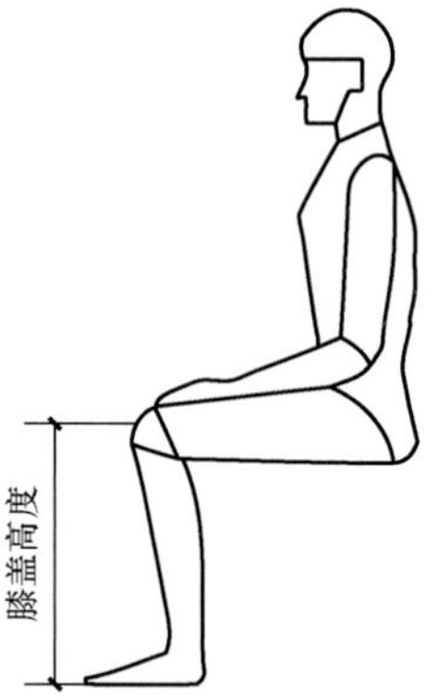

图 4 - 15　膝盖高度

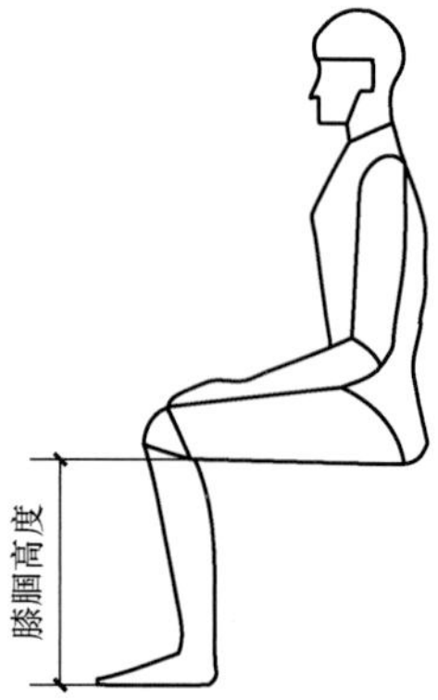

图 4 - 16　膝腘高度

2）应用：这些数据是确定座椅座面高度的关键尺寸，尤其对于确定座椅前缘的最大高度更为重要。

3）注意：选用这些数据时必须注意坐垫的厚度和弹性。

4）百分点选择：确定座椅高度，应选用第 5 百分点的数据，因为如果座椅太高，大腿受到压力会使人感到不舒服，脚长时间不着地也会使人不适。假如一个座椅高度能适应小个子人，也就能适应大个子人。

（15）臀部—膝腿部长度。

1）定义：臀部—膝腿部长度是由臀部最后面到小腿最后面的水平距离，如图 4 - 17 所示。

2）应用：这个长度尺寸应用于座具的设计中，尤其适用于确定腿的位置、确定长凳和靠背椅的前面的垂直面尺寸以及确定椅面的长度。

3）注意：要考虑椅子座面的倾斜度。

4）百分点选择：应该选用第 5 百分点的数据，这样能适应最多的使用者，即臀部—膝腿部长度较长和较短的人。如果选用第 95 百分点的数据，则只能适合这个长度较长的人，而不适合这个长度较短的人，但在景观设计中例外，尺寸相对较灵活一点。

（16）臀部—膝盖长度。

1）定义：臀部—膝盖长度是从臀部最后面到膝盖骨最前面的水平距离，如图 4 - 18 所示。

2）应用：这些数据用于确定椅背到膝盖前方的障碍物之间的适当距离，例如在影剧院、礼堂和公共汽车中的固定排椅设计中，这一点是必须考虑的。

3）注意：这个长度比臀部—足尖长度要短，如果座椅前面的家具或其他室内设施没有放置足尖的空间，就应结合应用臀部—足尖长度。

4）百分点选择：由于涉及到间距问题，应选用第 95 百分点的数据。

（17）臀部—足尖长度。

1）定义：臀部—足尖长度是从臀部最后面到最前脚趾尖端的水平距离，如图 4 - 19 所示。

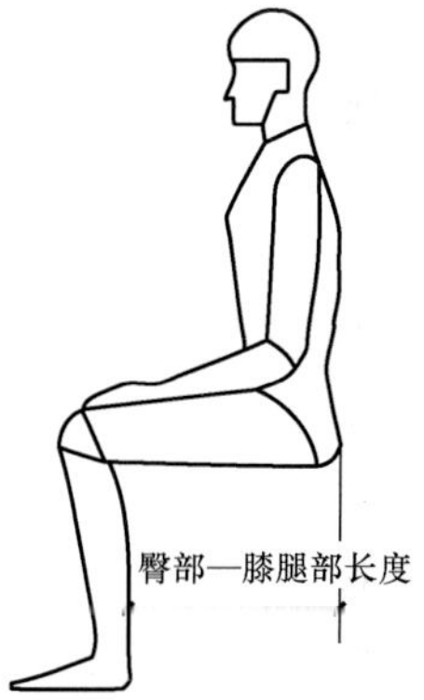

图 4 - 17　臀部—膝腿部长度

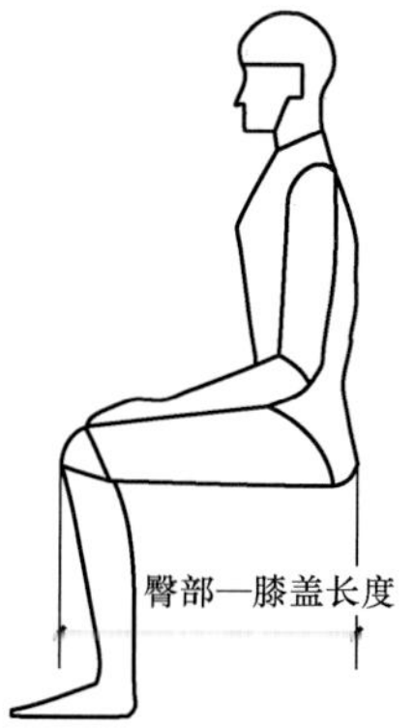

图 4 - 18　臀部—膝盖长度

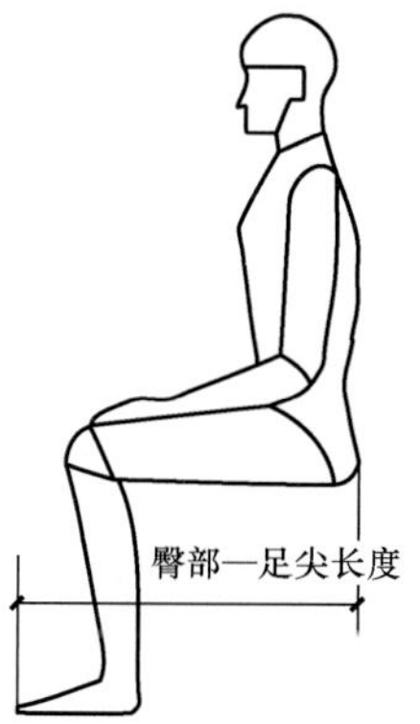

图 4 - 19　臀部—足尖长度

2）应用：这些数据用于确定椅背到膝盖前方的障碍物之间的适当距离。例如，用于影剧院、礼堂和公共汽车中的固定排椅设计中。

3）注意：如果座椅前方的家具或其他室内设施有放脚的空间，而且间隔要求比较紧张，就可以使用臀部—膝盖长度来确定合适的间距。

4）百分点选择：由于涉及间距问题，应选用第 95 百分点的数据。

（18）垂直手握高度。

1）定义：垂直手握高度是指当人站立、手握横杆，然后使横杆上升到不便，人感到不舒服或拉得过紧的限度为止，此时从脚底到横杆顶部的垂直距离，如图 4 - 20 所示。

2）应用：这些数据可用于确定开关、控制器、拉杆、把手、书架以及衣帽架、柜橱等的最大高度。

3）注意：尺寸是不穿鞋袜测量的．使用时要给予适当地补偿。

4）百分点选择：由于涉及伸手够东西的问题，如果采用高百分点的数据就不能适应小个子的人，所以设计出发点应该基于适应小个子的人，这样也同样能适应大个子的人。

（19）立姿侧向手握距离。

1）定义：立姿侧向手握距离是指人直立，右手侧向平伸握住横杆，一直伸展到即将感到不舒服或拉得过紧的位置，这时的从人体中线到横杆外侧面的水平距离，如图 4－21 所示。

2）应用：这些数据有助于设备设计人员确定控制开关等装置的位置，它们还可以为建筑师和室内设计师用于某些特定的场所，如各种实验室、医院等设计中。如果使用者是坐着的，这个尺寸可能会稍有变化，但仍能用于确定人侧面的书架、货架等位置。

3）注意：如果涉及的活动需要使用专门的手动装置、手套或其他某种特殊设备，这些都会延长使用者的一般手握距离，对于这个延长量应予以适当考虑。

4）百分点选择：由于主要的是确定手握距离，这个距离应能适应大多数人，因此，选用第 5 百分点的数据是合理的。

（20）向前平伸手握距离。

1）定义：这个距离是指人肩膀靠墙垂直站立，手臂向前水平伸直，食指与拇指尖接触，这时从墙到拇指梢的水平距离，如图 4－22 所示。

2）应用：有时人们需要越过某种障碍物去够一个物体或者操纵某种设备，这些数据可用来确定障碍物的最大尺寸。例如，在工作台上方设计隔板或者在办公室工作桌前面的低隔断上安装橱柜等。

3）注意：要考虑操作习惯、工作场所等特点。

4）百分点选择：同立姿侧向手握距离相同，选用第 5 百分点的数据，这样能够适应大多数的人使用。

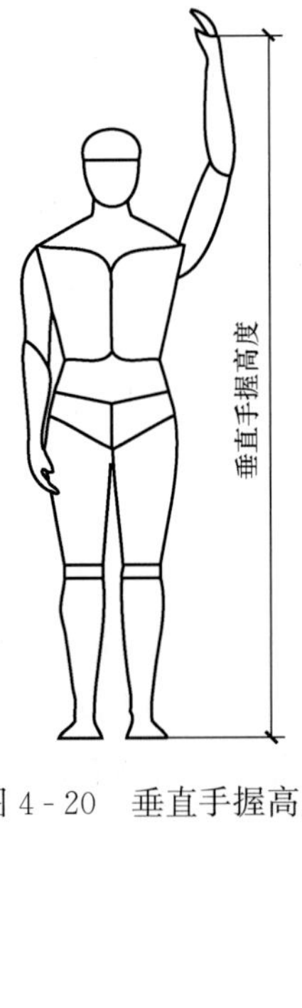

图 4－20　垂直手握高度

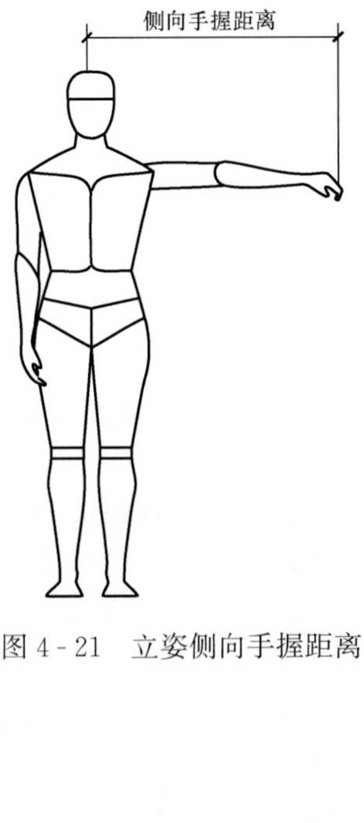

图 4－21　立姿侧向手握距离

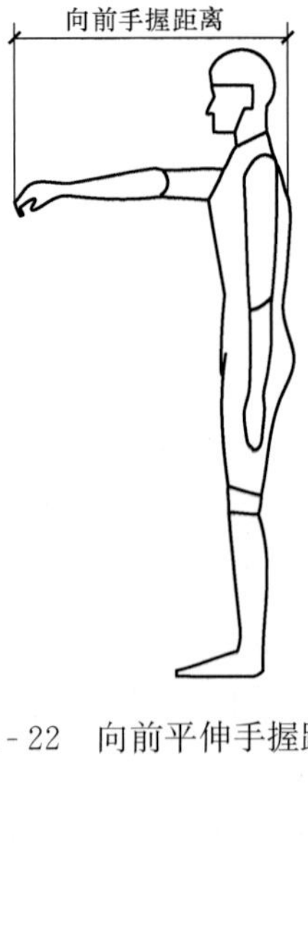

图 4－22　向前平伸手握距离

第三节 人体工程学与拥挤、噪声、污染等环境行为

一、人体工程学与环境行为的关系

人与环境的关系就如同鱼和水的关系一样，彼此相互依存。人是环境的主体，理想的环境不仅能够提高工作效率，还能给人的身心健康带来积极的影响。因此我们研究人体工程学的主要任务就是要使人的一切活动与环境相协调，使人—机—环境系统达到一个理想的状态。

从环境艺术的角度来看，人体工程学的主要功能和作用在于通过对人的生理特征和心理特征的正确认识，使一切环境更适合人类的生活需要，进而使人与环境达到完美的统一。人体工程学的重心完全放在人上面，而后根据人体结构、人的心理形态和活动需要等综合因素，充分运用科学的研究方法，通过合理的空间组织、环境和设施的设计，使人的活动场所更加具有人性化。

人体的结构非常复杂，从人类活动的角度来看，人体的运动器官和感觉器官与活动的关系最密切。在运动器官方面，人的身体有一定的尺度，活动能力有一定的限度，无论是采取何种姿态进行活动，皆有一定的距离和方式，因此与人体活动相关的空间和家具、设施的设计都必须考虑人的体形特征、动作特性和体能极限等人体因素。在感觉器官方面，人的知觉和感觉与室内外环境之间都存在着极为密切的关系，诸如周围的温度、湿度、光线、声音、色彩、比例等环境因素皆直接和强烈地影响着人的知觉和感觉，并进而影响人的活动效果。所以通过人体工程学研究，充分了解人的知觉和感觉特性，可以成为建立环境设计的标准。人体工程学对环境设计和环境行为的影响主要体现在以下几个方面。

1. 为人的环境行为确定相关的空间场所范围提供主要依据

影响场所空间大小、形状的因素有很多，但是最主要的因素还是人的活动范围以及设施的数量和尺寸。因此，在确定场所空间范围时，必须搞清楚使用这个场所空间的人数，每个人需要多大的活动面积，此空间内有哪些设施和设备、空间和设施设备的性质通常会引起怎样的环境行为，以及这些设施和设备需要占用多少面积等，如图 4-23、图 4-24 所示。

作为研究问题的基础，首先要准确测定出不同性别的成年人与儿童在立、坐、卧等状态下的平均尺寸，还要测定出人们在使用各种家具、设备和从事各种活动时所需空间的体积与高度，这样一旦确定了空间内的总人数，就能推算出特定空间的合理面积与高度以及相关的基本尺寸。

2. 为设计家具、设施等提供依据

家具、设施的主要功能是实用，因此，无论是人体家具还是储存家具都要满足使用要求。属于人体家具的椅、床等，要让人坐着舒适，书写方便，睡得香甜，安全可靠，减少疲劳感；属于储藏家具的柜、橱、架等，要有适合储存各种衣物的空间，并且便于人们存取；属于健身休闲公共设施的，要有适合的空间满足人们的活动要求，使人感觉到既安全又卫生。为满足上述要求，设计家具、设施时必须以人体工学作为指导，使家具、设施符合人体的基本尺寸和从事各种活动需要的尺寸，人体各种关节活动角度如图 4-25～图 4-28 所示。

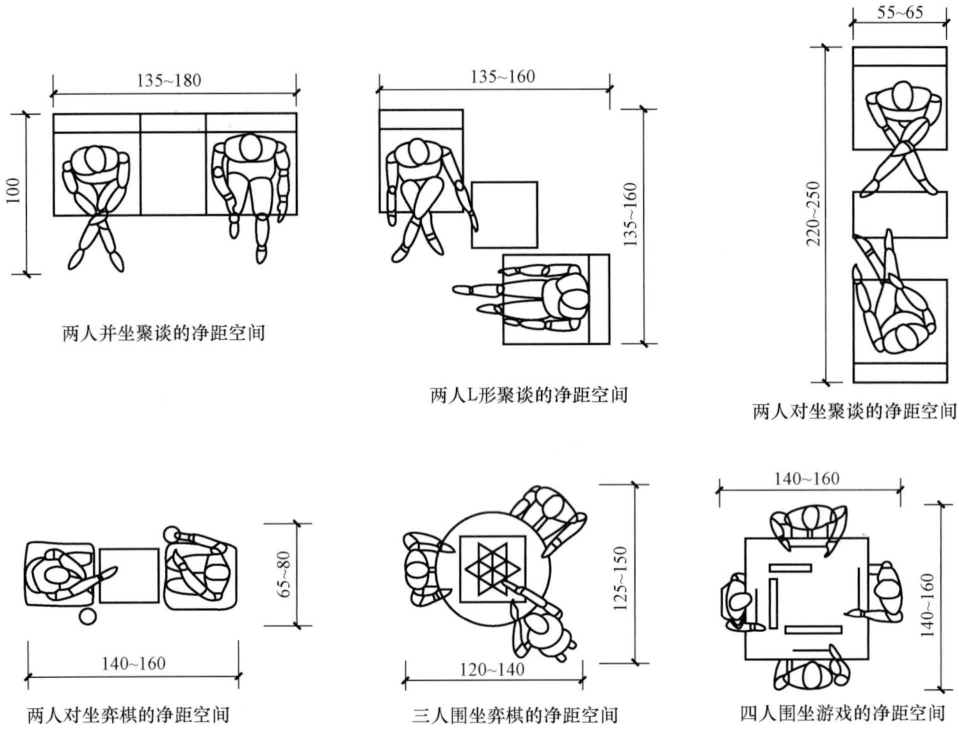

图 4 - 23　空间范围

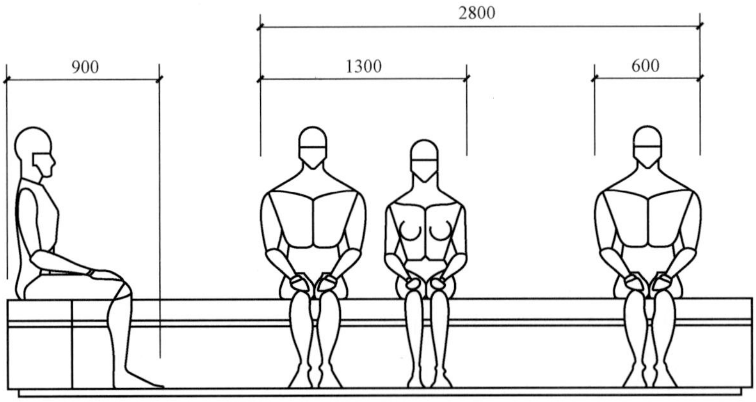

图 4 - 24　人际距离

3. 为确定人体感觉器官的适应能力提供依据

在我们生活的各种环境中，用知觉与感觉器官来收取外界的信息，将之传到神经中枢，再由神经中枢判断并下达命令给运动器官以调整人的各种复杂行为，这就是人的知觉和感觉的过程。人类的感觉器官依照作用可分为五类，即视觉、听觉、触觉、嗅觉、味觉。而其中的视觉、听觉和触觉与人的环境行为的关系相对较大，通过这些感知行为，人对于拥挤、噪音和污染等环境状况有了更加直观和敏感的认识。

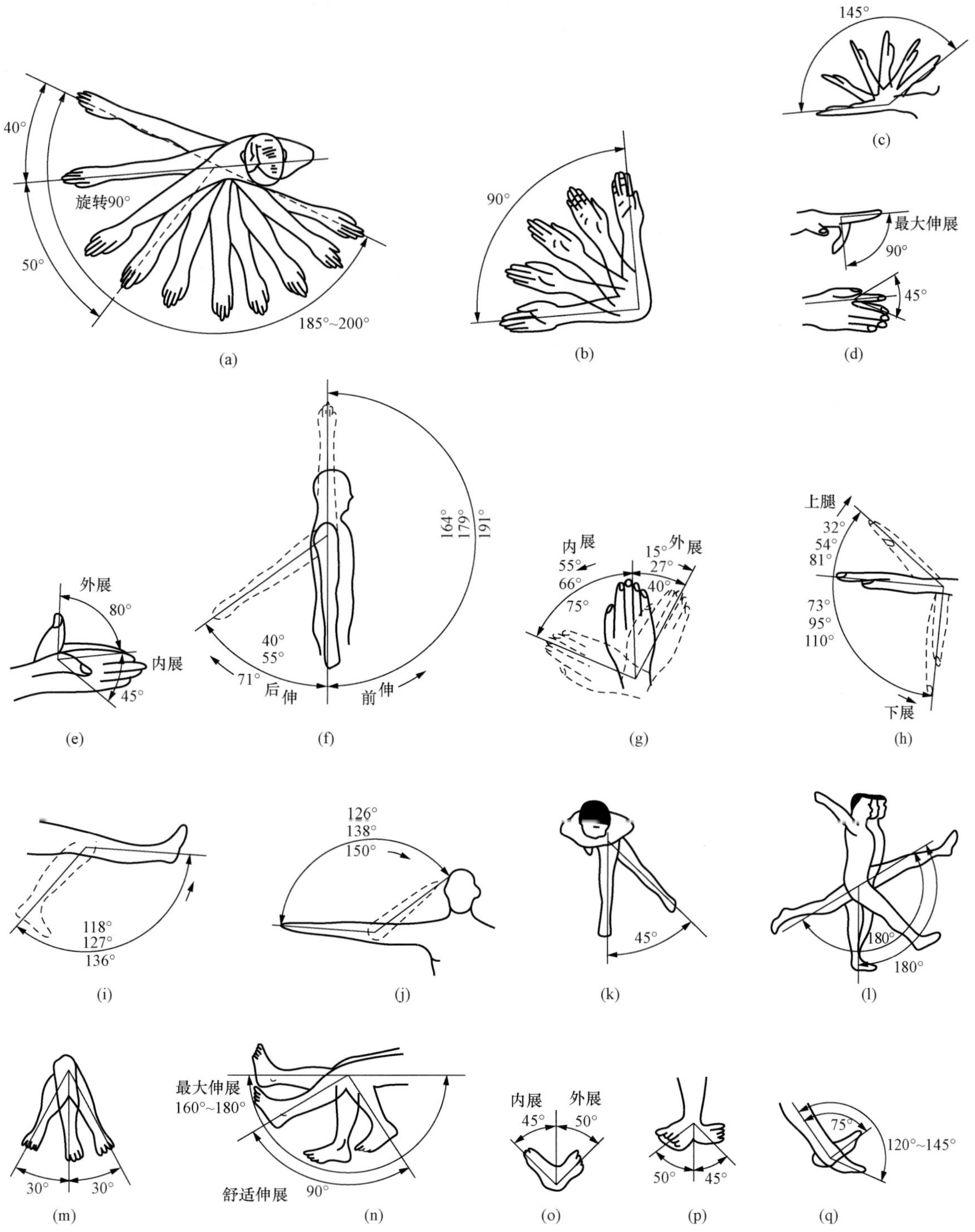

图 4-25 人体关节活动角度（一）

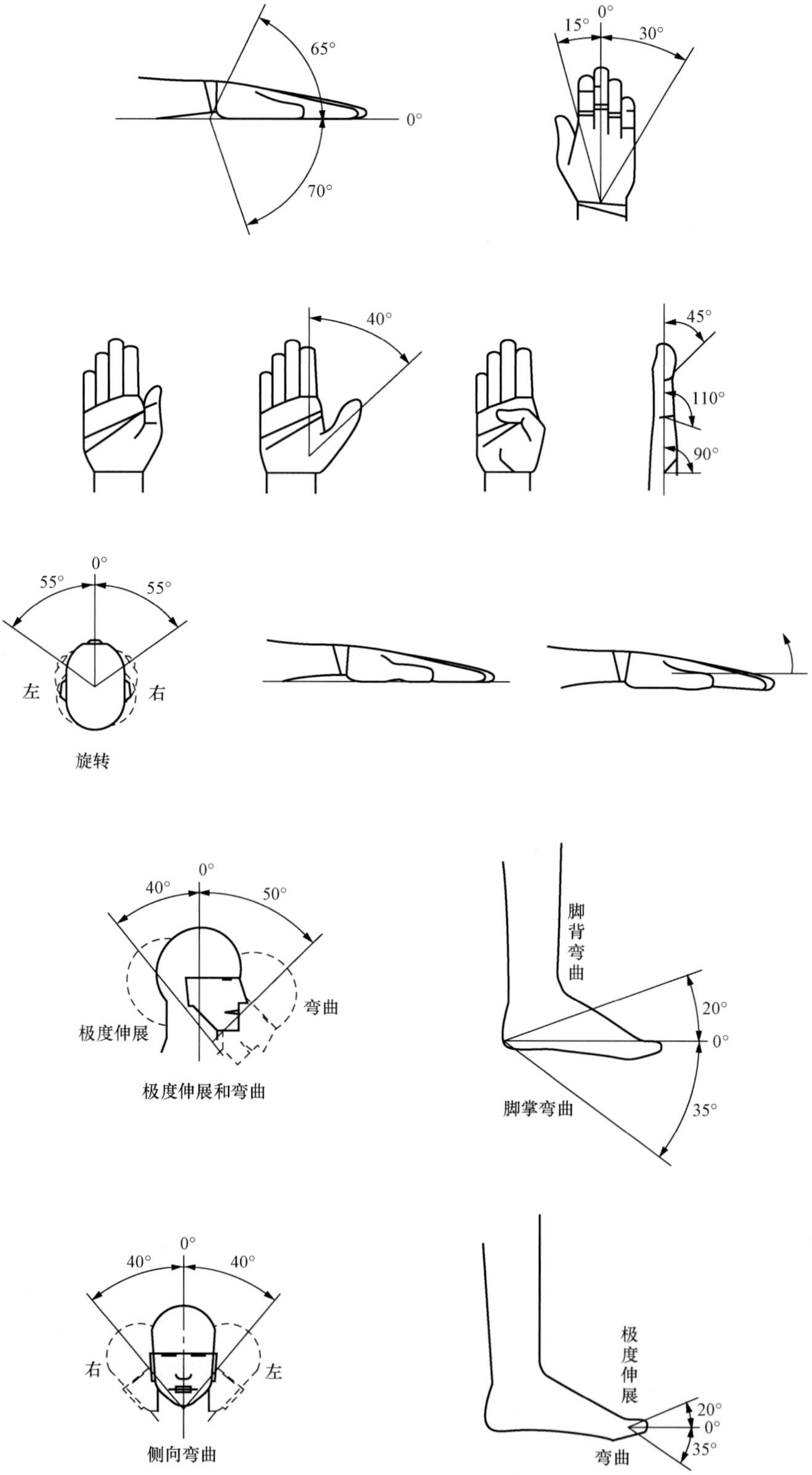

图 4-26　人体关节活动角度（二）

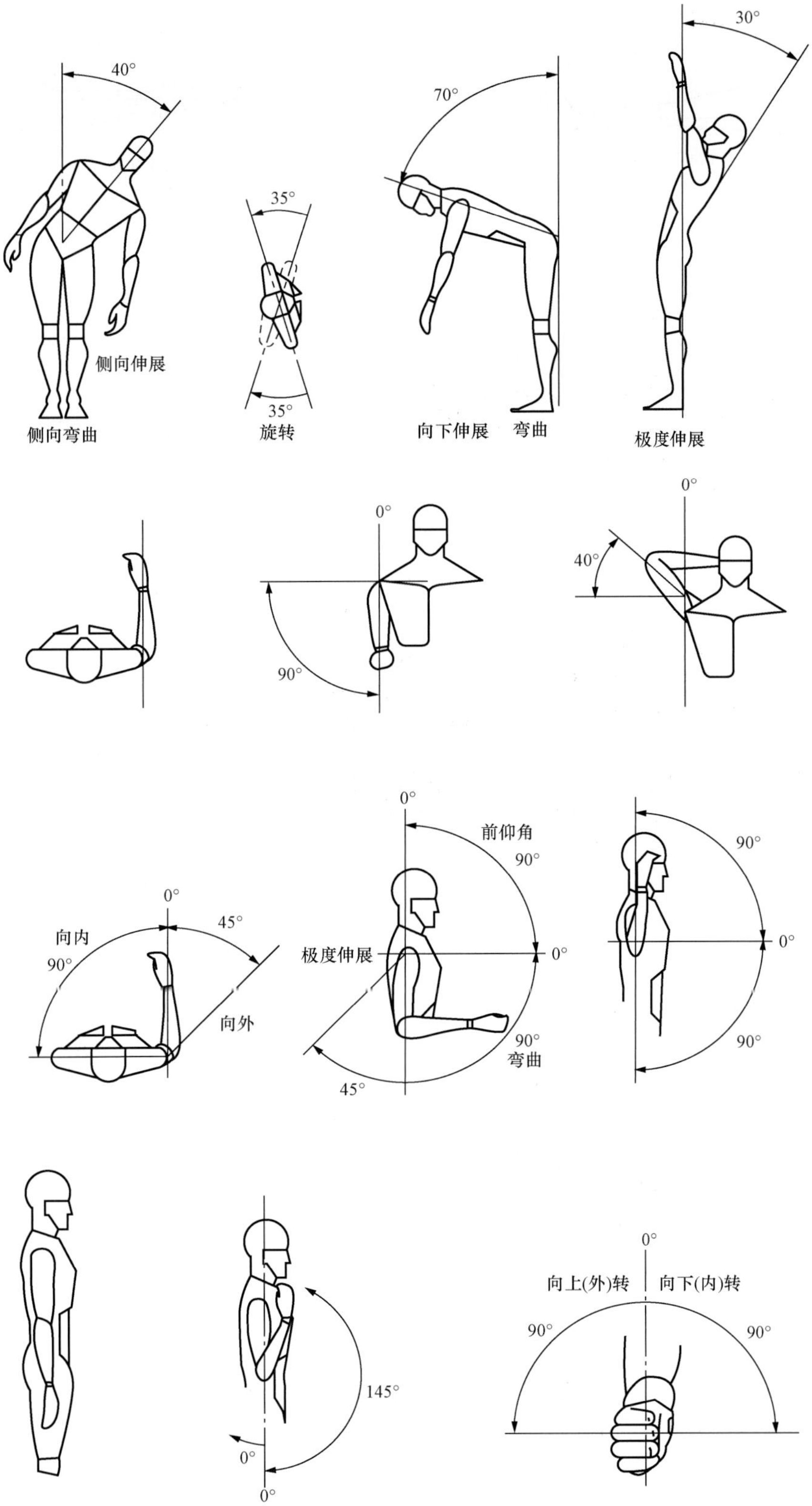

图 4-27 人体关节活动角度（三）

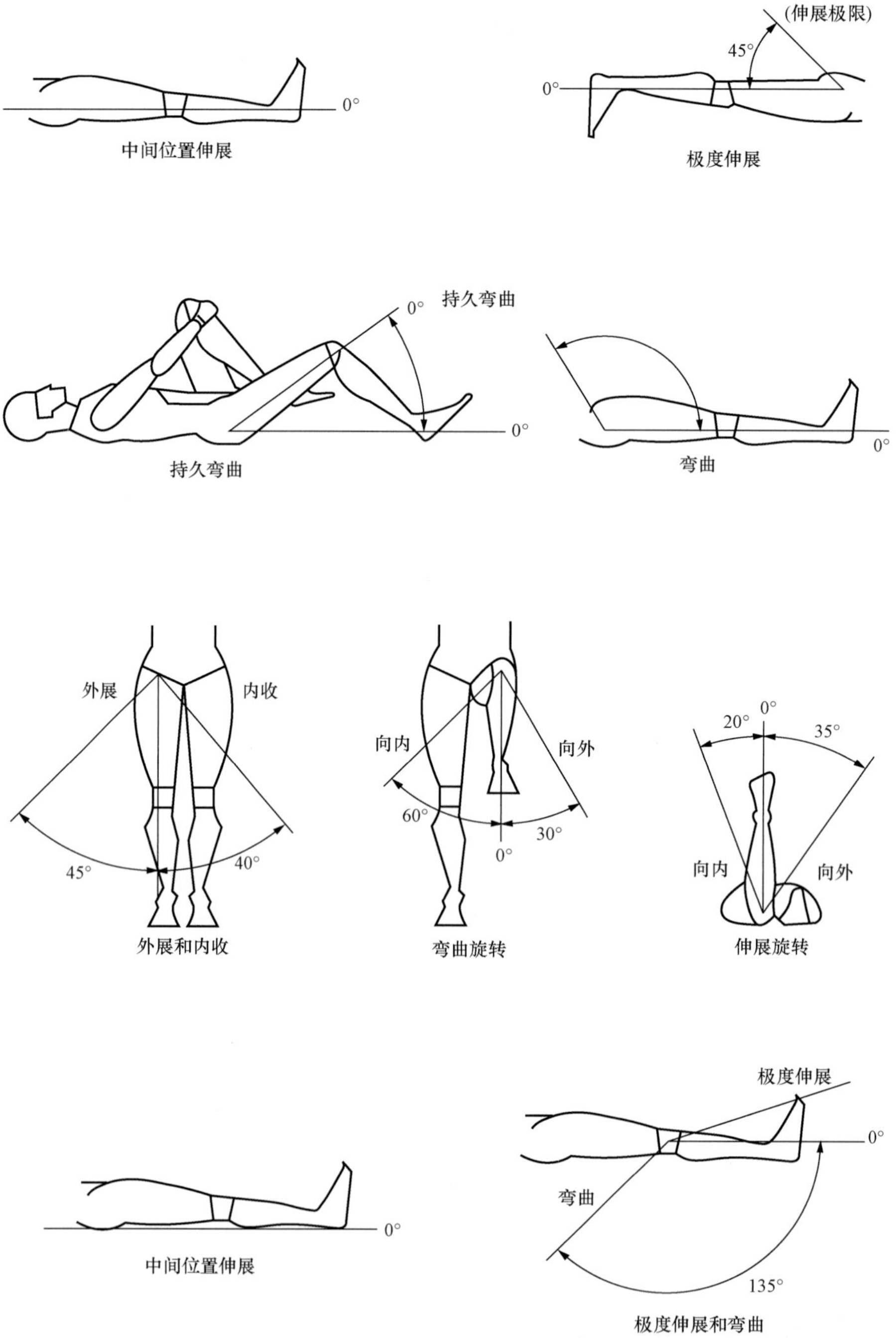

图 4 - 28　腿的活动角度

人的感觉器官在什么情况下能够感觉到刺激物，什么样的刺激物是可以接受的，什么样的刺激物是不能接受的，这是人体工程学需要研究的另一个课题。人的感觉能力是有差别的，从这一事实出发，人体工程学既要研究一般的规律，又要研究不同年龄、不同性别的人感觉能力的差异。

例如，在听觉方面，人体工程学首先要研究人的听觉极限，即什么样的声音能够被人听到。实验表明，一般的婴儿可以听到频率为每秒 20 000 次的声音，成年人能听到频率为每秒 6100～18 000 次的声音，老年人只能听到每秒 10 100～12 000 次的声音。其次，要研究音量大小会给人带来怎样的心理反应以及声音的反射、回音等现象。以音量为例，高于 48dB 的声音即可称为噪音，110dB 的声音即可使人产生不快感，130dB 的声音可以给人以刺痒感，140dB 的声音可以给人以压痛感，150dB 的声音则有破坏听觉的可能性。除此之外，听觉还具有较大的工作范围。在 7m 以内，耳朵是非常灵敏的，在这一距离进行交谈没有什么困难；大约在 35m 的距离，仍可以听清楚演讲，比如建立起一种问答式的关系，但已不可能进行实际的交谈；超过 35m，倾听别人的能力就大大降低了，有可能听见人的大声叫喊，但很难听清他在喊些什么；如果距离达 1km 或者更远，就只可能听见大炮声或者高空的喷气飞机这样极强的噪声。与此同时，当背景噪声超过 60dB 左右，就几乎不可能进行正常的交谈了，而在混合交通的街道上，噪声的水平通常正是这个数值。因此，在繁忙的街道上实际极少看见有人在交谈，即使要交谈几句，也会有很大的困难，人们只有趁交通缓和之际高声交换几句短暂的、嘴边上的话来进行交流。并且为了在这种条件下交谈，人们必须靠得很近，在小到 5～15cm 的距离内讲话，如果成人要与儿童交谈，就必须躬身俯近儿童。这实际上意味着当噪声水平太高时，成人与儿童之间的交流会完全消失，即儿童无法询问他们所看到的东西，也不可能得到回答。也就是说，只有在背景噪声小于 60dB 时，才有可能进行交谈。如果人们要听清别人的高声细语、脚步声、歌声等完整的社会场景要素，噪声水平就必须降至 45～50dB。

而在嗅觉方面，只能在非常有限的范围内才能感知到不同的气味。例如只有在小于 1m 的距离以内，才能闻到从别人的头发、皮肤和衣服上散发出来的较弱的气味；香水或者别的较浓的气味可以在 2～3m 远处感觉到；超过这一距离，人就只能嗅出很浓烈的气味了。

在视觉方面，人体工程学要研究人的视野范围（包括静视野和动视野）、视觉适应及视错觉等生理现象。与其他感觉相比，视觉具有更大的工作范围，可以看见天上的星星，也可以清楚地看见已听不到声音的飞机。但是，就感受具体事物来说，视觉与别的知觉一样，也有明确的局限。例如一个视力正常的人，在 0.5～1km 的距离之内，人们根据背景、光照可以看见和辨别出人群；在大约 100m 远处，就可以分辨出具体的人；在 70～100m 远处，就可以比较有把握地确认一个人的性别、大概的年龄以及这个人在干什么；在距离 30m 远处，对方的面部特征、发型和年纪都能被看到；而在 20～25m 处，则能看清人的面部表情和心绪。

与触觉相关的问题也很多，例如环境的拥挤感、材料的质感、物体的移动和振动、材质的纹理、空气的湿度和温度等。不难想象，研究这些问题并找出其中的规律，对于确定室内外环境的各种条件（如色彩配置、景物布局、空气的温度和湿度、声学和光学的要求等）都是绝对必要的。

二、拥挤

我们通常所说的拥挤是与人口的高密度分不开的，早在 20 世纪 60 年代，心理学家就研究过拥挤对动物的影响。例如对老鼠的研究，心理学家首先为老鼠提供了舒适的生活环境，任其按照自己的生活方式生存，即从建立领域、交配、筑巢、产仔到哺育幼鼠直到幼鼠长大。起初并没有什么异常，但是当群体的数目增加到使老鼠感到不适的时候，成年鼠的行为开始出现异常，幼鼠的出生率下降，死亡率上升。心理学家卡尔霍恩（Calhoun）认为在一定空间内动物的群体数量超过了该动物所能维持的正常社会组织能力时，其自身便会产生一种不平衡，并称这种不平衡为行为堕落（behavioral sink）。随着科学对人类行为的研究和探索，我们逐渐发现人类对拥挤感的反应除了动物性的一面之外，其学习和认知过程、文化水平和人格等因素在决定空间需要方面也起到了重要作用，也就是说，人的社会行为较其他动物更加的复杂多变。

1. 对拥挤的解释与分析

（1）拥挤的定义。

从一般意义上来讲，拥挤是由高密度引起的一种消极反应，因此，人和物的高密度是引起拥挤的必要条件。但并不是所有的高密度都能引起人的拥挤感，像大型会议、节日的庙会、繁华的街市等，需要的正是这种热闹的氛围，因此我们说高密度并不是拥挤的充分条件。也就是说，只有不同角度对环境和行为的关系加以解释，才能把高密度与拥挤相提并论。

（2）拥挤的分类。

从不同的角度分析环境和行为的关系从而解释拥挤问题，通常有以下三种观点：环境信息量的超负荷、对行为主体的约束和生态心理学方面的分析。

1）环境信息量的超负荷。

环境信息量与城市的大小和发展状况有着密切的联系，城市越发达，其信息量也越丰富，环境负荷也就越高。这种信息的高负荷最终导致了人们生活节奏的加快和心理压力的增加。人口的高密度也是在城市信息量高负荷的前提下产生的，资源、信息和发展机会的丰富导致了人员流动的增加以及空间资源的匮乏，人们被动的接受了许多不必要的城市问题，拥挤、听觉刺激和污染等问题愈演愈烈，人际交往也变得复杂难应付，这些状况迫使人们始终处于过度唤醒和信息超载状态。

2）对行为主体的约束。

拥挤除了妨碍人们的行动自由和行为选择，还能引起人的应激反应。当高密度造成的阻塞频繁发生，人们对自己的行为和情绪也越发难以控制，交通拥挤、时间的紧迫感、工作和生活的压力、狭小空间导致的行为拘谨等，都使得行为主体产生不同程度的拥挤感进而影响人的行为活动。在人与人的交往中，彼此间的距离、言语、表情、身姿等各种线索起着微妙的调节作用。无论陌生人之间、熟人之间还是群体成员之间，保持适当的距离和采用恰当的交往方式十分重要。

人的拥挤感还涉及行为主体的个人空间问题。每个人都有自己的个人空间，这是直接在每个人的周围的空间，通常具有看不见的边界，在边界以内不允许“闯入者”进来，它可以随着人移动，还具有灵活的收缩性。当个人空间被侵犯，人就会感觉不适，有时表现为拥挤感。而在行为主体产生拥挤感的时候，其个人空间的度量就会受到威胁。个人空间像一个围绕着人体的看不见的气泡，依据个人所意识到的不同情境而胀缩，这是个人心理上所需要的最小的空间范围，他人、物体、交通或者其他环境因素等对这一空间的侵犯与干扰会引起个人的焦虑和不安，高密度引起的拥挤感就会严重影响人的情绪。当个人感觉到有人、物品甚至过分狭小的空间和环境因素如墙壁、家具等闯入自己的空间时，常常先在行为上做出一些复杂的反应，如改变脸的朝向或调节椅子的角度。当入侵者是人的时候，有些被试者还做出防卫姿态，如收肩缩肘，手托下巴，还有人用书或其他物品将自己与来犯者隔开。如果这些防卫措施都无济于事，被试者就可能逃走，以躲避和逃离使其感到拥挤和不适的人、物体或者环境空间。

人的主观行为通常是造成拥挤问题的根源，当有人的因素侵犯了某行为主体的个人空间，被入侵者的反应是不同的。有研究显示，入侵者的个人特征，如年龄、性别、社会地位等都影响着被侵犯者的反应，而这些差异同时也影响着被入侵者的拥挤感觉的轻重。对一伙人来说，男性入侵者比女性入侵者会引起更多的动作反应。而且，当个人空间被入侵时，男性所受到的干扰比女性更强。为了解入侵者年龄所引起的反应，研究者（Anna Fry and Frank Willis，1971）在剧院中让儿童站在成人后面15cm以内，结果发现，五岁儿童讨人喜欢，对八岁儿童不介意，十岁儿童则引起同成人入侵者同样的反应。入侵者所显示的地位也影响图书馆中被试者的反应，如果入侵者是一位衣冠楚楚才气外露的男士，学生则会更急于逃走。与此同时，入侵者的反应也有所不同，当一个人在侵犯别人的个人空间的同时，他（她）自己的个人空间也同时被别人侵犯，因此侵犯别人的人自己也感到不自在。例如，在大学教学楼饮水器前1.5m以内有人（助试）时，人们就不愿在这里饮水；但如果饮水器被遮挡（安装在两侧有墙的凹空间内），即使附近有其他人存在，也不影响被试者在这里饮水。然而在社会高密度拥挤的情境中，人们到饮水器前饮水几乎不受影响，因为这时人们对社会线索不太注意，因而对侵犯个人空间也不会感到那么不安。由此可见，人的行为和心理的复杂性决定了拥挤问题的复杂性，同时不同程度的拥挤感也限制和约束了行为主体的活动和感受。

3）生态心理学方面的分析。

从另一个角度来说，拥挤就是过多的人争取过少的资源，这里所说的资源从广义上讲包括食物、空间、水源、原料甚至情感等。在缺乏秩序、道德、文明和经济基础的社会中，过度的拥挤甚至可以导致行为堕落。

此外，拥挤还是污染的诱因，人口的过度密集可以导致空气和水源的污染，甚至能使土地、物资等资源的缺乏进入环境的恶性循环当中。在这种情况下，人们不仅会产生心理应激和生理应激，同时还受到传染病和精神疾病的威胁。

（3）影响拥挤感觉的其他因素。

人对拥挤的感觉受不同的内因和外因的影响，其影响结果和途径各有不同。这里我们主要介绍个人差异、环境差异、社会条件差异以及建筑环境因素四种。

1）个人差异：包括性别差异、人格特征的差别、文化和生活方式的差别、经验和习惯的差别、适应水平的差距等。例如，男性和女性、性格内向和外向的人、喜欢户外活动的人和足不出户的人、有被监禁经历的人、生活条件优越和贫困的人等，他们对于拥挤的耐受能力都是有很大差异的，这些差异也是影响个人空间的因素。

在拥挤感产生的同时，个人空间受到多种复杂因素的影响，首先是情绪，由于个人空间从情绪和身体两方面对个人起着保护作用，因而它也随个人情绪的变化而变化。研究显示，焦虑的或感到社会情境对自己有威胁的人需要比一般人更大的个人空间。其次是人格，人格反映了个人看待世界和事件因果关系的方式。影响个人空间的一个人格变量是“内在性—外在性（internality-externality）”。内在人格认为，事件的因果在自身的控制之下；而外在人格则认为事件结果受外围的控制，当与陌生人处在近距离而感觉安全受到威胁时，内在人格者需要与陌生人保持更大的距离。自尊心强的人所需要的个人空间比自尊心弱的人要小，因为自尊心强的人对自己采取肯定和信任的态度，对别人也容易采取同样的态度；而自尊心弱的人对自己不肯定，不信任，因此对别人也不易信任。合群的人也比不合群的人更易与人保持更近的距离。同时有研究显示，具有暴力倾向的囚犯的个人空间差不多是正常人的 3 倍。最后是年龄上的差异，儿童从多大开始显示对个人空间的偏爱，这一问题至今没有得出明确的结论，但个人空间随着年龄的改变而改变是肯定的。有关研究认为，儿童越小，在相互接触的多种情境中偏爱的人际距离就越小，这一结论适用于不同文化背景下的儿童。人大约在青春期开始时显示类似于成年人的空间行为标准，而到了老年，人际距离又显示有缩小的倾向。第四是性别差异，男性和女性对所喜欢和不喜欢的人显示出不同的空间行为，女性喜欢近距离接触所喜欢的人；而男性的空间行为则不随吸引而改变。在与吸引无关时，就性别相同的人所保持的人际距离而论，有人发现，一般两位女性保持着比两位男性更近的距离，这一现象在多种情境中得到证明，从儿童在游戏场中的接触到事先安排好的访谈等各种情境，都反映了女性具有较男性更加合群的社会倾向，对非言语的亲密感觉形态有更多的经验，同时也反映了男性更注意与同性别的人保持非亲密状态。两人性别不同时所保持的距离一般比性别相同时更近，当然这一结论仅就北美文化而言，目前东方年轻人比较容易接受西方文化的影响，而上了年纪的人往往还保留着传统的习惯，男女个人空间区别如图 4－29 所示。

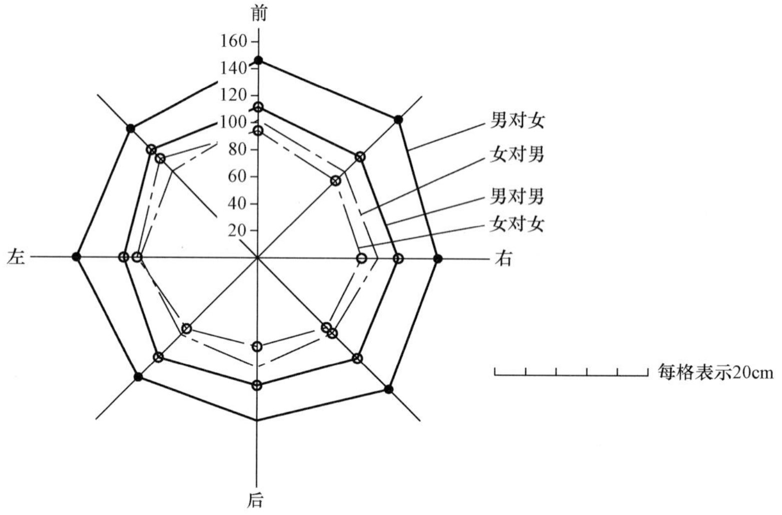

图 4－29　男女个人空间区别

2）环境差异：在私密感、安全感和控制感能够得到保证的前提暗示下，高密度引起的拥挤感有时能够得到减轻。人身处在主要环境（如家中）的时候对高密度的反应相对于次要环境（如酒店中）更强烈，其他的应激物（如噪声、刺鼻的气味等）和能使人产生压力联想的场所（如工作场所等）也有加重拥挤感的作用。

研究还发现，当实验者接近男性被试者时，被试者在顶棚较低的房间时比在顶棚较高的房间时需要更大的个人空间，个人空间随房间尺寸的减小而增大，随房间的增大而减小。当人多时，在房间中设置隔断可减少空间侵犯感，同时，人在边界开放的环境中个人空间相对较小，这说明，人们感到便于疏散时，自身对环境有较强的控制感，因而较小的个人空间就可以满足身心需要，还比处在小空间时更加不易产生拥挤感。

3）社会条件差异：和谐的人际关系、熟悉的活动群体、组织有序的行为情景都是可以产生相对较弱的拥挤感。此外，有研究表明，三个人组成的基数人群体是人际关系不稳定的一种形式，这也是影响拥挤感甚至降低绩效的一个因素。

与此同时，社会文化背景也是影响拥挤感的重要因素，人类的空间行为具有某些共性，也存在着跨文化的差异。霍尔（E. T. Hall）指出，在地中海文化中（包括法国、阿拉伯、南欧和拉丁美洲人等），习惯使用嗅觉、触觉以及其他感觉形态进行人际交往，使用极近的交往距离甚至频繁的身体与目光接触，显示出极大的密切性；而在北美和北欧文化中（如德国、英国和美国白种人等），则喜欢较大的交往距离和个人空间，一般很少对他人使用非言语的密切行为，这一观点已得到霍尔本人和其他研究者的证实。当两个文化不同而又互不了解的人相互交往时，一方对拥挤较敏感，而另一方则较弱，尴尬的局面就会出现：一方总感到彼此距离太远而不断向前靠拢，另一方则总感到距离太近而不断后退。美国在空间行为方面的亚文化差异也相当复杂，还有人认为，社会经济地位对空间行为的影响有时可能比亚文化的影响更重要。但霍尔强调指出，以上研究主要针对地中海和北欧文化，而且都是粗浅模糊的分类，对其他文化，尤其是亚洲文化不一定完全适用。但这足以显示了文化背景的差异对拥挤感的影响程度。

另外，从20世纪50年代到70年代，唐纳德·伯恩及其同事（Donald Byrne et al.）的一系列研究发现，友谊和人际吸引的程度会使人们保持更小的人际距离。尤其值得注意的是，人们所感觉到的彼此间的相似性会促使他们的身体相互靠近。也就是说同样的交往距离，在上述情况下的拥挤感较弱。例如，随便对学校男生和女生进行几天观察不难发现，那些人格相似的个人之间比人格不同的个人之间更加靠近。也就是说，相似性增加了人际吸引，人际吸引缩小了人际距离。感到别人与自己相似之处越多，对别人就越容易产生好感，这实际上反映了“人以群分”的行为倾向。年龄相近、人格相近、兴趣相同、共同的利害关系、同乡、同行、同学、同事，都会促使人们具有共同的兴趣和话题而彼此接近，这样也就不同程度的影响了他们的拥挤感。

4）建筑环境因素：建筑环境是影响拥挤感的一个重要因素。

在此之前已有学者做出以下结论，即当房间的建筑面积相等时，正方形房间通常比矩形房间显得更加拥挤；有对外视野的房间比没有对外视野的房间显得宽敞；有视觉中心、转移视线和注意力的布置会增加空间感；有光源和重点色彩来提供亮度和丰富感的房间也会减少拥挤感。

（4）解决拥挤问题的措施。

环境信息量的超负荷、对行为主体的约束和生态心理学方面的分析都有助于人们找到产生拥挤的原因从而解决拥挤问题，然而在现实生活中，产生拥挤的原因有时是多种原因错综复杂相互交织而成的，因此应对拥挤的措施也要多方面协同作用。

1）有效的空间分隔。

视觉刺激是直观的引起拥挤感的一个捷径，而空间分隔则是减少视觉刺激的最有效办法。无论是在家居生活中还是在办公空间中，有限的空间资源需要人为的分隔和布置来减少凌乱的物品对人的刺激，全方位的有序收纳是解决问题的好方法，同时，有效的空间分隔可以缓解社会密度给人造成的刺激，从而进一步减少拥挤感。

在当下社会的城市化进程中，人的各种生存环境都面临着空间紧张的挑战，人们也逐渐意识到，经济适用和统筹规划对形成组织有序、和谐统一的环境有着重要作用，大到城区规划小到物品收纳，不同形式的空间分隔对精致有序的生活环境也有极其重要的意义。

2）缓解人流拥挤问题。

目前，城市的交通资源紧缺、时空需求不均匀所引起的拥挤问题已经备受关注，为了缓解这一问题，各国政府在分散人流、组织交通方面都采取了积极的应对措施，车辆的单双号限行、人员的有序分流、公共交通工具的改进和调度都是解决城市人流压力的有效做法，城市的速度感、距离感和拥挤感引起的问题也在交通管理、线路规划、市场引导等方面得到缓解，使解决人流问题、提高城市文明和活力、增加社会运作绩效成为可能。

2. 拥挤对环境行为的影响

密度是一种客观的可度量的实际状态，社会学家就曾经使用内密度（inside density）和外密度（outside density）的概念来形容单位空间内的人员数量和建筑实体的数量，其中，以每一个房间内的人数来定义的内密度则更加直接地影响了人际关系和行为反应。之后随着研究的深化，人们又提出了便于实验操作的社会密度（social density）和空间密度（spatial density）的概念。我们所说的改变社会密度，就是在物质空间不变的前提下改变空间中的人数；而改变空间密度，就是在使用空间的人数不变的前提下，改变物质空间的大小。对于不同密度的操作所引起的情景变化都会引起人的情感反应和行为反应，而社会高密度比空间高密度更能引起人的不良反应。

（1）拥挤引起的情感反应。

高密度的社会环境会引起普遍的消极情感反应，但这也受到个人差异的影响，例如，在空间高密度实验中的男性在高密度环境中体现出了更多的消极情绪，而女性则由于高密度有利于私人交往等因素体现出了比较合作的心境，这并不是女性在高密度环境中产生的新的心境而只是强化了原有心境。对于这种性别差异，有心理学家认为这反映的是男性较强的社会竞争倾向和女性较强的社会合群意识。而在社会高密度研究中，男女均反映出消极的心境。这表明社会密度和空间密度以不同的方式影响人的情感体验。

同时，高密度引起的情感反应还包括攻击性。当空间不受限制时，仅仅是出现过多的人，人们通常采取退缩的方式来回避摩擦，而当空间受到限制，如在拥挤的公交车上时，人们则体现出较强的攻击性。此外，高密度引起的攻击性还与资源的多少与分配形式有密切关系。

（2）拥挤对任务绩效的影响。

人体工程学的研究目的就是解决“人—机—环境”系统中人的效能、健康和任务绩效等问题，因此高密度对任务绩效的影响也是我们关注的重点之一，这涉及生活、学校和工作空间的合理设计和安排。社会高密度和空间高密度不会影响简单任务的绩效，但是会导致复杂迷津，任务绩效的降低。这个结论与唤醒理论中的耶尔克斯·多德森定律是吻合的，即动机强度与工作效率、唤醒水平与任务绩效之间的关系不是一种线性关系，而是倒 U 形曲线，也就是说，过高和过低的唤醒水平都不能得到理想的效率，而只有中等强度的动机最有利于任务的完成。作为应激物，拥挤所引起的唤醒水平的高低对简单任务和复杂任务必然产生不同的影响。同时，对于拥挤的研究不能只注重场所的物质特性，还应注意到作为高密度场所典型特征的人际接触问题，只有在高密度和被试者之间相互接触共同作用的前提下，才会降低任务绩效。

(3) 长期的生活拥挤带来的问题。

对于长期的生活拥挤问题的研究是有难度的，研究者更多选择的是对监狱和学校宿舍这样便于管理的环境施加控制条件进行观察分析。在监狱环境中，被试者大多不能自由选择自己所处的高密度环境，面对无法逃避的紧张气氛，高密度导致的消极情感和不愉快的唤醒使得居住其中的犯人的健康受到威胁。而在学校宿舍环境中，学生对自己的生活有更多的控制能力，因此高密度的影响与不同类型的宿舍和小群体的生活方式有关联。在不减少任务绩效、解决因与他人不必要的接触而导致的相互回避问题的同时，学生宿舍环境、集体餐厅的设计还应注意保持团体的和谐和增加合作时任务绩效的潜能，以及高密度与助人行为互成反比的规律，例如当餐厅就餐者越多时，就越少有人按照公示牌的要求将用过的餐具放到指定地点。

此外，与我们的生活质量息息相关的还有住宅环境的拥挤问题，居住在高密度环境中的人和居住在低密度环境中的人其任务绩效、自我控制能力和身心健康水平都有所不同，更有社会学相关研究表明，内密度与疾病有关系。居住环境具有很强的私密性要求，尽管诸如中国传统民居四合院、土楼等共用空间体现了杂居生活中的人性温情和有助于邻里间的交往协作，但是高密度带来的负面问题，如缺乏私密空间和生活秩序等，也为居民的长期生活带来了不少的麻烦。

3. 人体工程学与拥挤的关系

(1) 人体工程学为研究和解决拥挤问题提供依据。

从人体工程学与环境行为的关系分析，在解决拥挤和绩效等问题上人体工学是一门关键学科，它不仅关乎我们的感知和行为，还涉及大众生活的方方面面，为解决拥挤问题提供量化数据和处理依据，是以人为本的科学的研究。在以人为行为主体的社会环境中，人体工程学可以针对各类拥挤问题提出对策，如空间的尺度问题、人流的导向问题等，并在此基础上关注人的心理需求，是人在生理活动的同时得到身心的愉悦感，增强社会凝聚力，从而最终提高生产生活效率，为人—机—环境的和谐发展提供支持。

(2) 为环境设计提供重要依据。

在环境设计中，从居住空间到办公场所，从娱乐餐饮空间到园林广场，人体工程学作为设计的基础依据，时刻解决着人的环境行为面临的各类问题。在拥挤问题上，通过人体工程学研究，能够提出具体的、具有针对性的解决问题的方法和依据，为完善室内外环境的人性化设计作出了重要贡献。

例如，在进行室内环境设计时，解决由触觉直接引起的拥挤感问题，人体工程学为如何改善皮肤的各类感觉提供依据。由于皮肤能够反应机械刺激、化学刺激、电击、温度和压力等环境因素，不同的痛觉、压力感、温感、冷感等都能影响人的心理和生理的应激反应，这些应激反应直接导致人的愉悦或者不舒适、积极或者消极的情绪。在冷天，我们的皮肤接触浴室里冰冷的瓷砖时，身体就会觉得发冷，会产生一种畏缩的感觉；而在炎热的夏季，我们会很乐意用皮肤直接接触浴室里冰凉的东西。这两种截然相反的感觉都会影响人对浴室空间的拥挤感。我们之所以会感到发冷，或者感到温暖，是因为在人的皮肤上分布有被称做冷点和热点的组织，它们对周围的温度很敏感，可以使人产生冷或热的感觉，我们通过人体工程学研究这些不均匀遍布在皮肤上的感觉点以及它们接收的外界信息刺激，可以更好地在环境设计中运用体感好的材质、适宜的温度和湿度等可以量化的环境信息，从而改善拥挤感等影响任务绩效的因素。也正是这些通过人体工程学和环境设计的互动研究得到的信息，才使得解决诸如拥挤感的问题在有理可依、有据可循的基础上，向更加科学和人性化的方向迅速发展起来。

三、噪声

在节奏逐渐加快的现代城市生活中，噪声早已作为社会的背景应激物受到人们的关注，尽管在大多数情况下，噪声的强度远不及灾变事件和某些个人应激物，但是人们无法选择地在这样的环境中长期生存，普遍的噪声问题也对人们的健康产生了不可低估的危害。在各种拥挤、噪声和污染等背景应激物中，由于研究性质、研究方法和客观条件的不同，对于噪声的研究相对的全面和充分。

1. 噪声的定义及评价因素

（1）噪声的定义。

对噪声最简单的定义是：噪声是人不愿听到的干扰声音，或者说是人不需要的声音。凡是干扰人的活动（包括心理活动）的声音都被称为噪声，这是从噪声的作用来对噪声下定义的；噪声还能引起人强烈的心理反应，如果一个声音引起了人的烦恼，即使是音乐的声音，也会被人称为噪声，例如某人在专心读书，任何音乐对他而言都可能是噪声。因此，也可以从人对声音的反应这个角度来定义噪声，噪声可以说是引起人烦恼的声音。

（2）对噪声的评价因素。

对噪声的评价因素同其他应激物一样分为主观评价和客观评价，这包括物理因素、生理因素和心理因素，其具体表现为噪声的响度、对噪声的可预见性和控制感。这些评价因素不仅适用于对噪声的评价，也同时适用于对其他环境应激物的评价，除了在客观上减少应激物的强度，还应设法提高可预见性和控制感以有力的支持受害者的应对措施。

1）噪声的响度。

当人们把一种声音定义为噪声时，首先要能听到这个声音，声音的大小和人对其产生的关注度是不同的，引起的唤醒水平和应激水平也不相同。我们用声级计来测定声音的响度级，读数称为声级，单位是分贝（dB）。根据我国的《环境噪声污染防治法》规定，以文教、住宅为主的地区是一类标准区，白天的最高噪声不得超过 55dB，夜间不得超过 45dB；城市交通干线两侧的四类标准区，白天的最高噪声不得超过 70dB，夜间不得超过 55dB。另外，人对环境中特定噪声的感知能力同对视觉图像的感知能力一样受到背景环境的影响，也就是说，人对噪声的感觉除了受响度的影响之外还取决于背景噪声的对比。

2）对噪声的可预见性。

对于不引人注意的恒定噪声，如电脑主机或室内空调的嗡嗡声，人们可以适应或者忽略；其次是规则的周期性爆发声，其会令人因难以适应而导致一定程度的身心不适；最让人无法忍受的是无规则的不可预见的非周期性爆发声。因此除了以声音的响度来评价噪声的危害，噪声的可预见性也是评价噪声危害的重要因素。

3）对噪声的控制感。

能否将遇见的应激物评价为威胁，对应激物有无控制感也具有重要的影响。如果有办法防治噪声，即使并未对其做任何处理，噪声引起的消极情绪也会大大减轻。

（3）解决噪声问题的措施。

交通噪声、施工噪声、商业噪声、生活噪声等都是我们的日常生活中面临的问题，合理的绿化和植被配置、建筑环境的全面设计、隔离墙、完善的噪声检测装置、建筑的造型材质和沿街墙体的材料等都是有效解决这些问题的途径。而对于低频噪声，即 500Hz 以下的噪声，其主要来源是安装在居住区域内的变压器、电梯、水泵房等，尽管人耳对这些声音不容易听到，但由于这些噪声多数是因振动引起的，衰减缓慢，所以能够穿透墙壁长距离的传播，尤其是在夜深人静的时候，这种声音会通过墙壁、楼板甚至床铺传入耳中造成莫名其妙的心神不宁。更甚至由于低频噪声同人体的生物频率接近，还会引起神经衰弱、精神紧张、内分泌失调、失眠、血压升高、心跳过速等人体健康的慢性损伤。因此对于住宅楼的减震措施以及相关设备的安装位置也是我们应当关注的。

在实行噪声防护措施的时候，可以从以下几个方面入手：

1）进行必要的噪声防护设计。

2）尽可能地减少噪声源。

3）有效地阻止噪声的传播。

4）针对个人的防护措施。

设计噪声防护的重要技术性步骤是选用吸声的建筑材料和在建筑内部合理地布局房间。所以，对于噪声的防护工作应该在绘图板上就已经开始了。离噪声源越远，噪声强度衰减就越大，因此办公室、绘图室和任何进行脑力作业的房间应尽量远离交通噪声。在进行设计时，应使噪声大的房间尽量远离要求集中精力和有技能操作的房间，中间用其他房间隔开，作为噪声的缓冲区。在设计两个房间的隔层时，应考虑墙、门、窗以及天窗等对噪声的隔声作用。

可以通过加固、加重、弯曲、变形等手段作用于产生噪声的振动体，或者改用不共振材料等措施来使振动体降低噪声。运转着的机械和交通工具，不仅会产生噪声，而且能引起周围物体的振动，甚至引起整个建筑物的振动。因此，重型机械必须牢固地固定在水泥和铸铁地基上，也可安装在带消声隔层的地基上，根据机器的类型，可使用弹簧、橡胶、毛毡等消声材料。

在进行噪声源隔声时，封闭噪声源是一个有效的降低噪声的方法。选用合适的材料建造的噪声源隔声罩或隔声间可使噪声降低 20～30dB。一般来说，隔声墙内壁应安装吸音材料，如吸音棉等。墙的自重要大，以保证隔声效果。为了便于电源引线、安装和维修，可在隔声墙上开口。但一般而言，开口的面积不得超过整个隔声间面积的 10%左右（见表 4-3）。

表 4-3　　各种建筑面及其隔声效果

建　筑　面	隔声作用（dB）	说　　明
普通单门	21～29	听懂说话
普通双门	30～39	听懂大声说话
重型门	40～46	听到大声说话
单层玻璃窗	20～24	
双层玻璃窗	24～28	
双层玻璃，毛毡密封	30～34	
隔墙，6～12cm 砖	37～42	
隔墙，25～38cm 砖	50～55	
双墙，2×12cm 砖	60～65	

在房间消声这一重要环节上，房间消声在采取了诸如声源消声和各种建筑面的隔声效果以及声源隔声等措施以后，还可在房间的墙和顶棚上安装吸音材料，从而达到进一步消除噪声的目的。吸音板的作用是吸收部分声能，可以减少声音的反射和回声的影响。在以下情况下，应考虑安装吸音板：

1）需要安装吸音板后，可使得厂房内回声时间下降 1/4，办公室回声时间下降 1/3。

2）当房间的高度低于 3m 时。

3）当房间高于 3m，但其体积小于 $5000m^3$ 时。

目前，吸音板主要用于 $50m^2$ 以上的办公室、财务室、银行和出纳室等，在作业间和厂房内装吸音板的效果尚不清楚，测量也较困难。在操作机器时，作业者离噪声源距离较近，主要受直接噪声传播的影响，噪声反射的作用较小，因此，吸音板的作用并不明显。只有当作业者离噪声源有一定距离时，安装吸音板才会有一定效果（见表 4-4）。

表 4-4　　不同材料表面的吸声系数

材　　料	频率（Hz）			
	125	500	1000	4000
上釉的砖	0.01	0.01	0.01	0.02
不上釉的砖	0.08	0.03	0.01	0.07
粗糙表面的混凝土块	0.36	0.31	0.29	0.25
表面油漆过的混凝土块	0.10	0.06	0.07	0.08
铺地毯的室内地板	0.02	0.14	0.37	0.65
混凝土上面铺有毡，或橡胶，或软木	0.02	0.03	0.03	0.02
木地板	0.15	0.10	0.07	0.07
装在硬表面上的 25mm 厚的玻璃纤维表面	0.14	0.67	0.97	0.85
装在硬表面上的 76mm 厚的玻璃纤维表面	0.43	0.99	0.98	0.93
玻璃窗	0.35	0.18	0.12	0.04
抹在砖或瓦上的灰泥	0.01	0.02	0.03	0.05
抹在板条上的灰泥	0.14	0.06	0.04	0.03
胶合板	0.28	0.17	0.09	0.11
钢	0.02	0.02	0.02	0.02

从物理学的角度来看，音乐只是一种声音。然而多少年来，音乐一直在帮助人们减轻劳累，愉悦身心，陶冶情操。因此说音乐调节也是一种防治噪声的好办法。例如，劳动号子、战士进行曲、伏尔加河船夫曲，音调悦耳，节奏感强，能在唤起人们更加努力地工作转移人们对部分噪声的注意力。

声音的生理作用我们已经讨论过，听觉刺激经过内耳转变为神经冲动，沿听觉神经进入中脑，也传入网状激活系统，使整个大脑皮层进入准备反应的兴奋状态。所以，声音也有兴奋大脑的作用，尤其是在工作单调的情况下。音乐有鲜明的节奏，有规律的声强变化，其效果更加显著。好的音乐能使整个人体处于兴奋状态，而刺激性和节奏性很强的音乐，也能分散人的注意力，影响脑力作业和持续警觉的作业，改善噪声导致的紧张状况和消极心境。有时候，音乐只适合于重复单调的工作，音乐分散注意力和干扰作业的情况，取决于人对音乐的选择，适当的音乐可以大大减轻其分散注意力的作用。工业界近几十年来为了改善工作条件，多次实验在单调的工作环境中运用音乐。英国的一项研究曾发现，音乐可以提高服装厂女工的生产速度。他们还发现，从上午 10 时～11 时 15 分放音乐的效果最好。而美国人的一项调查发现，绝大多数人希望在每天的工作时间内，播放 10～16 次音乐，上午 10 时左右和下午 3 时左右，是最欢迎的放音乐的时间，青年人和女工对音乐的要求则更为强烈。例如，在某装配车间放轻音乐后，日班产量提高了 7%，夜班产量提高了 17%。另外，放古典音乐似乎不如放轻音乐的效果好。对于背景音乐，它和背景噪声的作用则更是有着天壤之别。作为上述车间内的劳动音乐需要有明快的节奏和曲调，而近代起源于美国的一些所谓的背景音乐，是一种在政府机关、商店、候车室、饭馆甚至宿舍内播放的音乐，这种音乐是持续不断的，声音极轻，不引人注意，几乎不容易意识到。它的作用是把人包围在一个愉快和谐的气氛里，而不分散人的注意力，因此也适合于脑力作业。音乐可以为紧张忙碌的工作创造一个愉快的气氛，唤起人的热情，对于单调重复的工作尤为有效。另外，音乐对于那些噪声过大、甚至可能导致听力丧失的厂房和脑力作业的有利作用却并不多。

2. 噪声对环境行为的影响

（1）噪声与人的互助行为。

很多社会心理学家都认为，人在心情愉快的时候更容易帮助人，而噪声会影响人的心境变化，同时也会导致人忽视那些其他人需要帮助的暗示，因此也会间接影响人的互助行为。另外，对噪声的控制感也会影响助人行为。

（2）噪声与作业效能的关系。

噪声对作业效能的影响不仅取决于噪声的响度、对噪声的可预见性和对噪声的控制感，而且还取决于个人对噪声的适应水平和任务本身的性质。

根据耶尔克斯—多德森定律和唤醒理论，噪声所引起的恰当的唤醒水平能够提高任务绩效，而过高水平的唤醒则会妨碍任务绩效，有研究发现，90～110dB 的噪声并不影响简单的体力劳动和脑力劳动的绩效，而当响度相同时，如果噪声不可预见，则会妨碍需要集中注意力才能完成的任务和记忆任务。同时，对于那些自己认为能控制噪声的人来说，噪声对作业效能的影响也会减少。环境负荷理论认为，噪声越是不可预见，则越会引起人的注意，因此对作业绩效的干扰也就越严重。与此同时，噪音的后效对作业绩效的影响也十分显著。

一般来说，噪声对体力作业的影响很小，但对人的思维活动干扰极大，体育教练都知道噪声能降低运动员做高难度动作的成绩。事实上人们从日常生活的经验中都会想到噪声会降低人的作业效能和生产量，有趣的是这个不言而喻的结论却没有得到实验和现场调查的证实。而同对脑力作业和手眼协调的研究得出的结论互相矛盾的是，噪声有害于也有利于作业效能，当把噪声直接作为使作业效能下降的或者能导致分散注意力的刺激因素时，适当的噪声对作业是有利的。在单调作业时，噪声刺激可提高人的觉醒程度，从而提高作业效能。噪声还能遮掩其他的声音刺激，防止分散注意力，因而有时也有利于脑力作业。但是在大多数情况下，噪声的作用更多的是损害人的作业效能。例如，噪声对于一些要求高技能和处理许多信息等复杂的脑力活动都起着干扰作用；噪声能妨碍人做精细灵巧的活动；间断性或无法预料的强噪声（90dB 以上），可使脑力活动迟钝。同时，对一些工厂进行的研究还发现，当加工车间的噪声降低 25dB，废品率下降 50%；当装配车间的噪声降低 20dB，生产率提高

30%；当打字室的噪声降低25dB，打字错误下降50%等。这些研究都说明了控制噪声的重要意义。

在这些研究里，作业效能和任务绩效的提高，除了噪声降低这个原因以外，还有很多其他的原因。但有效的防治噪声，掌握噪声对作业的影响规律是提高作业绩效的重要手段之一。噪声对脑力活动的影响规律可归纳如下：

1）间断的，尤其是无法预料的噪声比连续噪声干扰大。

2）高频噪声比低频噪声的干扰大。

3）要求长时间保持警觉的工作受噪声干扰大。

所有这些现象都与觉醒程度是否进入了警觉状态有着密切的关系。在动物世界里，听觉是基本的报警系统，人的听觉系统的两个机能之一就是引起警觉。这些生理反应的生物意义是噪声的心理作用，噪声对人的情绪影响很大，这种情绪能够引起强烈的心理作用。自然界的声音，如树叶的沙沙声、流水的淙淙声听起来使人心旷神怡，而噪声和噪声环境就使人产生厌恶感，这种讨厌的情绪决定于主观和客观的各种因素，现归纳如下：

1）噪声强度越高，高频成分越多，引起的讨厌情绪也就越强。

2）不熟悉和间断的噪声更加令人讨厌。

3）个体对某噪声的经验也是一个重要因素，如经常干扰其睡眠和工作的噪声就特别容易使其产生厌恶感。

4）个体对噪声的态度或者看法也特别重要。

5）噪声干扰作用的大小还决定于受影响的人在做什么和当时的时间、境况。例如，正在做家务的妇女根本不会理会交通噪声和邻居的吵闹声，而正在午休的丈夫，就会十分讨厌这些噪声。

噪声引起的厌恶情绪是噪声的有害作用中最严重的一个。在进行相关的环境设计中必须仔细研究，避免噪声对人的心理伤害，才能确保作业者的身心健康。

（3）噪声与人际交往。

过强的背景噪声可以掩蔽人的谈话声音从而引起人际交往活动的不便。能够听清楚谈话的困难程度一方面与背景噪声的频率和振幅有关，即噪声越响、与谈话的频率越接近，其对谈话的干扰度就越强烈；另一方面则与说话者和听话者之间的距离有关系。

学校是需要言语交往最多的场所，因此也最容易受到噪声的干扰，如果噪声过大，老师们必须用力喊着讲课，讲课的内容和提出的问题都要经过多次复述，学生回答的问题老师必须走近才能听清，这不仅使学生注意力涣散、学习成绩下降，还会导致师生的心情烦躁，甚至出现乏力、耳鸣、头痛、失眠、记忆力减退等症状。同时，由于噪声通过网状激活系统刺激脑的自律神经中枢，甚至还可以引起内脏器官的自律反应，如心率加快等。

此外，噪声还会干扰其他场所的人们相互之间的语言交流。在人们进行语言交流时，当噪声增大，我们听觉某特定声音的能力便会逐渐下降，例如在嘈杂的候车大厅内，想听懂别人说的话就很困难。从许多声音中辨别出一种声音，决定于人对该声音的听觉阈限。当噪声在80dB以下时，此听觉阈限与噪声强度呈线性关系。另外，由于作业区的语言交流质量还取决于说话的声音强度和背景噪声的强度，如果说话声强高于噪声10dB时，音节的听懂率能达到40%～56%，也就是说可以听懂93%～97%的句子含义。实验证明这种语言交流质量能够满足大部分工厂和办公室的要求，所以，只要背景噪声比说话声音小就可认为语言交流能够正常进行。如果对所交换的语言信息的内容不熟悉（如上外语课），新词多且长时，则听懂音节的水平必须达到80%，这就要求说话声强比噪声高20dB以上。

在室内相距说话者一米的距离进行测量时，其说话声强如下：

1）轻声说话：60～65dB。

2）口述：65～70dB。

3）会议讲话：65～75dB。

4）讲课：70～80dB。

5）叫喊：80～85dB。

若某职业需要频繁的语言交流，则在一米距离测量时，讲话声不得超过65～70dB。由此可见，为了保证语言交流的质量，背景噪声不得超过55～60dB。如果所交流的语言比较难懂，则背景噪声不得超过45～50dB。在街道两旁的建筑内，尤其在夏季，当窗子打开后，受交通噪声的影响，室内噪声可达70～75dB，故对语言交流有极大干扰（见表4-5和表4-6）。

表4-5 办公空间与噪声

办 公 室	A声级（dB）	办 公 室	A声级（dB）
安静的小办公室及绘图室	40～45	安静的大办公室	46～52
嘈杂的大办公室	53～60		

表4-6 不同空间的噪声限值

A声级(dB)	不 同 地 方	A声级(dB)	不 同 地 方
28	电台播音室，音乐厅	47	零售商店
33	歌剧院（500座位，不用扩音设备）	48	工矿业的办公室
35	音乐室，教室，安静的办公室，大会议室	50	秘书室
38	公寓，旅馆	55	餐馆
40	家庭，电影院，医院，教堂，图书馆	63	打字室
43	接待室，小会议室	65	人声嘈杂的办公室
45	有扩音设备的会议室		

（4）噪声与健康的关系。

通过研究，我们早就意识到噪声对健康的危害，听力损伤是长期暴露在高响度噪声的环境中的直接后果之一。

听觉是除视觉以外人类第二大感觉系统，它由耳和有关神经系统组成（图4-30）。听觉要素主要包括：音调（频率）、响度、声强。人类可听到的声音频率范围是20～20 000Hz，但是随着响度、强度会有变化，这三者都会互相影响。室内听觉环境的设计主要包括以下两大类：第一类是使人悦耳的声音如何为人听得更清晰、效果更好，这主要是音响和声学设计的问题，在一些影剧院里涉及较多。第二类是人不爱听的声音，如何去消除，即噪声控制。由此可见，噪声已经引起人们的高度重视。次强噪声能引起短时的听力丧失，但经常发生短时的听力丧失，就会导致永久性的听觉丧失，称为噪声聋。内耳的感声细胞受噪声影响逐步退化是出现永久听力丧失的原因。随着年龄的增加，听力丧失的人其听力也会有所下降，听力下降是从高频部分开始的，以 3000Hz 纯音的听觉阈限为例，不同年龄的人其听力丧失情况也不同，例如，50 岁丧失 10dB；60 岁丧失 25dB。通过听力丧失预测噪声负荷和听力丧失规律的研究，使我们能够预测噪声对听力的损害性，国际标准局也有表可查。预测的听力丧失称为可能听力丧失，它与噪声的强度和受噪声影响的时间等因素都有密切的关系。人体的耳朵结构图如图 4 - 30 所示。

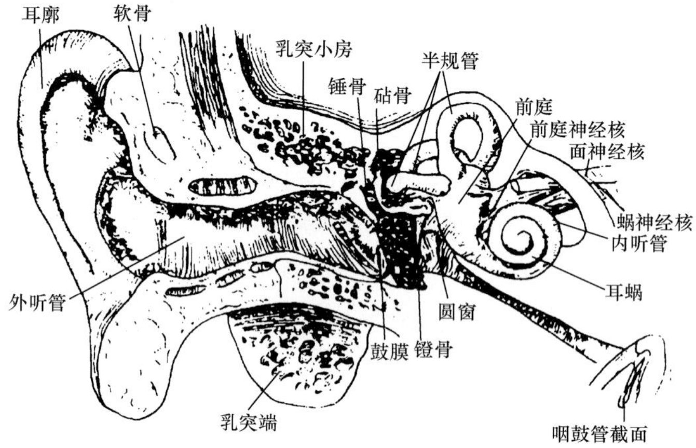

图 4 - 30　耳朵结构图

眼睛是继耳朵之后的又一受害器官。有资料表明，当音响强度在 90dB 以上时，人眼识别弱光反应的时间将会延长，有 40%的人瞳孔扩大；当音响强度达到 115dB 时，眼睛对光亮度的适应性将下降 20%，同时还会伴有色觉能力的削弱。

噪声可以引起的三大干扰包括：警觉干扰、睡眠干扰和心理应激。过多的暴露于噪声还会增加应激，从而引起一系列的心理疾病和生理疾病，例如精神疾病、高血压、肠胃病，甚至胎儿畸形等严重后果。

噪声从多方面危害人的健康，同时也损害人的寿命。但是面临越来越多的生活噪声的困扰，人的身体也在逐渐与环境适应。人能否逐渐适应于噪声，研究结果仍不清楚，实验的结果也互相矛盾，有的说人有一定的噪声适应能力，有的则说没有，甚至认为人对噪声的感觉时间越长就会越敏感。可以说，从噪声问题的日趋严重状况和噪声引起的厌烦心理来看，只能说人是无法适应噪声的，即使存在一定的适应能力，也远远小于噪声对健康的有害作用。协调噪声与健康体力的恢复是身体健康的基本保证，夜间睡眠、工间休息和午休都有利于体力恢复。如果噪声对自律神经系统的刺激作用不限于工作时间，而且延续到了休息和睡眠时间，则人在应激和恢复之间的平衡就被破坏，噪声就成了造成慢性劳损、作业效能下降以及各种慢性疾痛的重要原因之一。根据世界卫生组织（WHO）的定义，健康是指生理和心理的健康。由此可见，不仅噪声造成人的耳聋，而且诸如睡眠受干扰、体力恢复不足、每日怀着对噪声讨厌的心理都是健康状况不正常的表现。

3. 人体工程学与噪声问题的关系

（1）人体工程学为研究和解决噪声问题提供依据。

我们要想在环境中有所行动，所做的第一步就是要了解环境和了解我们自身。我们用视觉、听觉、嗅觉、触觉和味觉等感觉接收环境信息。我们观察道路、地物、界限和其他环境特征获取某一地方的信息；我们听掠过树林的风声、沙漠的风沙声、瀑布的水声，可能更多的是各种各样的噪声，譬如大街上的车辆声和熙来攘往的行人声；我们还嗅到树木花草那沁人心脾的清香和大自然的各种气息，有时也嗅到令人恶心的腐烂物的恶臭味。所有这一切都能让我们开始明白一些事物的位置和环境的属性。然而，环境的各个方面是一个整体，各个感官也必须同时起作用，这就体现出了人体工程学这一综合性学科的重要之处。

我们观察并倾听各种环境及其各种声响，触摸并体味各种不同的事物，浪花之柔软，尝起来却十分苦涩；苹果之光滑，入到嘴里却是甜甜的；雨丝之冰凉，溜到唇边却是无味的。我们的各个感官接收环境不同特性的第一手资料，帮助我们在头脑中建立起一个个环境的画面。盛夏，当我们进入一座教堂时，看到的是充满宗教气氛的祭坛和高旷的空间，伴之以阴森森的感觉和较长的混响时间。如果这三种感觉中缺少任何一个，就会感到不自然。而通过人体工程学研究，深入的剖析人的各种感官和环境之间的关系，多元的考虑噪声问题给人们带来的困扰，可以利用不同感官的相互作用完善环境设计，从而削弱、转移或者消除噪声。在进行人体工程学研究的同时，利用对人体尺度和人体感知的研究、与人的行为活动相关的机械产品的研究、人类社会生活和工作环境的研究，充分的考虑噪声引起的问题，从而最终制定解决问题的措施和方案，使人—机—环境更大程度的得到统一发展。

（2）为声环境设计提供重要依据。

为了给人营造更加舒适的环境以增加人的作业效率和提高人与环境的协调程度，建筑的声环境设计是一个关键环节，除了人的视觉感知以外，在人进行活动的同时可以通过声环境营造氛围、提供暗示和帮助，以及必要的引导、调节人的情绪并最终提高任务绩效。而合理的声环境设计，需要有人体工程学等学科作为设计依据来完成，基于人、产品和环境等各方面的基础研究，能为声环境设计提供可靠的理论支持，然后再通过完善声环境设计，最终解决大量影响人的行为的噪声问题。

四、污染

随着人类社会工业和经济的发展，近几十年来污染问题已经成为威胁城市环境的严重问题之一，而其中又以空气污染为最甚，由于空气污染是所有污染中最广泛、最严重的一种，所以以下着重对空气污染进行介绍。

1. 污染的定义及分类

（1）污染的定义。

同拥挤和噪声一样，不同种类的污染也属于应激物的范畴，如空气污染就是弥漫于环境空间的无孔不入的背景应激物。由于各种污染的性质、污染方式、危害程度和污染源性质的不同，各种污染也有其各自明确的定义。

（2）污染的分类。

污染按照其性质的不同主要分为空气污染、声污染、光污染和水污染等，这些污染不仅严重影响人的身心健康，阻碍社会经济的发展，甚至威胁到人类的生存。所有的污染都是我们所面临的严峻挑战，是迫切需要我们通过科学的研究，运用强有力的技术手段来解决的严重问题。

其中，声污染一般指噪声污染，前面我们已经介绍过。而光污染泛指影响自然环境并对人类的正常生活、工作、休息和娱乐带来不利影响、损害人们观察物体的能力以及引起人体不舒适感和损害人体健康的各种光，包括白亮污染、眩光污染、人工白昼、彩光污染和激光污染等，这些情况给人带来的视觉污染，在我们的日常生活中非常普遍。例如有些高层建筑设计若布局不合理，还会使街道形成终年不见阳光的阴影区，或将高空风引向地面形成强风带，或阻碍地面污染物扩散而加重污染，从而造成局部小气候恶化，影响树木成活率和人的正常活动。此外，玻璃幕墙的大量使用也带来了现在城市普遍存在的光污染。1997 年夏季，光污染已成为上海市民投诉的热点。有的居民大热天不敢站在窗口凝视，太阳落山时，强烈的反光又把阳光投射到他们家中，使室温比一般民宅高 4～6℃。有些玻璃幕墙（如茶色的）含有放射性元素钴的成分，在阳光照射下会形成反射性污染，严重时会破坏人的造血功能，引发癌症和其他疾病。驾车的司机有时也会被镜像迷惑、有时眩光刺目，以致短时失去对路况的观察力而导致交通事故。凹形建筑的玻璃幕墙由于有聚光作用还会带来火灾隐患。

图 4-31 赛博大厦曲面玻璃幕墙光污染效果

在济南市解放路与山大路路口东北角，赛博大厦南向外墙曲面状的镜面玻璃幕墙，对周围环境构成了光污染，特别是对路口交通主干道上司机的视线形成了较大干扰；赛博大厦曲面玻璃幕墙光污染效果如图 4-31 所示。

水污染的定义是：水体因某种物质的介入，而导致其化学、物理、生物或者放射性等方面特征的改变，从而影响水的有效利用，危害人体健康或者破坏生态环境，造成水质恶化的现象。水是生命之源，在当下大力发展经济而导致生态失衡、环境恶化的趋势下，对于水污染的防治迫在眉睫。

2. 空气污染

空气污染的程度用空气污染指数（API）来表示，根据国家环保总局的统一规定，我国的空气质量按照 API 值划分为五个等级：0～50 是一级，空气质量为优；51～100 是二级，空气质量为良；101～200 是三级，属轻度污染；201～300 是四级，属中度污染，此时敏感体质的人群就会有明显的反应，一般人群也有可能出现眼睛不适、气喘、咳嗽、多痰等症状；大于 300 为五级，是重度污染，此时的健康人群也会出现明显症状，有时运动耐力降低甚至会提前出现某些疾病。

（1）空气污染的来源。

1）汽车尾气。

随着世界经济的快速发展，城市中机动车拥有量迅速增长，机动车尾气已成为城市空气最重要的污染源。尾气中对人体有害的成分主要有铅、一氧化碳、氮氧化物、碳氢化合物以及由尾气在光作用下产生的一种具有强氧化作用的浅蓝色烟雾，称光化学烟雾。20 世纪 40～50 年代，美国洛杉矶上空经常出现这种烟雾滞留不散，居民随即发生眼睛红肿、流泪、咳嗽、呼吸困难、喉痛、胸痛，甚至心肺功能衰竭等症状，最严重的一次竟导致两天之内 65 岁以上的老人死亡 400 余人。尤其是在塞车的时候，消耗的不只是时间，更多的是我们的健康。一般来说，怠速、低速或起伏状态下的机动车比高速运行时耗油量大，排出的废气也更多，因此，越是塞车造成的空气污染就越严重。在我国，1994 年在广州大道的一次严重塞车过程中，就发生过车中一群小学生呕吐、昏迷等尾气中毒事件。目前北京已率先对机动车尾气进行严格的监测与控制，对改善首都空气质量也已取得明显的成效。

2）煤烟。

近年来，我国因燃煤排放的二氧化硫急剧增加，目前排放总量已超过欧洲和美国，居世界首位。二氧化硫排放量剧增进一步加重了城市大气污染，酸雨范围不断扩大，酸雨频率大幅度增长，降水酸度明显增加。酸雨和二氧化硫不仅危害人类健康，而且腐蚀建筑材料，破坏生态系统，已成为制约社会经济发展的重要因素之一。以酸沉降量超过生态系统所能承受最大值（酸沉降临界负荷）来表示生态系统受酸沉降影响的区域，我国 1995 年大约为 210 万平方千米，占国土面积的 21.9%。据国内外专家估算，这一年酸雨污染给森林和农业造成的直接经济损失就达几百亿元。为减少二氧化硫排放量，采用含硫低的优质煤或用其他更好的燃料取代煤是有效的办法之一。此外，通过建筑设计尽量采用保温性能好的围护结构，取暖供热计量收费等办法来节约能源，也是减少空气污染的有效途径。

3）工业废气。

工业废气是造成酸雨的第二大污染源，如炼钢厂、化工厂、炭黑厂、造纸厂等排放的废气使许多地区酸雨频频出现。例如，广东全省酸雨频率高达五成，广州市酸雨频率高达七成甚至九成。尤其是在造纸厂附近居住的人会深受令人窒息的恶臭废气的困扰。

4）餐饮业与街头烧烤。

随着城市居民生活节奏的加快和流动人口的增加，服务业尤其是餐饮业发展极为迅速，生意红火的大小餐馆的空调器、大小火炉、抽油烟机等设备排放的黑烟以及近几年流行的烧烤，都是城市居民反映最强烈的问题之一，成为城市环境治理的一大难题。

5）室内污染。

有研究显示，室内空气污染程度常常高出室外 5～10 倍，有时甚至 100 倍。而人的一生约有 70%～90%的时间是在各种不同的室内环境中度过的，人类疾病有 6 成以上是由室内污染引起的。这包括由于通风系统输送的新风量不足等诸多原因引起的办公大楼综合征；由中央空调系统的空气处理室通过通风管道散布病菌，或者由混凝土表面、天棚、地毯甚至蓄水池散播有害物质，依赖巨大的能源消耗来应付不必要的冷热负荷的病态建筑；还有可排出二甲基胺、二氧化硫、丙酮、酚等 25 种毒物的人肺，含有苯、四氯乙烯、二氯乙烯、氯仿等 16 种挥发性毒物的人的呼气，以及消化系统、皮肤表面分泌物及化妆品等带来的人体污染；能释放甲醛、苯类物质、氨气、氡和其他放射性元素的建筑和装修材料造成的污染等。

(2) 空气污染的危害。

空气污染对人健康的损害是非常严重的，在主要污染物中，二氧化氮会损害呼吸功能、降低人体对疾病的抵抗力；一氧化碳阻止包括大脑和心脏在内的人体组织吸收足够的氧气，还会导致视力与听力损伤、震颤性麻痹、癫痫症、头疼、乏力、记忆力减退、反应迟钝甚至产生精神疾病；空气中的汞、铅、石棉等微粒会引起呼吸系统疾病、癌症、贫血和神经系统疾病；光化烟雾会引起眼睛发炎、呼吸道疾患、心血管损坏甚至癌症；二氧化硫主要导致呼吸系统疾病。这些空气中的有害成分通常是多种物质同时作用，引起众多疾病和危害，是人类健康的一大敌人。

(3) 空气污染的影响。

1) 空气污染对人的行为的影响。

城市的汽车流量、排放污染物的工厂的位置和数量是判断城市空气污染程度的线索，然而对大多数人来说，主要凭视觉和嗅觉，通过大气的能见度、可见烟雾、所用物品上的灰尘和难闻的气味来判断空气污染的程度。甚至还有一些污染物是视觉和嗅觉都是觉察不到的，或者因为人体的逐渐适应而忽略其存在的。例如一氧化碳既无色又无味，因而人们常常在不知不觉中遭受这些污染物的危害。空气污染的威胁会引起消极的情感反应，还有那些凭视觉和嗅觉可明显感知到的空气污染，其对行为的最直接影响是户外活动的减少。难闻的气味还可能导致人对相应的环境甚至环境里的人的反感情绪，这种内隐的消极情感也必然会影响到对环境中的人的态度和外显行为，进而影响社会环境。

2) 空气污染对任务绩效的影响。

既然空气污染会降低对伴随出现的其他感觉对象的评价甚至引起反感，那么它必然也会影响人们对在这一环境中所从事的各项活动的兴趣和评价，因而也会降低有关的任务绩效，如学习绩效、工作任务绩效等。空气污染与绩效的关系大都涉及一氧化碳。一氧化碳产生于含碳物质的不完全燃烧。在交通高峰时刻，高速公路上的一氧化碳的典型浓度可达 25～125ppm。过高浓度的一氧化碳会使任务绩效明显受损，随着一氧化碳浓度的增加，在更短的时间内绩效的损害就会达到同样的程度。有关研究还指出，空气污染，包括一氧化碳污染，对“反应时”，即从刺激信号出现到开始反应所用的时间，手工技巧以及注意力都有不利的影响。主要交通干线的空气污染还能影响驾驶技能，从而增加交通事故的发生率。

3. 人体工程学与空气污染的关系

通过我们对人体工程学的了解，把研究的对象和目的按照人的行为需求进行剖析，能够在建筑环境设计和产品设计时充分考虑人的行为和环境因素的关系。在污染问题日益严重的今天，人体工程学将适合人的尺度、人的生理卫生需求和健康需要、产品的生产和环境的建设等环节统筹研究，结合生理学、心理学、卫生学、人体解剖学、人体测量学、环境保护学、环境医学和系统科学等相关学科的相关研究，为解决环境问题、改善污染现状、提出有效的对策，以及量化人需要的环境信息提供了理论依据和技术支持，是我们在人—机—环境和谐发展的进程中强有力的催化剂。

第五章 建筑空间与人体工程学

第一节 建筑空间与人体尺度概述

一、人体工程学与相关学科的关系概况

人体工程学强调"以人为本"，提倡高效细致地为人服务。在当今社会中，深入分析人类在社会生活和生产活动中的各种行为规律，探讨人类与所操作的机器（仪器、武器装备、各种设备、家具）之间、人类与所使用的空间环境（车、船、飞机内舱空间，建筑空间）之间的相互协调关系，研究其内在的规律，进行人性化的科学设计，以期最大限度地减少疲劳、提高功效，舒适、健康、安全地进行各种工作和生产及日常生活活动。

人体工程学与相关学科及人、环境、设施的相互关系，如图5-1所示。

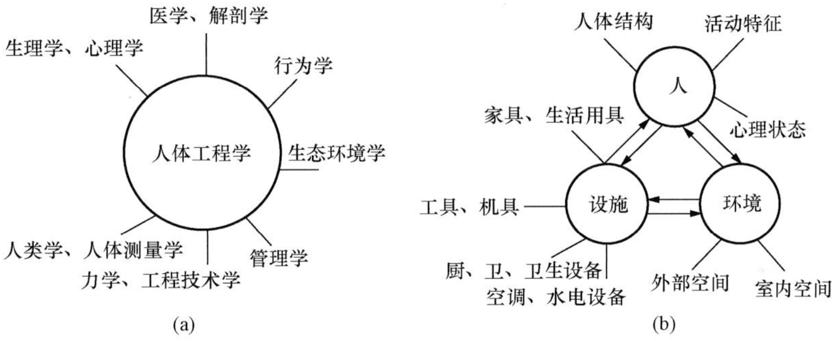

图5-1 人体工程学与相关学科及人、环境、设施的相互关系示意图
（a）人体工程学及相关学科；（b）人、环境、设施的相互关系

在空间环境设计当中，人体工程学的含义是：以人为主体，运用人体计测、生理计测、心理计测等手段和方法，研究人体结构功能、生理、心理、力学等方面与空间环境之间的合理协调关系，以适应人体的身心活动要求，以取得最佳的使用效能。

二、人体尺度概述

1. 人体构造

人体的基本构造是由头部、躯体和四肢所组成；人体构造与人体工程学关系最为紧密的是运动系统中的骨骼、关节和肌肉；在神经系统的指挥下，骨骼、关节和肌肉使人体完成一系列的运动。

公元前1世纪的古罗马建筑师维特鲁威发现男人人体尺寸基本上是以肚脐为中心，双手平伸的长度正好是人体高度，双足及双手指尖恰好在以肚脐为中心的圆周上。文艺复兴时期达·芬奇创作的人体比例示意，如图4-1所示。

2. 人体尺寸（静态尺寸）

人体尺寸是人体功效学研究最基本的数据。人体在固定标准位置的躯体尺寸，为静态尺寸，也称为结构尺寸。中国人的静态尺寸，按照我国1988年公布的资料显示：成年男子平均身高为167cm，体重为59kg；成年女子平均身高为157cm，体重为52kg；由于我国地域

辽阔，各地区人体尺寸存有一定差异，特别是随着国民生活水平的提高，使得近年来青少年的身高明显得到增加。我国成年男女中等身高地区的静态尺寸如图 5 - 2 所示；我国具有代表性地区的成年男女身体各部分的尺寸见表 5 - 1；中国、苏联、日本、美国成年男子平均身高的比较见表 5 - 2。

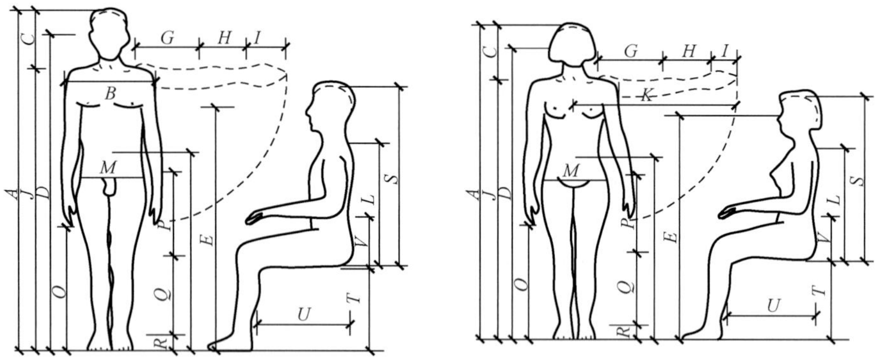

图 5 - 2　我国成年男女中等身高地区的静态尺寸

表 5 - 1　　我国不同地区人体各部分平均尺寸　　mm

编号	部　位	较高人体地区（冀、鲁、辽）		中等人体地区（长江三角洲）		较低人体地区（四川）	
		男	女	男	女	男	女
A	人体高度	1690	1580	1670	1560	1630	1530
B	肩宽度	420	387	415	397	414	385
C	肩峰至头顶高度	293	285	291	282	285	269
D	正立时眼的高度	1513	1474	1547	1443	1512	1420
E	正坐时眼的高度	1203	1140	1181	1110	1144	1078
F	胸廓前后径	200	200	201	203	205	220
G	上臂长度	308	291	310	293	307	289
H	前臂长度	238	220	238	220	245	220
I	手长度	196	184	192	178	190	178
J	肩峰高度	1397	1295	1379	1278	1345	1261
K	1/2 上骼展开全长	869	795	843	787	848	791
L	上身高长	600	561	586	546	565	524
M	臀部宽度	307	307	309	319	311	320
N	肚脐高度	992	948	983	925	980	920
O	指尖到地面高度	633	612	616	590	606	575
P	上腿长度	415	395	409	379	403	378
Q	下腿长度	397	373	392	369	391	365
R	脚踝高度	68	63	68	67	67	65
S	坐高	893	846	877	825	350	793
T	腓骨头的高度	414	390	407	328	402	382
U	大腿水平长度	450	435	445	425	443	422
V	肘下尺寸	243	240	239	230	220	216

表 5-2　　几个国家成年男子平均身高的比较　　mm

国　家	中　国	苏　联	日　本	美　国
平均身高	1670	1750	1600	1740

3. 人体动作区域（动态尺寸）

人体进行各种活动时，身体各部分所占空间的范围即是动作区域；由于是在人体活动的情况下测量得到的，故称动态尺寸，也称为功能尺寸。

动态尺寸对于各类设计领域具有非常重要的实用价值。如在汽车设计中，驾驶室的空间尺度、座椅尺度和各项操作设计；军用坦克的驾驶舱空间大小、各种武器的使用操作；室内设计中，家具的尺度、座椅的高度等，都是建立在人体动态尺寸的分析研究之上的。人体站、坐、跪、躺及头部活动的各种动态尺寸如图 5-3 所示。

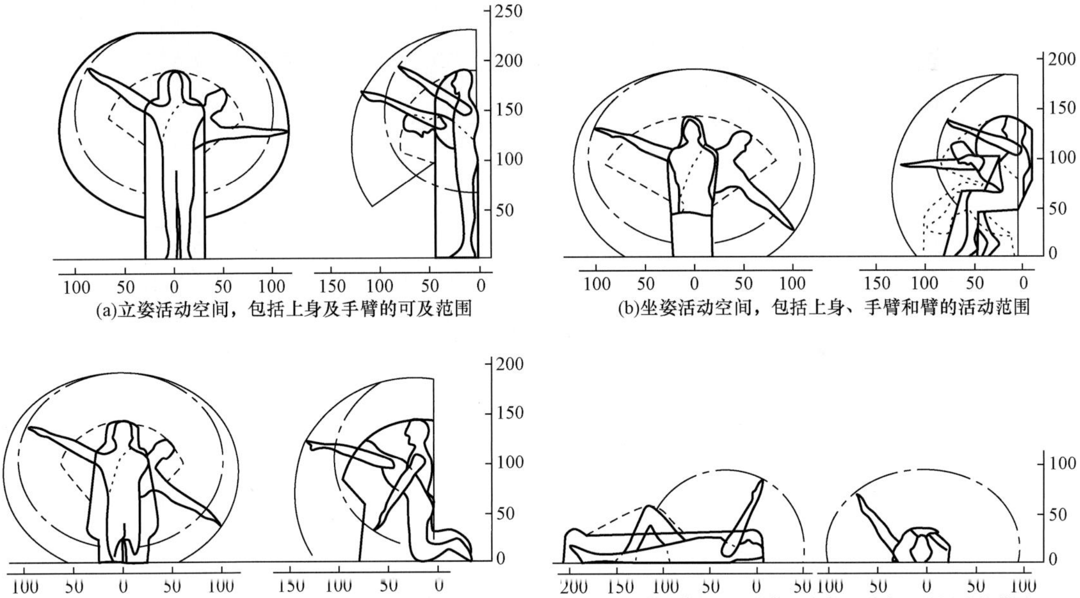

(a)立姿活动空间，包括上身及手臂的可及范围

(b)坐姿活动空间，包括上身、手臂和臂的活动范围

(c)跪姿活动空间，包括上身及手臂活动的范围

(d)仰卧姿势的活动空间，包括手臂和眼的活动的范围

图 5-3　人体活动的各种动态尺寸

可作为各种空间设计依据的，人体基本动作的动态尺寸如图 5-4 所示。

三、人体生理计测

人体在进行各种活动时，生理上会发生相应变化；通过各种科学记录测量手段，进行科学、客观的测定，以分析人体在活动中的能量、负荷及相应变化；为工程设计提供相应依据。人体生理计测的主要方法有肌电图法、能量代谢率法、精神反射电流法。

1. 肌电图法

把人体活动时肌肉张缩的状态通过仪器测定，以电流图的形式记录下来，分析确定人体进行该项活动的强度及负荷程度。

2. 能量代谢率法

把人体活动时由于能量消耗而相应引起的耗氧量，与平时耗氧量相比，来测定人体处于活动状态的强度；其能量代谢率（RMR）的计算方法为

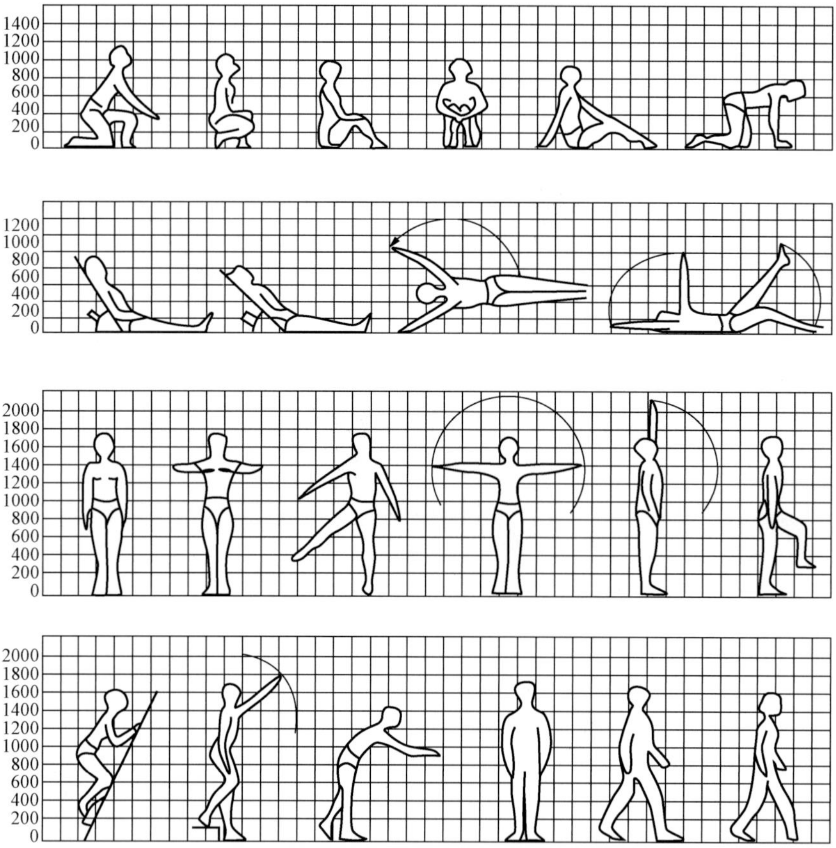

图 5-4 人体基本动作的动态尺寸

能量代谢率(RMR)=(运动状态耗氧量−安静状态耗氧量)/基础代谢耗氧量

经过精确测算，人体在进行不同活动时其能量代谢率（RMR）见表 5-3。

表 5-3 人体进行不同活动的能量代谢率

活动项目	能量代谢率（RMR）	活动项目	能量代谢率（RMR）
浸泡浴盆里	0.44	熨衣服	1.13
睡眠	0.8	步行 50m/min	1.6
使用缝纫机	1.01	步行 60m/min	1.8
洗浴	1.51	步行 70m/min	2.2
拖地板	1.73	步行 80m/min	2.8
擦皮鞋	1.8	步行 100m/min	4.7
扫地	2.15	百米赛跑	20.8

3. 精神反射电流法

通过对人体进行活动时排除的汗液量作电流测定，定量了解外界精神因素的影响强度，来确定人体活动时的负荷量。

以上三种方法是人体生理计测的主要方法。表 5-4 给出了以人体生理计测方法测定的几种职业一天24小时的能耗量。

表5-4　不同职业一天24小时的能耗量　kJ

职　　业	每24小时能耗	
	男	女
公共汽车驾驶员、纺织工人、速记员、钟表工人	10 080～11 340	8400～9450
医生	12 600	10 500
家政工、邮递员、鞋匠	13 860	11 550
生产线工人、	15 120	12 600
芭蕾舞演员、建筑装修工人	16 380	13 650
矿工、运输工人、伐木工人	17 640～20 160	

四、人体心理计测

人体心理计测采用的方法有精神物理学测量法和尺度法。

1. 精神物理学测量法

用物理学的方法，研究测定人体神经的最小刺激量和感觉到刺激量的最小差异。

2. 尺度法

通过在直线上划分若干刻度，相应表示出在心理感觉上的量度，来反映人的心理感觉变化；如对新旧、美丑、优劣、冷暖、大小、高低等的依次评价。

如对冷暖的心理评价如图5-5所示。

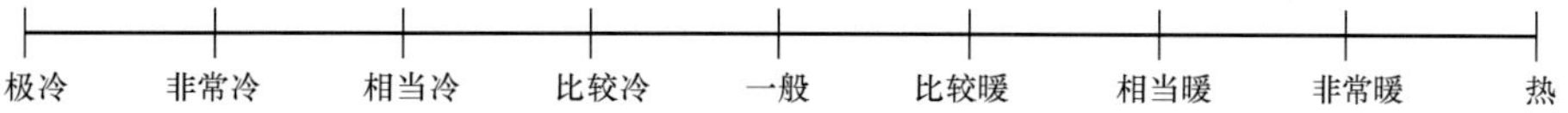

图5-5　冷暖的心理评价

第二节　家居空间尺度与人体工程学

人体工程学作为一门新兴学科，与室内外的环境设计有着密不可分的关系，其基本原理可以应用于建筑空间设计的各个方面，且影响到室内空间及家具、设备使用上的方便和安全。在今天，随着我国建筑设计及室内外环境艺术设计水平的不断提高，人体工程学的应用，将会向一定的深度和广度延伸。

一、人体工程学与家具

住宅建筑的空间尺度及家具、设备的构成，在历经数千年生活体验的积累和通过现代人体功效学的细致研究，使得现代家居空间的尺度设计和家具、现代设备构成，更加反映现代人体功效学的研究成果，更加贴近现代生活的需要。

作为家具的使用者，人体的尺度应该作为家具的设计依据。家具的造型、尺寸、位置及使用家具的空间，都应该由人体功效学予以科学地解决，以设计出令人使用舒适且符合美学规律的家具。

以住宅室内设计为例，根据日常生活起居的行为规律，分析人体功效学在居室环境设计中的具体应用。图5-6所示是人体一般生活起居的行为动作。

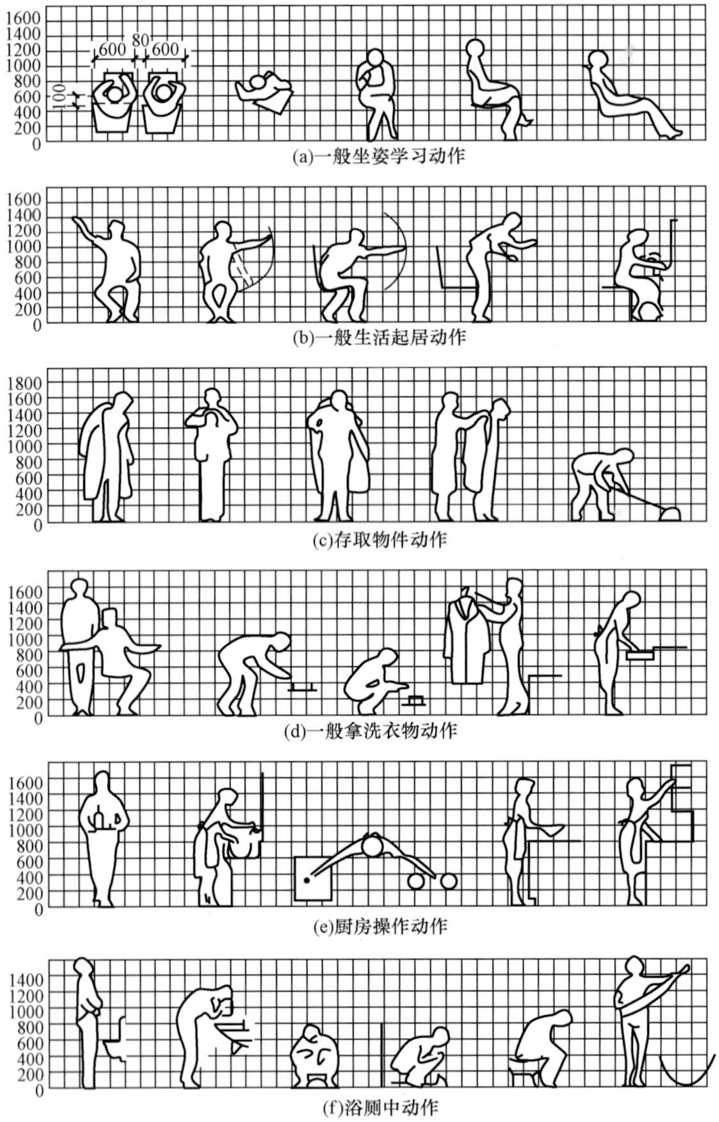

(a)一般坐姿学习动作
(b)一般生活起居动作
(c)存取物件动作
(d)一般拿洗衣物动作
(e)厨房操作动作
(f)浴厕中动作

图 5-6　人体一般生活起居的行为动作

1. 沙发

沙发是起居室中主要的家具之一。沙发的尺寸应主要考虑男性身体的尺度需要。沙发座高应考虑与膝同高的关系，沙发座宽应考虑与肩宽的关系（应考虑较高大的身材需要），沙发座深应考虑与臀部和膝部之间长度的关系（应考虑较小的身材需要），沙发与茶几的距离应考虑人伸手能方便拿到的茶几上的东西，同时还应考虑人腿的放置与人体通行的关系。双人及三人沙发根据人体功效学原理进行的平面和立面设计，如图 5-7 所示。沙发与茶几的距离易选用较小的间距尺寸。

2. 座椅

座椅的尺寸和造型不仅要考虑人体的尺度需要，还应考虑人体躯干的受力关系和特殊的功能需要。

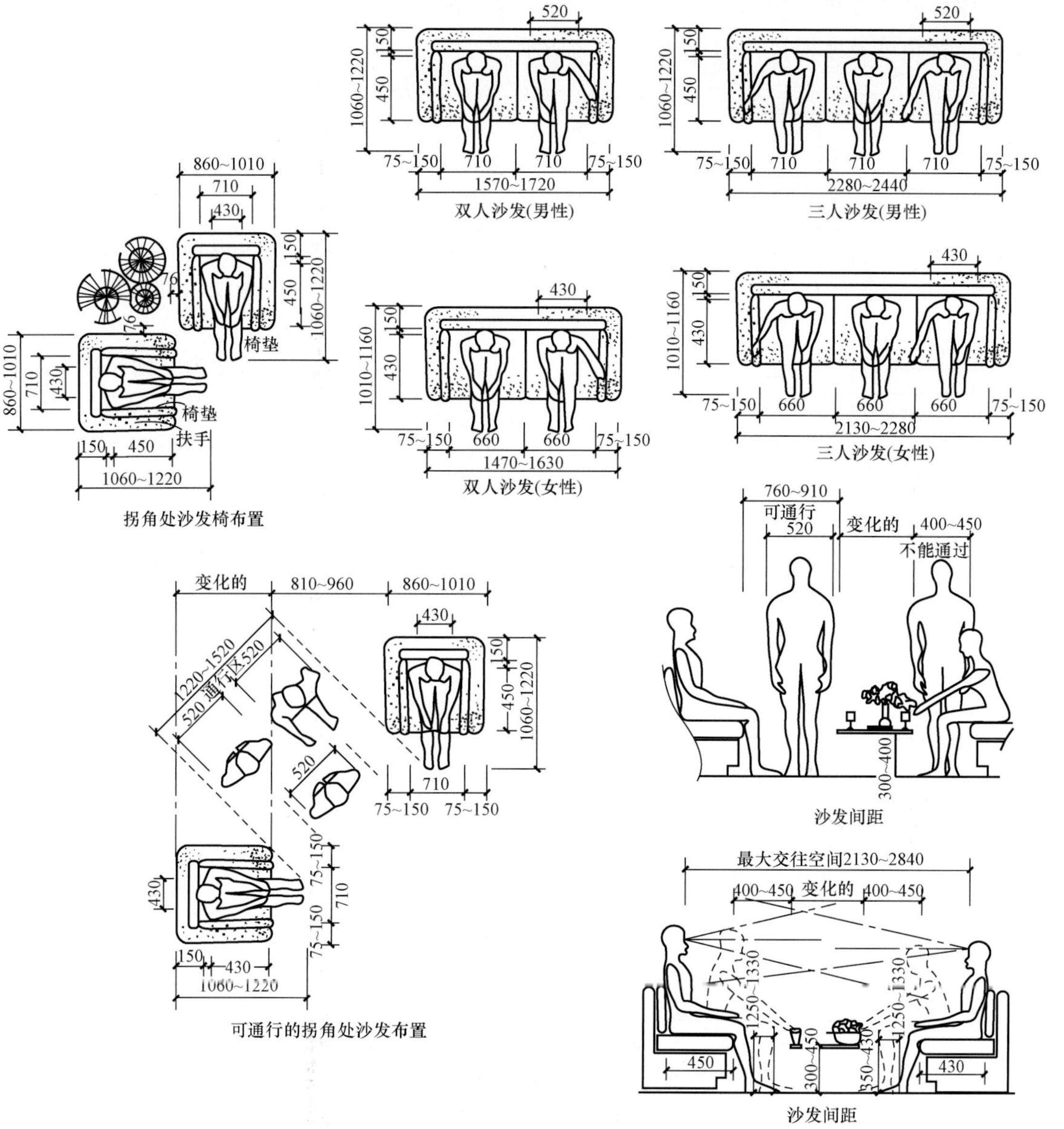

图 5－7　双人及三人沙发的平面及立面设计

（1）座椅高度。

考虑不同人体需要，男性和女性分别取 39cm 和 36cm，再加上鞋跟高度，通常取 43cm 的座椅高度；目前，许多家具厂家生产可调节高度的座椅，满足了不同身高的人的需要。

（2）座椅的宽度和深度。

座椅的宽度应考虑较高大的身材，一般不应小于 40cm（若多个座椅并排，应考虑肩宽的尺度需要）；座椅的深度应考虑较小的身材，一般不应超过 43cm；这样的尺寸设计，可以减少对大腿的压力。

（3）座椅的靠背。

座椅靠背的合理曲线有利于身躯的稳定性和使用座椅的舒适性；通过人体工程学的研究

发现，座椅的椅面角度为 3°，靠背角度（椅面与靠背之间）为 100°时，人体感觉比较舒服；座椅的靠背角度及座椅尺寸示意如图 5-8 所示。

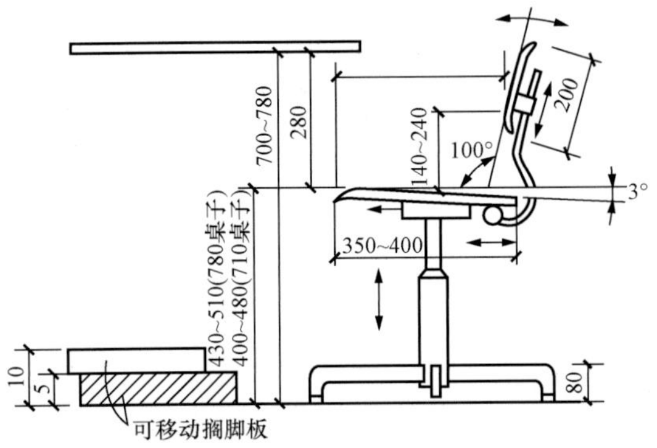

图 5-8 座椅的靠背角度及座椅尺寸

3. 餐桌

当在餐厅或起居室中布置餐桌时，餐桌的平面尺寸应结合座椅数量设计；座椅同餐桌结合布置时，餐桌同墙之间的距离不宜小于 152.4cm，这样既可以使椅子拉开，又可以保证椅子后面有一条使人通过的走道，如图 5-9 所示。

二、人体工程学与室内空间尺度

根据人体基本尺度的静态尺寸、动态尺寸、心理空间及人际交往空间等因素，作为确定室内空间范围的主要依据。由于不同人体的身高可能有所不同，男女人体的尺寸通常在一定幅度内变化。如在起居室、卧室、书房的空间设计中，考虑不同的人体尺度及各种起居活动的需要，而设计出的空间尺寸，应有一定的调整幅度。在居室平面空间设计中，主要是考虑尺寸最大的家具——床的多种布局方式。住宅室内空间通常采用的尺寸范围见表 5-5。

表 5-5　　住宅室内空间通常采用的尺寸范围　　mm

房间名称	开　间	进　深	层　高	备　注
主卧室	3300～3900	3900～5100	2500～2800	所示房间平面尺寸均为轴线尺寸
次卧室	3000～3600	2700～4200	2500～2800	
书房（工作室）	2400～3300	2700～3600	2500～2800	
起居室（客厅）	3300～4800	3900～5700	2500～2800	
厨房	2100～3000	2100～3000	2500～2800	
卫生间	1800～2700	2100～3000	2500～2800	

具体进行起居空间设计时应采用何种尺寸，通常作如下考虑。

1. 依据人体的动态尺寸

通常根据人体活动的动态尺寸确定住宅室内空间的尺度范围见表 5-5 和图 5-10 所示；所考虑的室内净高尺寸不宜小于 2.40m。

2. 依据较高人体尺寸

通常根据较高人体的高度考虑所需空间尺度，如上下楼梯段的净高、门洞高度、床的长度等，此时可采用男性人体身高上限 1.74m，另加鞋底厚度 2cm，合计 1.76m，所设计的门扇净高一般为 2m。

3. 依据较低人体尺寸

根据较低人体的高度考虑所需局部空间及部分家具的尺度；如楼梯的踏步、碗柜、搁板、操作台、案板的高度等；此时可采用女性人体平均身高 1.56m，另加鞋底厚度 2cm，合计 1.58m 来考虑。

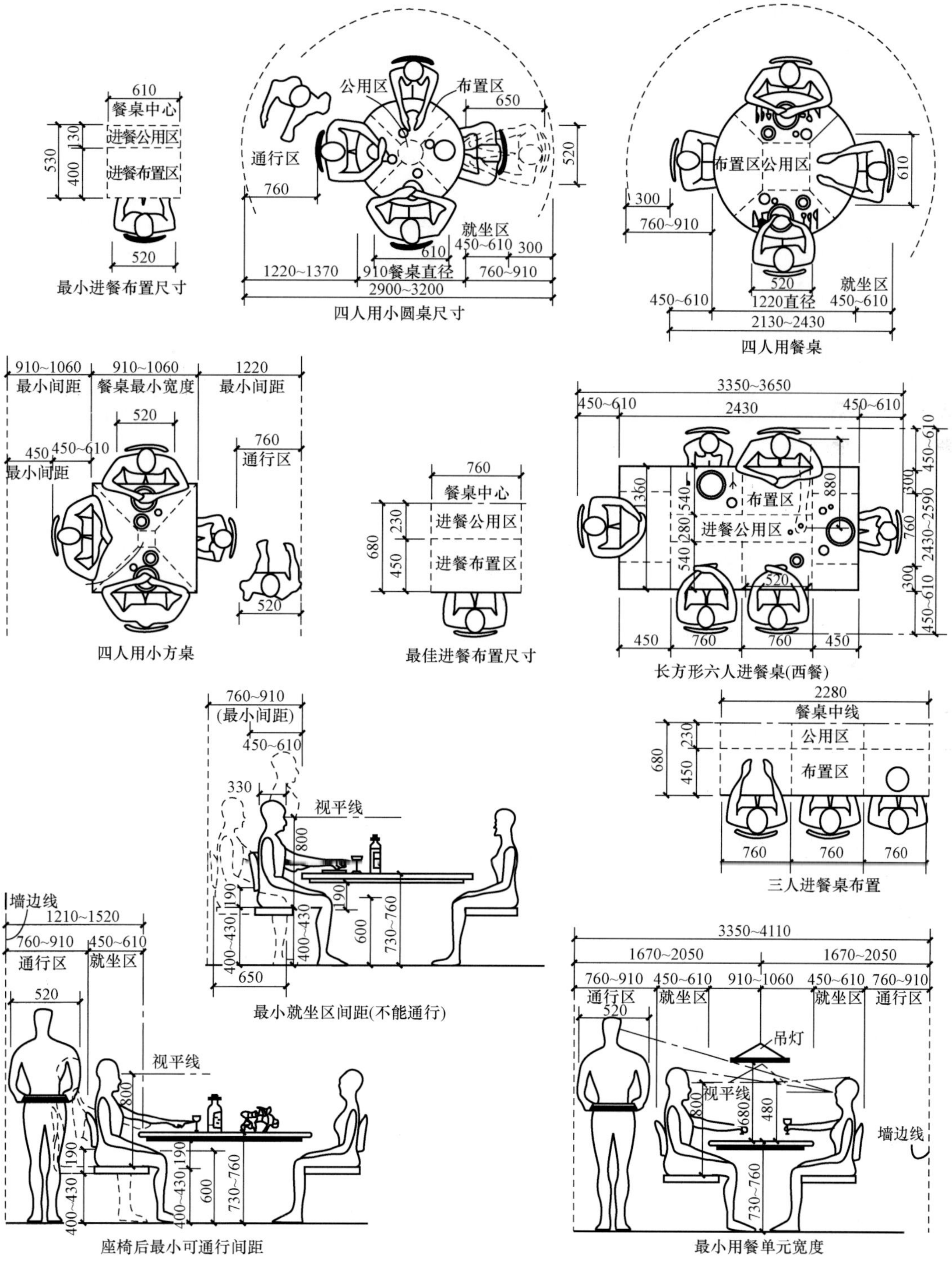

图 5-9　座椅同餐桌布置示意

4. 依据人体的平均尺寸

一般室内空间的尺度设计，按男女成年人的平均身高 1.67m 和 1.57m 来考虑，另加鞋底厚度 2cm。

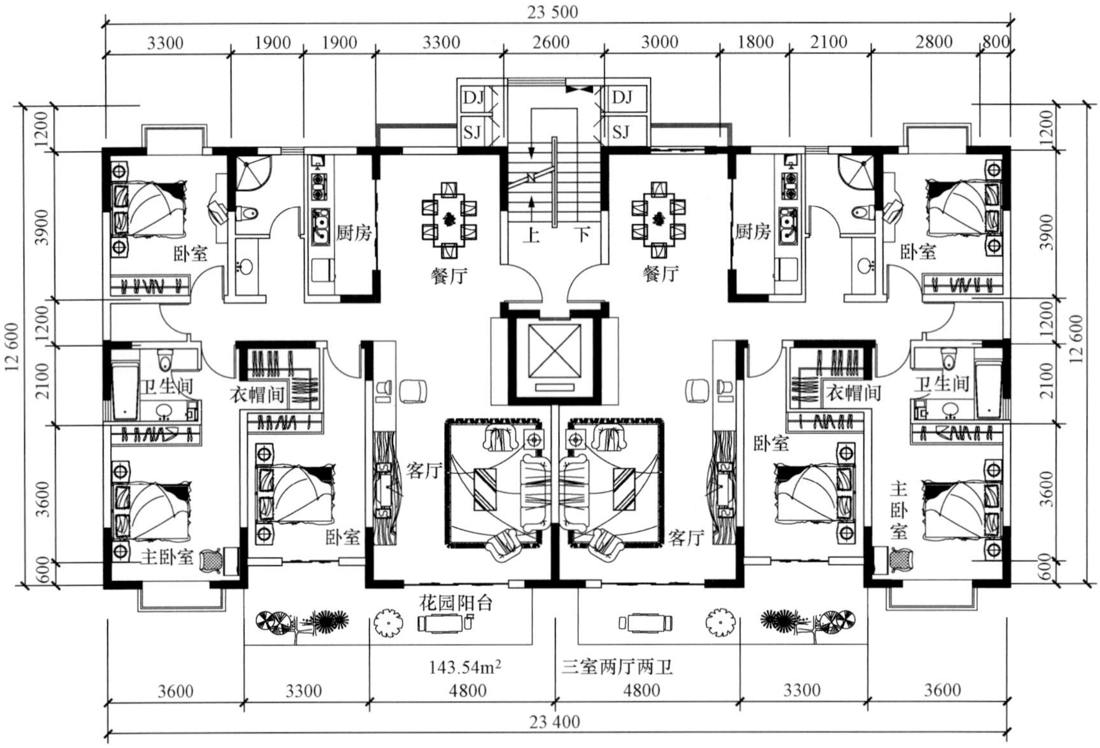

图 5-10 某住宅平面设计的空间尺寸示意图

三、人体工程学与室内物理环境

随着我国物质和精神生活水平的不断提高，人们越来越注重生活质量的同步提升，特别是室内物理环境的质量改善，更需要采用人体工程学的研究方法进行改善。通常室内物理环境包括视觉环境、声学环境、热工环境、触觉环境和嗅觉环境等。

1. 室内视觉环境（光环境）

室内视觉环境涉及室内采光与照明、视觉信息的传递、视觉过程、室内界面色彩等多方面的内容。

（1）水平面内视野角度范围。

在人的视野区域里，双目的视野称为“双眼视区”（也称为“综合视区”）。在水平视区范围内：视点中心 30°～60°之内，易于识别颜色；在 5°～30°之间，易于识别字母；在 10°～20°之间，易于识别字体；人眼在水平面内视野角度范围如图 5-11 所示。

（2）铅垂面内的视野角度范围。

人眼在铅垂面内的视野角度范围从图 5-12 中可以看出：人在站立时的自然视线为 0°～10°；人眼在坐着时的自然视线为 0°～15°；人眼观看物体的最佳转动范围为 0°～30°的视野范围。

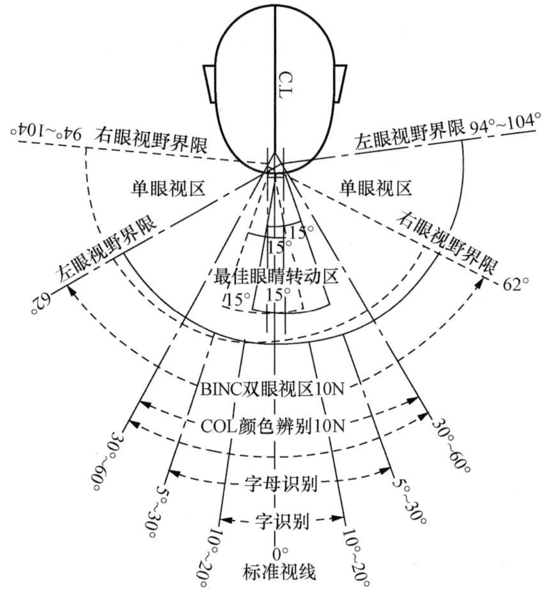

图 5－11　人眼在水平面内的视野角度范围

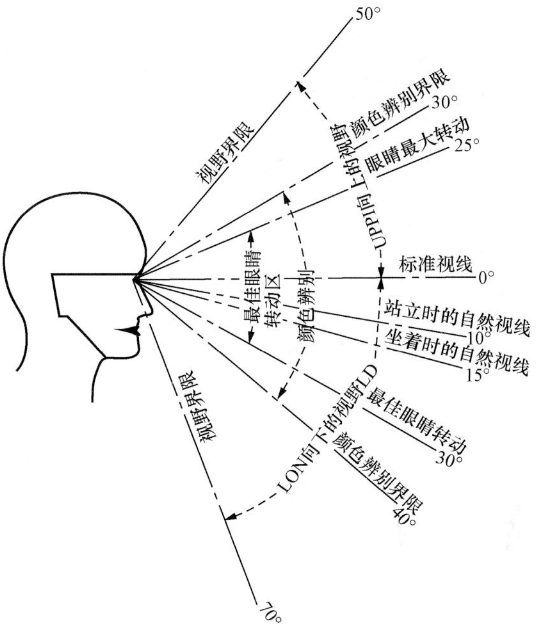

图 5－12　人眼在铅垂面内的视野角度范围

另外，人眼对不同颜色构成的视野感觉也不一样；通常白色给人的视域感觉最大，黄色、蓝色和绿色次之。

2. 室内声学环境（声环境）

在音乐厅、影剧院、会议室、录音室等对音质要求较高的空间中，良好的音质条件显得非常重要，应该对这些空间进行特殊的声学设计；而对于音质要求一般的起居空间，则主要通过对空间界面的吸声降噪处理，分户墙（隔墙）及门窗的隔声处理，以及室内家具饰物的布置，来取得较好的音质效果。

室内噪声的度量以噪声级的大小为标准，噪声级的单位称为分贝（dB）；人耳刚刚能听见的最弱声音的强度为 0dB，人耳可以忍受的最大噪声为 120dB，户外白天噪声超过 60dB，夜晚超过 50dB，人的听觉会感觉不适。

我国最新发布的 GB 50118—2010《民用建筑隔声设计规范》考虑人体听觉系统，对住宅、学校、医院、旅馆室内允许噪声级的规定，见表 5－6。

对于室外噪音的影响，可通过门窗的隔音密闭处理加以解决；对于卫生间管道的噪音，可通过对管道的隔音处理（包吸音棉毡、外加铝箔）加以解决。

在某些商业空间增加背景音乐有利于工作环境的改善，节奏轻快、平缓的音乐确实能提高工作效率，音乐为人们提供了一个轻松愉悦的生活氛围。

3. 室内热工环境（热环境）

人体对室内的热工环境有比较明显的适应关系；人体的正常体温在 36.5℃ 左右，对于室内环境温度的舒适性要求随季节而发生变化；通常冬季室内的适应温度低于夏季的适应温度，冬季和夏季的室内适应温度分别为 18℃ 和 25℃ 左右；当环境温度低于或高于这些室温的适应温度时，人体的皮肤就要进行相应的吸热或放热；可通过增加或减少衣服来调节皮肤的舒适感；同时还可通过供暖或空调措施，调节室内的环境温度。

表 5-6　　民用建筑室内允许噪声级（A 声级）　　dB

<table>
<tr><th>建筑类别</th><th>房间名称</th><th>时间</th><th>特殊标准</th><th>较高标准</th><th>一般标准</th><th>最低值</th></tr>
<tr><td rowspan="2">住　宅</td><td>卧室、书房（或卧室兼起居室）</td><td>白天
夜间</td><td></td><td>≤40
≤30</td><td>≤45
≤35</td><td>≤50
≤40</td></tr>
<tr><td>起居室</td><td>夜间
白天</td><td></td><td>≤45
≤35</td><td colspan="2">≤50
≤40</td></tr>
<tr><td rowspan="3">学　校</td><td>语言教室、阅览室</td><td></td><td></td><td>≤40</td><td></td><td></td></tr>
<tr><td>普通、合堂、美术、自然、音乐教室、琴房等</td><td></td><td></td><td></td><td>≤50</td><td></td></tr>
<tr><td>健身房、舞蹈教室、实验室、办公室及休息室</td><td></td><td></td><td></td><td></td><td>≤55</td></tr>
<tr><td rowspan="4">医　院</td><td>听力测试室</td><td></td><td></td><td colspan="2">≤25</td><td>≤30</td></tr>
<tr><td>病房、医护人员休息室</td><td>白天
夜间</td><td></td><td>≤40
≤30</td><td>≤45
≤35</td><td>≤50
≤40</td></tr>
<tr><td>手术室</td><td></td><td></td><td colspan="2">≤45</td><td>≤50</td></tr>
<tr><td>门诊室</td><td></td><td></td><td colspan="2">≤55</td><td>≤60</td></tr>
<tr><td rowspan="5">医　院</td><td>客房</td><td>白天
夜间</td><td>≤35
≤25</td><td>≤40
≤30</td><td>≤45
≤35</td><td>≤50
≤40</td></tr>
<tr><td>会议室</td><td></td><td>≤40</td><td>≤45</td><td colspan="2">≤50</td></tr>
<tr><td>多用途大厅</td><td></td><td>≤40</td><td>≤45</td><td>≤50</td><td></td></tr>
<tr><td>办公室</td><td></td><td>≤45</td><td>≤50</td><td colspan="2">≤55</td></tr>
<tr><td>餐厅、宴会厅</td><td></td><td>≤50</td><td>≤55</td><td>≤60</td><td></td></tr>
</table>

在使用空调的条件下，可以参考表 5-7 所示室内热工环境的主要参照指标，作为室内热工环境设计的重要依据。

表 5-7　　室内热工环境的主要参照指标

参照项目	允许值	最佳值
室内温度（℃）	12～32	冬季：16～20 夏季：24～28
室内相对湿度（%）	15～80	冬季：40～60 夏季：40～65
室内气流速度（m/s）	冬季：0.05～0.20 夏季：0.15～0.30	0.1 0.2
室温与墙面温差（℃）	6～7	冬季：<2.5

续表

参照项目	允许值	最佳值
室温与地面温差（°C）	3～4	冬季：<1.5
室温与顶棚温差（°C）	4.5～5.5	冬季：<2.0

4. 室内触觉环境

人体皮肤及四肢具有较灵敏的触觉，有许多感觉神经，能感知周围环境温度、湿度的变化；如温度高时，皮肤能出汗散热；室温低时，则皮肤受冷收缩。

故在室内环境设计中，经常与人体接触的界面，人们喜欢采用质地柔和的材料，以获得一种舒适温暖的感觉。如木质家具、木栏杆、木地板、木质装修界面，能给人一种温暖的触觉感受；布艺、真皮、软包等质感柔和的材料，由于触觉上的舒适感觉，也受到了人们的欢迎。

而对于盲人等生理残疾的弱势群体，室内空间界面的人性化设计能够帮助他们辨别空间位置并解决行走导向等现实问题。

5. 室内嗅觉环境

室内嗅觉环境是室内环境设计中的一个组成部分，良好清新的流通空气能使人感觉到心情愉快，各种不同的香味能使人产生不同的心理感受，并可以调节人们的情绪。

目前的室内装饰装修材料中，部分含有一定的有害物质，使得某些室内空气中含有对人体有害的气体，影响了住户的身体健康，污染了室内空气。如甲醛、苯、氡气、氨等有害气体，特别是在某些人造板材（细木工板、密度板、强化复合地板等）、胶黏剂、油漆中含有的甲醛气味（甲醛释放环境温度≥19°C，释放时间 3～15 年），对人的呼吸嗅觉系统的刺激较大，刺鼻的异味，能使人感到头晕、恶心等；另外厨房中的二氧化碳、油烟气，卫生间内的异味等（排水地漏内应蓄水，通过水封作用可阻隔异味上升），对室内空气质量的影响也较大；因此，要首先解决好房间的通风换气问题，通过开窗通风或机械排风，使有害气体迅速排出室外；故应注意材料质量的选材把关，选择使用环保装修材料，所选用装修材料应该满足国家标准 GB 50325—2001《民用建筑工程室内环境污染控制规范》中的相应规定。

四、人体工程学与卫生间洗浴设施

一般住宅内的卫生间，空间不大，但需要布置各种卫生洗浴设备，以解决人们各种日常的洗浴、化妆及排泄活动。应该从人体工程学的角度出发，进行卫生间内的环境设计，使人们最大限度的感受到使用上的舒适和方便。

1. 卫生间内的常用设备设置

通常卫生间内布置的各种卫生洗浴设备有：洗手盆、座式便器、浴盆或淋浴器等。各种卫生洁具的安装尺寸应考虑不同人体尺度（男性、女性、儿童）的需要；如洗手盆台面安装高度与人体尺度关系如图 5-13 所示。较为适宜的洗手盆台面安装高度范围为 76～94cm（可开发能够调节高度的洗手盆）；洗手盆台面宽度为 50～60cm。

浴盆和淋浴器的尺寸同人体的尺度关系如图 5-14 所示；淋浴喷头（可采用软管喷头）高度宜采用 170～180cm，且可以调节高度；浴盆的喷头高度应使坐在浴盆内能方便使用；

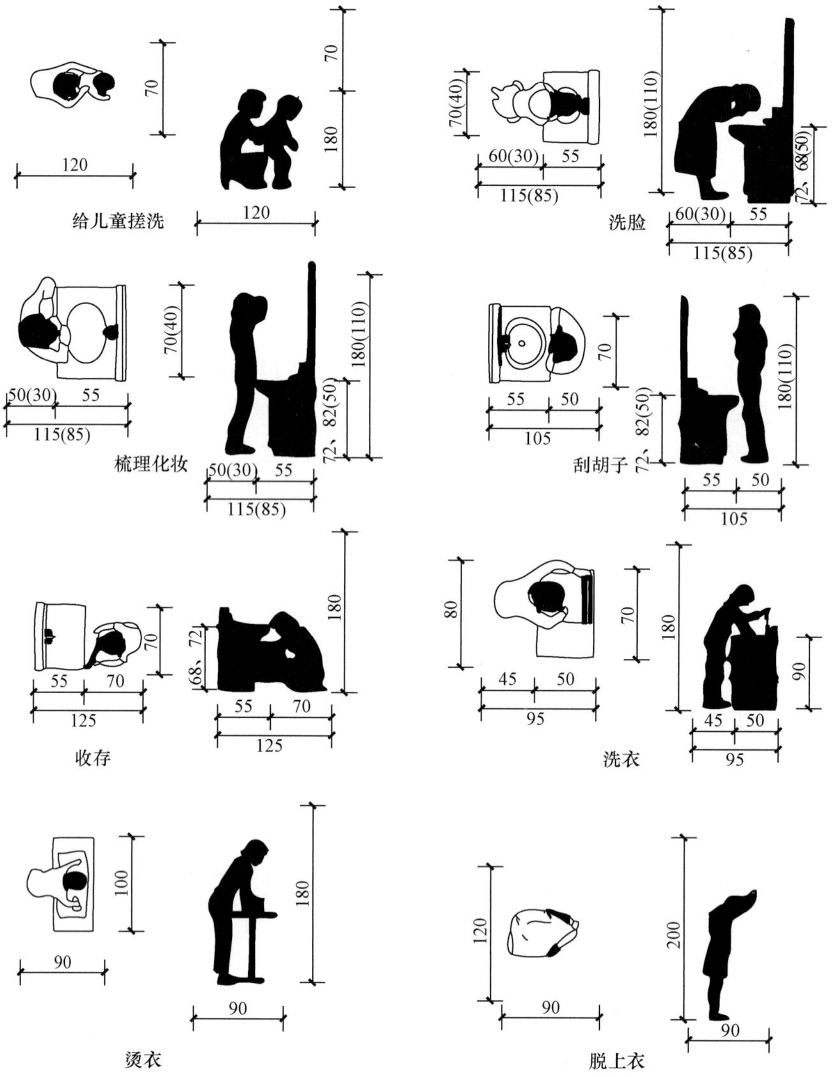

图 5－13　洗手盆台面安装高度与人体尺度关系（单位：cm）

注：（　）内为儿童使用时的数字

墙面设置壁龛或毛巾托架的适宜高度为 100cm 左右。

便器（坐便器、蹲便器、小便器）尺寸同人体的尺度关系如图 5－15 所示；防水手纸盒距地面高度约为 80～90cm。条件许可时，可采用有自动冲洗、消毒、调控水温功能的智能型座式便器。

2. 卫生间地面的防滑处理

卫生间地面应进行防滑处理，特别是淋浴区地面，易使人脚滑跌倒，故地面可铺设防滑橡胶地毯、防滑地砖或麻面花岗石板；同时在墙面设置不锈钢扶手（高 100cm 左右）。

3. 考虑残疾人的使用要求

考虑残疾人使用卫生间的需要，其使用卫生洁具需完成比常人复杂得多的动作；从人体功效学及人性化设计的角度出发，需设置一些必要的辅助使用装置，如扶手、支撑、地面防

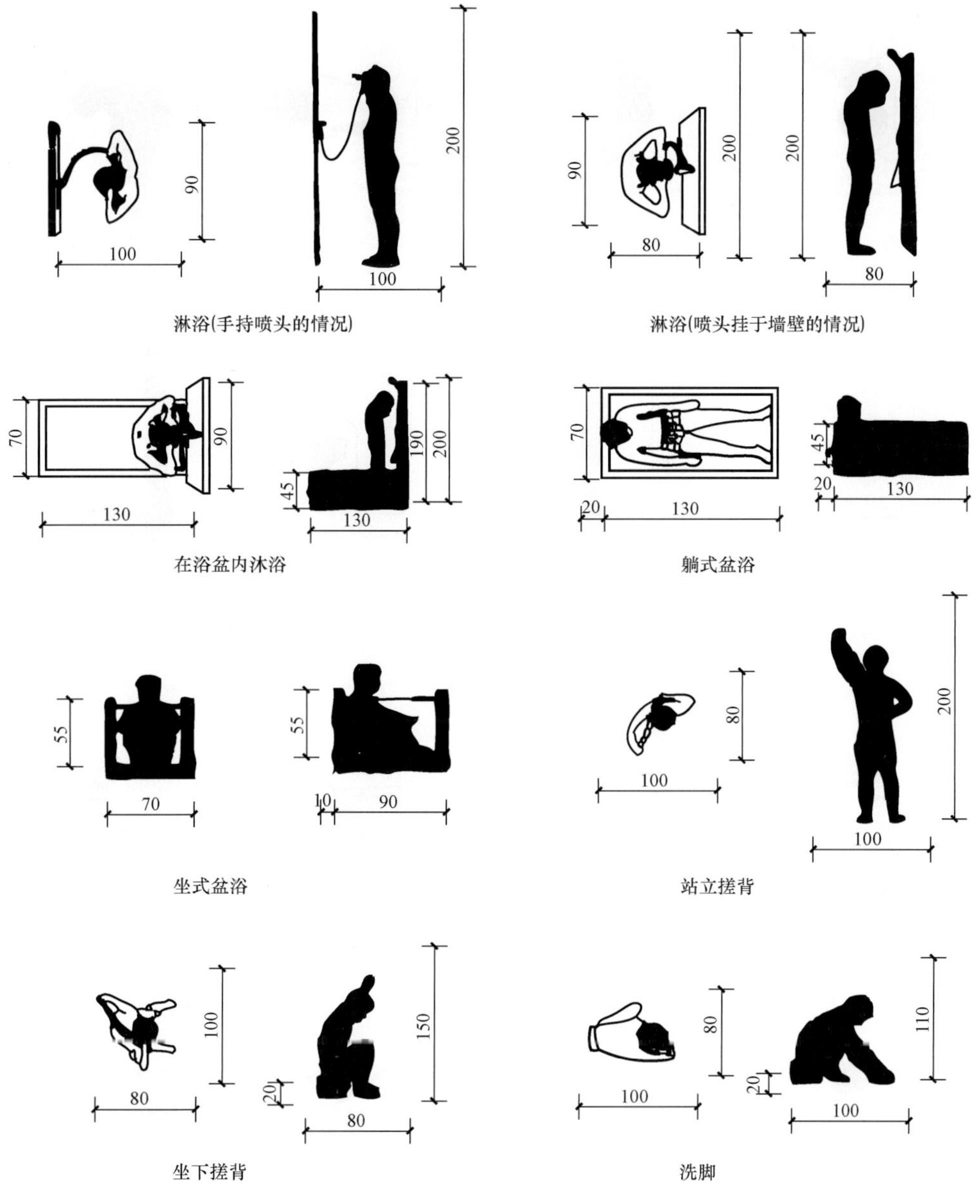

图 5 - 14　浴盆和淋浴器的尺寸同人体的尺度关系（单位：cm）

滑处理、引导信号装置（供盲人使用）等，设置残疾人专用卫生间；同时应考虑使用轮椅的空间尺寸需要，能方便的进出卫生间，使用卫生洁具，构成一个使用效果良好的人性场所。残疾人使用轮椅需要的空间尺寸，如图 5 - 16 所示。

专用卫生间室内设施应满足无障碍设计的要求，残疾人专用无障碍卫生间内景如图 5 - 17 所示。

五、人体工程学与厨房设施

厨房内的设施尺寸与人体尺寸关系非常密切，从使用和人体工程学的角度出发，厨房设施的尺寸关系到人体使用厨房设备的方便舒适和安全。厨房内的常用设施有：橱柜、洗涤池、吊柜、炉灶、油烟机、冰箱、烤箱、微波炉、洗碗机等。

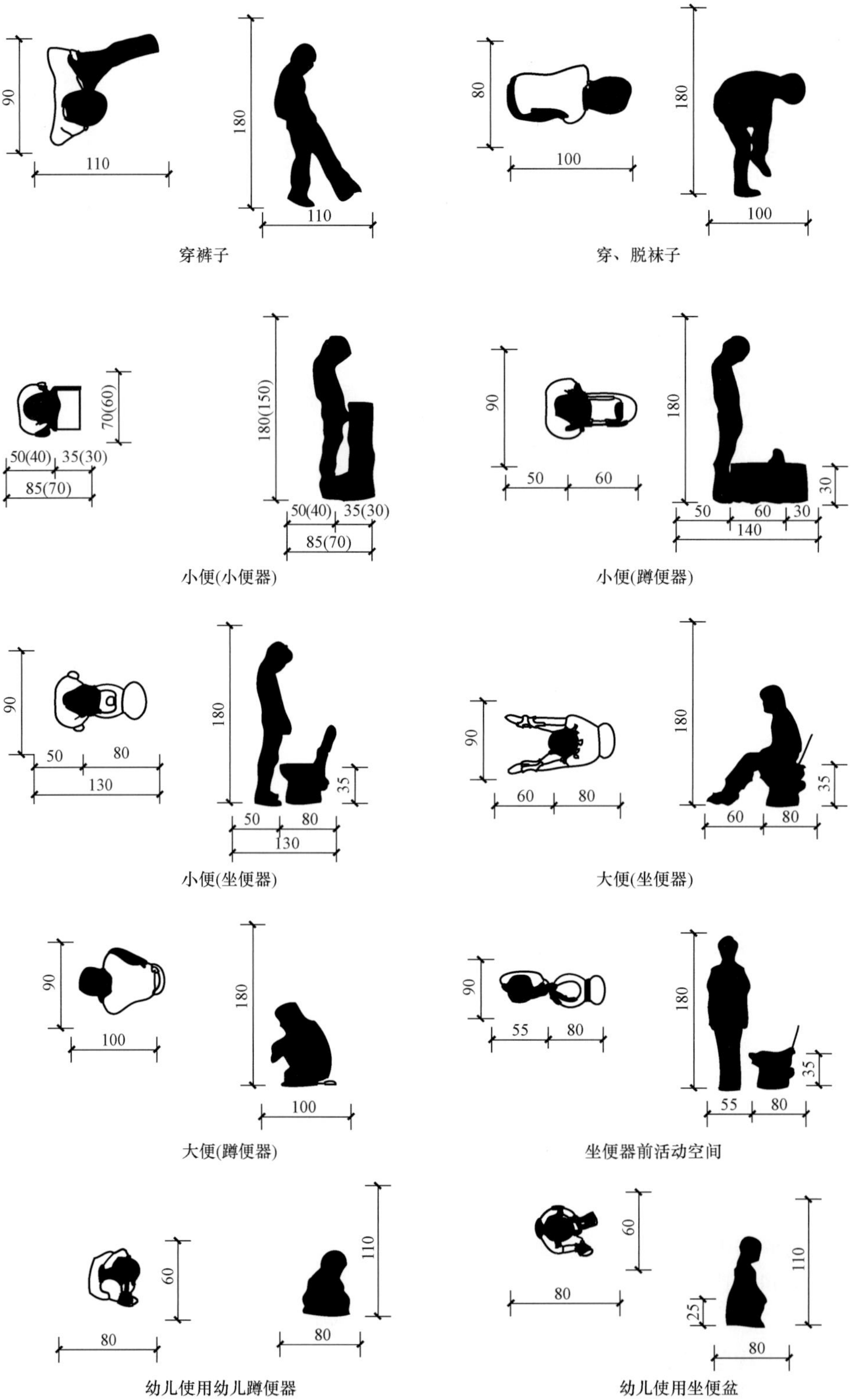

图 5-15 坐式便器的尺寸同人体的尺度关系（单位：mm）

注：（ ）内为儿童使用时的数字。

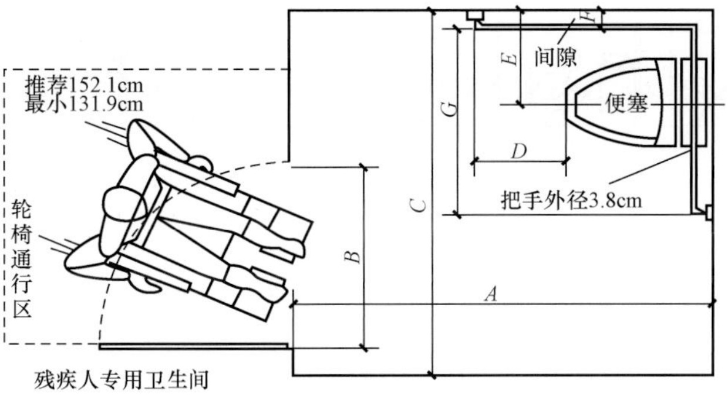

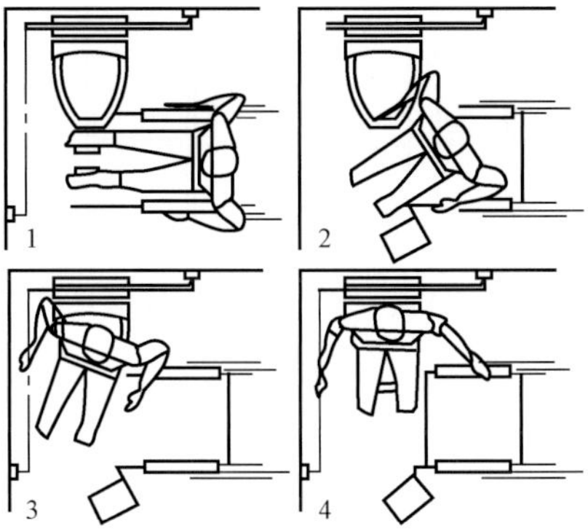

单位：cm

A	182.9
B	81.3
C	167.6
D	45.7
E	45.7
F	3.8
G	91.4
H	137.2
I	147.3
J	30.5
K	76.2
L	25.4
M	35.6～38.1

图 5-16　残疾人使用轮椅需要的卫生间空间尺寸

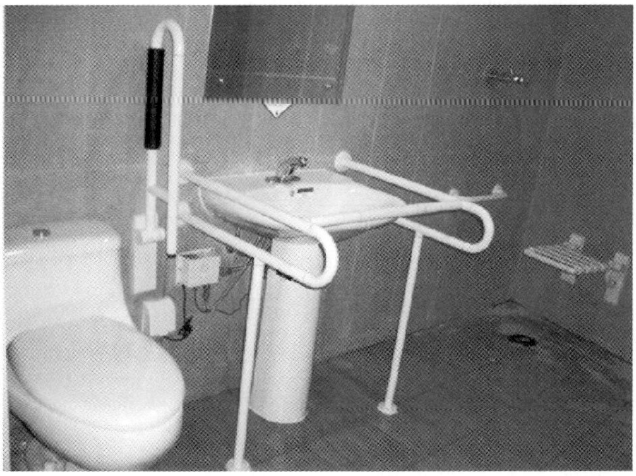

图 5-17　残疾人专用无障碍卫生间内景

考虑我国大多数人的人体尺寸，通常操作案台（90cm）、炉灶台面（80cm）与洗涤池高度为 80～90cm；台面宽度为 50～60cm；厨房内的设施详细尺寸与人体尺度关系，如图 5-18 所示。

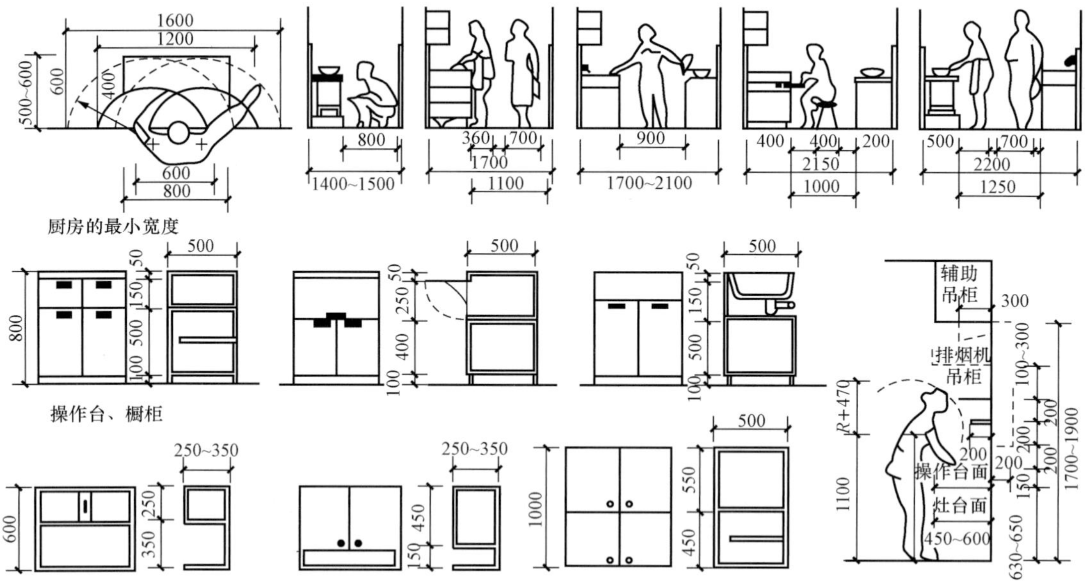

图 5-18　厨房内的设施详细尺寸与人体尺度关系

第三节　办公空间尺度与人体工程学

随着现代生活节奏的加快，许多白领阶层患职业病的比例愈加突出，长期在封闭式空调的建筑物内办公，可能出现的一系列症状，被称之为“办公大楼综合症”，如眼干、头痛、疲倦、注意力不集中、腰酸、颈椎痛等。故在办公空间设计中应该重视人文要素和以人为本的设计理念，而人体功效学在现代办公空间设计中也越来越被设计师所重视。对办公室中的办公桌、电脑台、座椅等办公家具的功效学研究和空间尺度的合理设计，对办公人员的身心健康起着较为重要的作用。

一、人体工程学与办公家具

1. 大空间办公家具的布置

现在许多开放式大空间办公采用低矮隔断式组合家具，它可将数件办公桌以隔断方式相连，形成一个较小的办公空间，构成办公单元；在布局中将这些办公单元以直排或斜排的方法来巧妙组合，使其设计在变化中满足现代办公的使用要求。

在现代大空间办公环境中，缺少私密的个人空间，开敞的办公环境，可以方便员工相互监督，提高工作效率。

（1）办公单元。

要重视个人环境，提高个人工作的注意力，就应尽可能让个人空间不受干扰，根据办公的特点，应做到人在端坐时，可轻易地环顾四周，伏案时则不受外部视线的干扰而集中精力工作，这样构成具有相对私密的小办公单元空间。这个隔断高度约为 1080mm，在一个小集体中的桌与桌椅分隔的高度可定为 890mm，而办公区域性划分的较高隔断可定为 1490mm。办公单元内部空间应满足布置办公桌、座椅、电脑等办公设备的需要。办公单元的平面及隔断高度示意，如图 5-19 所示。

从目前办公家具配套设备中的隔断来看，多数采用贴面壁毯等材料，这些材料有吸音、色彩淡雅及质感美观的效果。在办公空间设计中，设计师除了注重尺度设计（包括室内空间和办公家具的尺度设计）之外，还应注意材质的选用，给办公人员带来较为舒适的感觉。图5－20所示为某设计集团办公空间隔断效果。

（2）沙发。

在休息室内设置沙发休息区，可以使办公人员得到适当休息，缓解紧张的工作节奏。为了使白领人员在使用时处于一种舒适和易于操作的状态，沙发的工程学设计必须考虑人体的尺度和使用沙发的姿势等要素，从而使人和沙发之间处于一种最佳的状态。因此，安全、方便、舒适、耐用的沙发可以体现出“以人为本”精神和人文关怀。

能同时适应几种坐姿的沙发设计，是沙发功能设计的一种新观念，是减轻疲劳最有效的方法之一。沙发（软椅）类家具在功能设计上趋向于追求可调性、可变性和可组合性。对于工作用软椅类沙发，强调其座高、靠背、角度的可调性，以适应不同人体、不同工作状态下使用的舒适性。另外，为了最大限度地发挥沙发的使用功能，出现了除将沙发作为坐具外，还将其功能加以延伸的设计。如将沙发部件设

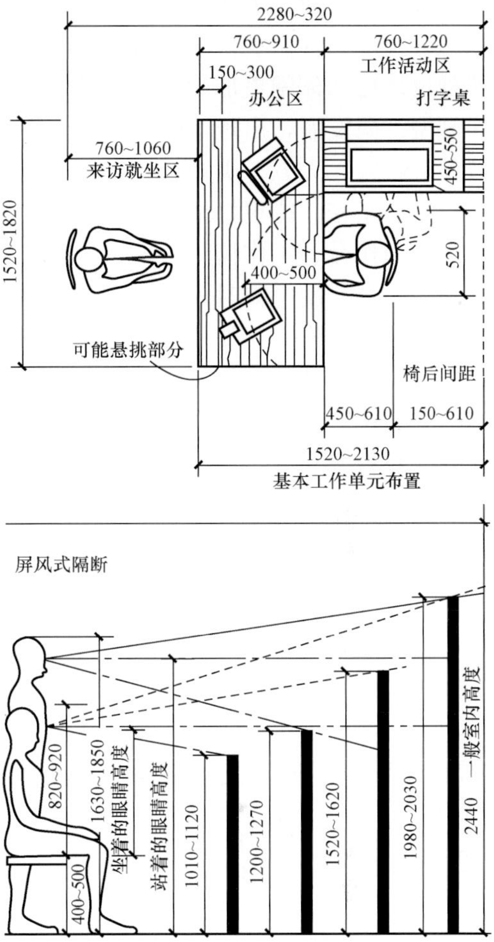

图5－19　办公单元的平面及隔断高度示意

图5－20　某设计集团办公空间

计成可组合性，通过不同的组合形式或在沙发上增设一些附属设施，扩展沙发的使用范围和使用的方便舒适性。现代沙发在使用时更加趋向于追求坐姿的舒适性和随意性，人们开始选择那种设计更加休闲更加简单、充满个性趣味的沙发。随着人们工作节奏的加快，沙发也向着保健型方向发展，出现了电脑按摩沙发，磁疗、药疗沙发及充气按摩沙发等新产品。沙发的造型应新颖、大方、美观，具有强烈的时代感；结构设计更为科学、合理，同人体功效学的结合日益紧密，能更好地适应人体形态、生理条件的要求，使用更为舒适。

（3）工作台、工作椅。

办公人员使用电脑时，需要在键盘、显示屏和原始资料三者之间寻求视觉平衡，以便同时看清，便于操作。这就要求在工作姿势、工作台和工作椅三者之间寻求人体功效学的最佳关系，以取得最佳的工作效率。

电脑工作台高度：操作者的身体依靠工作椅的坐面、靠背和地面来支撑，腿部在桌下的净空高度宜为 690mm，键盘高度应为 720～750mm；桌高宜为 720～780mm。

工作椅高度：为使操作键盘时手臂前臂接近水平位置（处于较佳的工作姿势），坐高宜调节到 400～450mm。

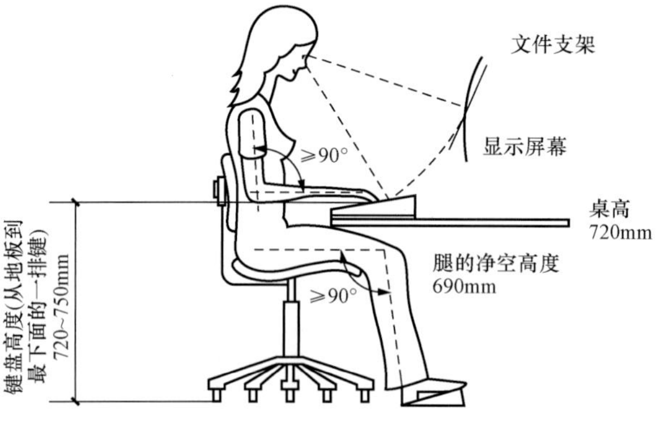

图 5 - 21　电脑工作台与工作椅的尺度示意图

电脑工作台与工作椅的尺度示意，如图 5 - 21 所示。

其他工作台的适宜尺度：针对不同的操作需要，考虑人体功效学对其他工作台的高度设计要求，不同工作与工作台尺寸的适宜尺度，如图 5 - 22 所示。

2. 普通办公室办公家具的布置

传统的普通办公空间，有一定的私密性要求，其配置的办公家具主要有办公桌、写字台、电脑台、文件柜、座椅、沙发等，所需的空间尺度一般不大。

如为多人使用的办公室，应考虑个人办公家具、办公设备及走道的合理布局，以免相互干扰。

某办公室内，考虑人体工程学的办公家具布局示意，如图 5 - 23 所示。

二、办公空间通道及走廊的尺度设计

通道及走廊的空间设计中，判断其最小宽度的依据是不需要做任何补偿活动就能通过。如图 5 - 24 所示，通过受限制的通道和不受限制的通道时，人体呈现的不同姿势；同时，不同体重的人体对最小通道宽度的要求也不相同；体重较大的人体需要的通道最小宽度也会相应增加。

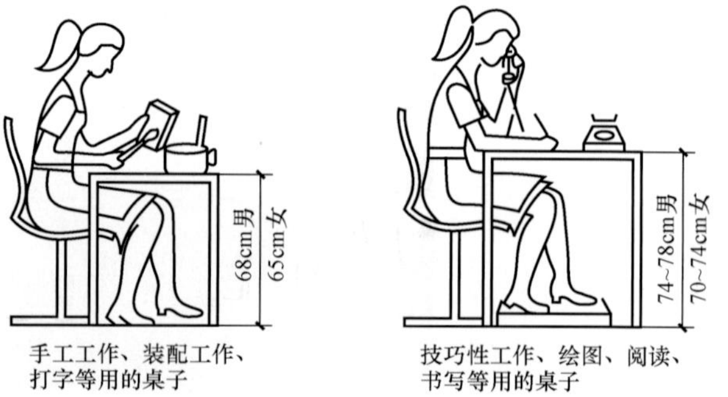

图 5 - 22　其他工作台尺寸的适宜尺度

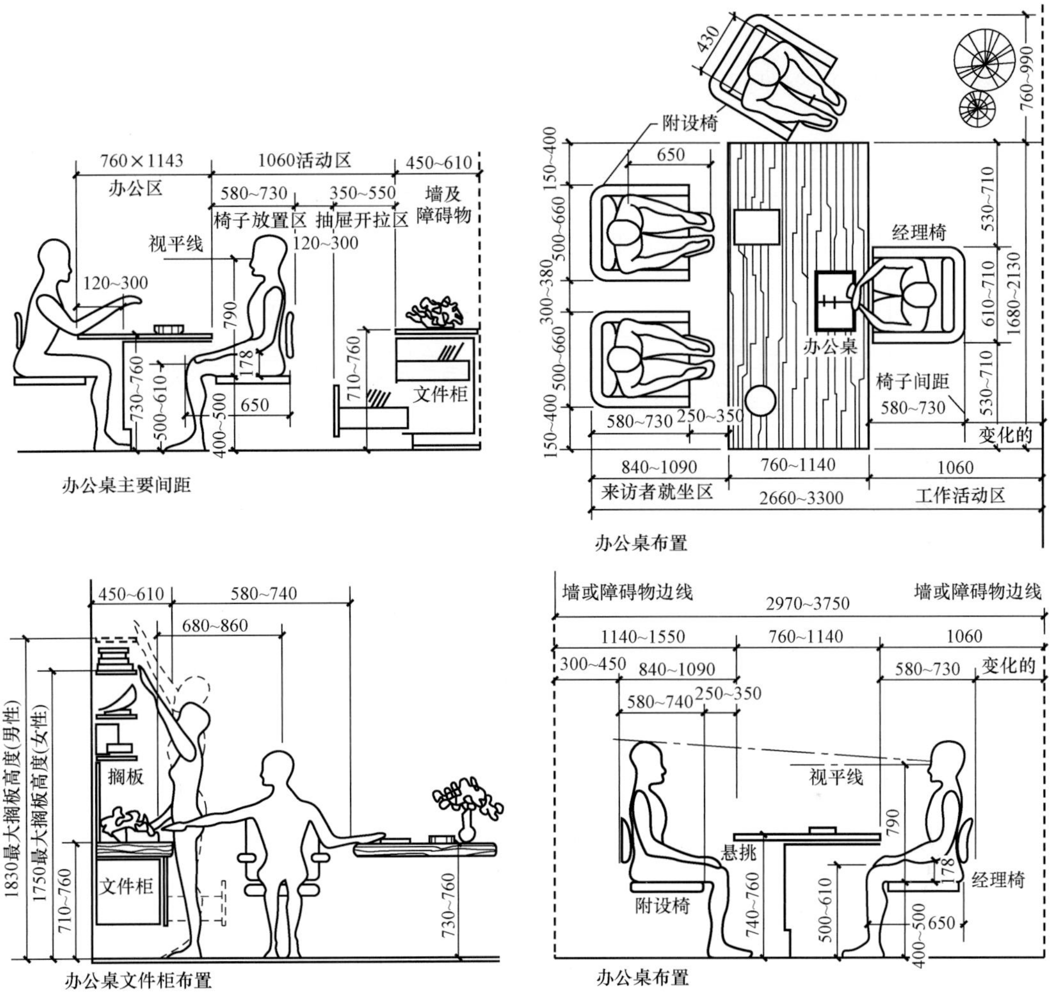

图 5-23　考虑人体工程学的办公家具布局示意图

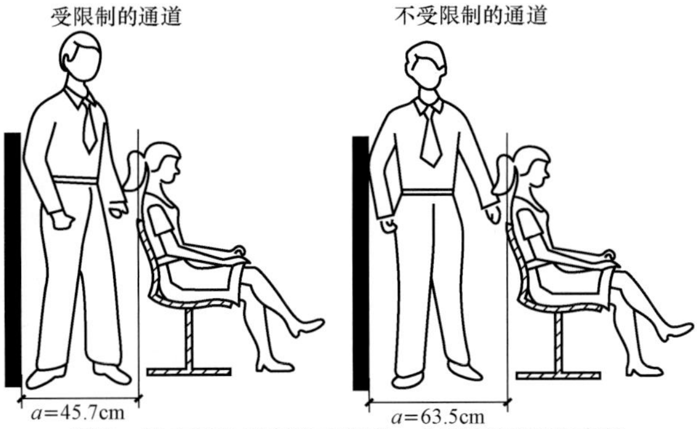

通过一条不受限制的通道(右侧)和一条受限制的通道(左侧)时的姿势(a=最窄的通道)

图 5-24　办公区的走道尺度设计

1. 建议最小通道宽度

活动受限制时——460mm；

活动不受限制——635mm。

2. 无障碍设计坡道

另外，在办公建筑及其他公共建筑入口处，应注重生理残疾等弱势群体的使用需要，在室内外空间过渡部位，设置供残疾人使用的专用坡道，满足无障碍设计规范的要求，体现以人为本的人性化设计理念。无障碍设计坡道示意如图 5 - 25 所示。

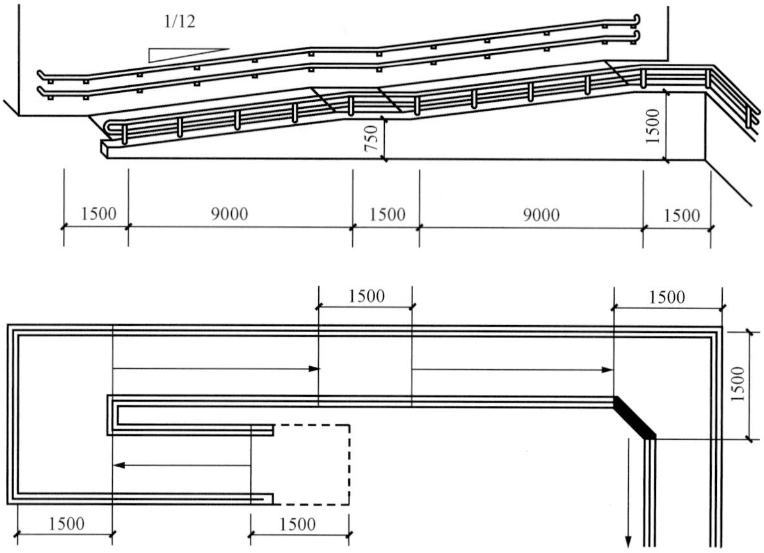

图 5 - 25 建筑物入口残疾人专用坡道尺度示意图

城市公共建筑空间应该考虑肢体残疾人士享受社会资源的行为需要，公共设施的设计应该充满人文关怀，使弱势群体的心理体验到社会关爱。图 5 - 26 所示为上海地铁五角场站残疾人专用电梯出入口的无障碍坡道。

图 5 - 26 残疾人专用电梯出入口的无障碍坡道

第六章 建筑空间设计与环境行为分析

空间是建筑环境的主角，城市规划、建筑设计、景观设计、室内设计所涉及的范围都离不开空间这一概念。空间及其围合体，在我们日常生活中的地位要比纯技术、美学甚至是符号学所描述的要重要得多。空间既能将我们聚集起来，同时又能把我们分开。空间对于人际关系相互作用的方式非常重要，因此空间是交流最基本的和最普遍的形式所在。生活中的空间并非仅限于由实体构成的物理空间，还包括人的心理感受所产生的抽象空间。

建筑为我们组织和建造了空间，其内部空间和围合空间的物体能够以它们使用这种空间语言的方式来激发或抑制我们的行为。由于这种语言不能被直接看到或听到，所以很少被人注意。但是当我们使用空间，在空间中人与人发生关系时，我们才会注意到这种语言，我们才会使用这种语言进行描述。空间语言是建筑师的基本行业工具，就像肢体语言对于舞蹈演员一样。建筑师必须观察人们在做什么。然而，大多数的建筑师只对建筑本身感兴趣，而缺乏对使用者的了解。人是空间使用的主体，空间也只有人的存在才具有意义。

不论在室内还是室外，我们都不能脱离空间。这些包围着我们的空间和包含这些空间的物体可以决定我们能够移动多远，我们有多热或者多冷，我们能看到和听到多少，我们能和谁相互作用。它可以极大地影响我们的情绪，影响我们对必须要做的工作、对我们在公司所遇到的人的感觉。因此我们对于空间的要求有许多。从最基本上说，我们对于充足的光线、新鲜的空气之类的东西有特别的要求。为完成某些工作，我们需要使用家具、装备和其他一些设施。从高一些的层次上说，空间应有助于我们对现在所处环境感觉舒适。

空间与其中的活动互为表里，即特定地段的空间形式、地点和特征会吸引特有的功能、用途和活动。行为也趋向于设置在最能满足它要求的场所。空间是具有空间力的。如果行为的目的是有意识的，那么空间就反映促进或妨碍行动的程度。适当大小的空间，加上适宜的气候、环境条件，以及适当的设施，人类的行为会变得舒适且效率提高。这就是空间力的促进和阻碍作用。另外，如果行为的目的不明确，例如，在空间中很自然地出现某种行为，则此空间可能存在诱发或是启发某种行为的因素。

研究空间的组成及其人在其中的活动规律、行为模式、生理心理需求，有助于我们在环境空间设计中正确把握这些特点，处理好人与环境的互动关系，创造适合人类居住、工作、学习、娱乐休闲的舒适环境。本章在前几章理论铺垫的基础上，结合空间理论阐述与人的行为模式研究，对居住、办公、学校等室内空间以及对居住室外环境、教学室外环境、商业室外环境等进行实例分析。

第一节 室内空间的环境行为与活动研究

一、室内认知距离

对室内认知距离的研究经历了从简单到复杂的过程，涉及的范围越来越多，学科体系也越来越复杂。早期研究比较简单，强调实际距离相同时，转弯较多的室内路径认知距离较长。因此，城市步行商业街就不宜直角转弯过多，如果在认知中把商业街判断为“迷宫”或“徒步练功场”，可能下一次再也不愿前往“花钱买累受”。反之，园林建筑和游乐园的路径则不妨曲折迂回，以便增加环境的复杂性和神秘性。在后来的研究中，认知距离已成为环境心理学、地理学和城市规划的重点研究课题。研究表明，认知距离是对实际距离加以主观“曲解”的结果，因而极少等同于实际距离。有关的研究分为两类。

（1）研究认知距离与实际距离的关系。

（2）研究环境和人文变量对认知距离的影响。

涉及的变量包括路程转角、交叉口、路程信息、目标的可见性、与城市中心方向的关系、社会经济因素、路程的熟悉程度、被试者的性别和年龄等。此外，也开始注意坡道和楼梯等三维变量。例如研究发现，与距离相等的平坦路程相比，人们认为坡路路程更长（与上坡还是下坡无关）。研究者用两种方法测量认知距离：一为距离估计法，要求被试者估计与目标之间的距离；二为通过时间估计法，要求被试者估计通过既定路程所费的时间。但两种方法得出的结果并不存在明确的关系。

“宁愿多走平路，不上一层楼梯”几乎已成一种共识，图书馆出纳员和行动不便者对此深有体会。由于认知距离会影响人在空间中所作的选择，而楼梯又是建筑环境中的重要组成元素，因而有必要对楼梯进行研究。研究者（日本 Kazunori Hanyu & Yukio Itsukushima，1995）考察了楼梯对认知距离的影响。实验现场包括两段室内路程：一段为平坦走廊，被试者可以看到路程的终点；另一段为从五层通到底层的楼梯。实验要求被试者分别对两段路程作出估计，包括三种形式的认知距离：

（1）估计距离。要求被试者站于起点，估计路程的距离。

（2）估计通过时间。不闭双眼，想象该段行走距离，并报告从起点走到终点所需的时间。

（3）心理通过时间。要求被试者站于起点，闭上双眼，想象自己正在走完这段路程，用跑表记下所需时间。接着要求被试者用普通速度实际走完该段路程，并记下“实际通过时间”。

然后，将三种形式所表达的认知距离与实际距离及实际通过时间进行比较，结果表明：

（1）被试者对楼梯的估计距离和估计通过时间过长，其中平均估计距离是实际距离的3倍多，对于平坦走廊，与实际相差不大；

（2）楼梯的心理通过时间与实际通过时间接近，对于平坦走廊，心理通过时间估计偏低；

（3）非参数检验表明，在上述三项估计中，对楼梯的估计与对走廊的估计两者均为相互独立的变量。

实验证明了楼梯对两种形式的认知距离（估计距离和估计通过时间）的重要影响，但第三种形式“心理通过时间”却被排除在外。这一现象可用“信息贮存假设”和“努力假设”加以解释。信息贮存假设认为，估计距离的偏差，可能反映出估计者头脑中持有的、与环境特性有关的信息数量。某段路程包含的环境信息越多，对该路程的估计就越长。楼梯远比平坦走廊复杂，包含的信息自然更多，因此被估计为更长。努力假设认为，通过对某段路程的估计距离与通过该段路程时付出的身体努力（体力、体能、身姿、注意程度等）有关。与同样长度的平路和直路路程相比，坡路以及因障碍而迂回的路程需付出的努力更大，因此被估计为距离更长。所付出的身体努力可分成两类：为完成任务实际付出的努力和预期会付出的努力。预期走完某段路程需付出的身体努力越大，对该路程的估计就越长。楼梯的估计距离和估计通过时间过长，原因正在于“预期会付出的努力”较大。在测试心理通过时间时，被试者系闭上双眼，想象自己走下楼梯（经常行走的熟悉路程），因此，努力程度所带来的影响已大大减少，结果心理通过时间与实际通过时间接近，偏差较小。

对于室内烦恼距离的研究在室内设计中也具有一定的意义。一般的建筑设计原理认为，建筑中功能关系越密切的部分，应该越接近，使用者所走的距离应越短越好。对于生产和服务流程要求较高的建筑理应如此，但对于办公楼等公共建筑却不一定“非如此不可”。一方面，在长时间伏案后，工作人员需要有室内走动和变换视野的机会；另一方面，人只有多次走同一路程，或者一次走了较长路程，才会因耗费时间和精力而感到烦恼。因此，从环境心理角度来看，应允许办公建筑的不同工作岗位之间保持适度的距离，但所走的路程又必须处于人的烦恼阈之内，在此界限内，走 6m 与走 3m 并无多大差别。换言之，并不需要越近越好。路程长短及其频率是决定烦恼距离数值的主要因素，人可能 1h 多次走 10m 路程而口出怨言，但也可能一周偶尔走上 300m 而毫不在乎。烦恼距离的研究说明，功能与距离的关系应结合群体差异辩证考虑。这不仅对办公建筑，而且对商业步行街、游乐园和风景区的规划设计都具有启发作用。

对室内认知距离进行研究，有助于理解使用者的认知规律，分析其路径选择行为，在设计中根据行人走向划分不同的空间，改进不合理的流线设计，并加强公共建筑和外部公共空间的易接近性。

二、室内空间定向

航空港、火车站、医院、购物中心、图书馆等大型公共建筑以面积大、信息多和人流复杂为特点。不仅室内交通空间众多，而且人流流线又包含有大量的转折点，即关键性的识别点，要求人们在找路和寻址时不断对空间定向作出选择。身临其境，往往令人头绪纷乱，行动踟蹰，并不像游玩公园的迷宫那么有趣诱人。评估表明，在这类信息超载的室内环境中人们普遍感到寻址困难。例如，纽约的肯尼迪航空港有一段从主要门厅去休息室的走廊，不仅两侧墙面倾斜，而且光滑的地面还带有斜坡，由于没有水平和垂直方向的参照物，旅客常感到不知所措。简单的定向障碍可能引起短时间的迷惑和不安；严重的定向混乱则会造成找路和寻址困难，并失去对环境的控制感。其结果，妨碍正常活动，降低办事效率，并浪费了宝贵的时间。有时还因“多走冤枉路”、“迷路”和“误事”而产生应激，如果再加上拥挤，会使人感到极其烦躁和反感。同时，定向困难还与灾变事件中的安全和避难有关，甚至还会造成人身伤害事故。

1. 建筑易识别性分析研究

面对越来越庞大的现代公共建筑及其寻址困难现象，许多研究者提出，应把“建筑的易识别性”（architectural legibility）作为判断建筑设计优劣的依据之一（Evans，1982；Passini，1980）。魏斯曼（Weisman，1981）把建筑的物质特点与人的行为联系起来，定义“建筑易识别性”为“建筑便于使用者在其中找路和寻址的容易程度”。对易识别性影响较大的建筑环境因素有：

（1）建筑平面的形状；

（2）建筑内外熟悉的标志或提示的可见性；

（3）建筑不同区域间、有助于定向和回想的区别程度；

（4）提供识别或方向信息的符号和编号。

有关的研究主要集中于两个方面：一是研究特殊变量对寻址的影响；二是试图建立一种具有普遍意义的研究工具或概念模型。大量研究认为，建筑平面的复杂程度是影响寻址绩效的主要因素。例如，简单或简洁而又规整的建筑平面有助于寻址；走廊形状过于复杂，并且选择点过多是车站、空港等交通枢纽寻址困难的主要原因。在建筑中，常用的标志和符号有：用以识别区域或房间的编号或标记；引导图、箭头等方向性标志；文字性引导标志等。标志常用于交通枢纽、医院和大型政府机构，通常用来作为建筑物尤其是大型或复杂建筑物的辅助或主要定向措施，以便减少寻址困难。研究认为，在公共建筑的接待区域增设引导标志，可减少来访者的紧张和焦虑，并改善寻址绩效，“您在这儿”一类引导图对寻址也有所帮助。但是，有关“标志作用”的研究结果并不一致：有人发现，随着医院走廊中标志数量的增加，寻址绩效反而降低；又发现，对于刚进入医院的病员，目的地的可见性对其寻址行为影响更大；在大城市空港，许多人发生寻址困难，其主要原因是多数人（达样本总数的76%）对空港的各种标志理解较差；不少人认为空港的标志太多，令人目不暇接；还发现，近 400 次火灾中，人发觉着火后，依靠标志找路安全撤离的竟不到 8%。这些研究说明，在某些场景中，标志提高了寻址绩效，并减少了混乱和应激；但在另一些场景中，标志却为使用者所忽略，甚至完全起不到应有的作用。尽管如此，在复杂的大型建筑物中，标志和符号迄今仍是定向和寻址的辅助手段。

对建筑环境因素的研究大多数采取单一变量的方法。曾有人试图使用计算机模拟进行多变量研究，即对有关建筑环境因素进行综合考察，但由于工作量过大和条件限制，结果与实际情境有较大出入。

1991 年，奥尼尔（M J. Oneill）采用现场实验考察了建筑平面的复杂性和标志这两种变量对寻址绩效的影响。其中建筑平面的复杂性有五种类型，复杂程度各不相同，标志有三种类型，包括无标志、文字标志和图形标志，共同构成 5 因子×3 因子的实验设计。结果表明：寻址绩效随建筑平面复杂性的增加而降低；五种类型的平面都增设标志后，标志地点的人流总通过率增加 13%，转弯错误减少 50%，走回头路减少 62%；其中，图形标志产生的人流通过率最大，但文字标志在减少寻址错误方面最为有效。与无标志和最简单的建筑平面相比，在设有标志和最复杂的建筑平面中，寻址时被试者所发生的转弯错误要多得多。显然，这是建筑平面和标志两种变量相互作用造成的结果，说明标志并不能单独对平面过于复杂所造成的寻址困难起到缓解和补偿作用，各种建筑环境因素及其相互作用都会对建筑的易识别性产生重要影响。奥尼尔还指出，在地铁站、汽车站、机场等交通枢纽中，大量人流必须正确而有效地流动。因此，人流的正确导向和通过率非常重要，相比之下，“寻址的精确性”的重要程度相对较低。在这类建筑中，应使用图形标志为主。在旅馆等另一些建筑中，紧急安全出口的正确性和通过速度是重要的考虑因素，因此，应沿主导方向并选择关键位置设置文字标志，而在适中位置设置图形标志。

对建筑易识别性的概念模型的探索可追溯到 20 世纪 80 年代，一些研究试图了解环境的物质特征、认知地图与寻址绩效之间的关系。布拉克斯玛（Braaksma，1980）在对机场的研究中，开发了一种测量建筑环境易识别性的技巧。他发现，机场内有一些特定的关键位置（如公用电话、盥洗室入口、登机口等），旅客虽然可以从其中一点看到其他各点，但难易程度存在差异，即视觉上的可见性（visual accesibility）不同。因此，可以通过测量得出不同关键位置之间的可见性，经计算机计算后得出“可见性矩阵”（visibility matrix）和每一位置的可见性指数。同时，他还在两个机场对旅客现场进行调查，结果发现，旅客自我报告中寻址的难易程度，与这些位置各自的可见性指数有关：指数高，即易于看见其他关键位置，旅客寻址也比较容易；指数低，旅客寻址相对比较困难。因此，可以用“可见性矩阵”这一工具来预言旅客的寻址行为。波普尼斯等（Poponis et a1.，1990）发现，在公共建筑中寻址时，使用者注视建筑特点的视线可以客观地加以测量，并将结果绘成一张轴向图。图上标明建筑的关键位置，以及使用者行走其间所注视到的所有中间景象，从而形成一种“视线连接模式”。然后借助计算机计算建筑物内每一空间与其他空间的相关程度，称为建筑空间的“整合性”。建筑内“整合性”高的场所或空间（如主要走廊、过厅、院落和中庭等），更有可能在寻址时经过。由此可建立一个概念模型，说明建筑内部各类空间的“整合性”水平对寻址的影响。建筑易识别性涉及到建筑的物质特点，寻址者的心理过程、即认知成图，以及寻址行为三个方面。由于对物质环境缺乏客观的测量手段，上述研究并未将这三方面结合起来。

2. 建筑平面拓扑复杂性的分析

人们早就认识到，拓扑关系在自然和建筑环境中占有重要的地位。并认为，在经由场所及场所之间寻址时，人会在头脑里把环境中的各种小片断组合成能使用的意象，而拓扑关系就是这一学习过程的副产品。研究揭示，人的认知地图包含两类环境信息：一是与场所之间的距离和方向有关的量度关系；二是表明场所之间序列和相互连接的拓扑关系。虽然这两类信息在认知地图中结合成为整体，但人一般先获得场所之间的拓扑信息，即场所之间的线状连接图，继而才发展成为更完整的认知地图，即具有整体性的、类似测绘图那样的空间意象。换言之，人的空间环境认知一般起步于拓扑知识阶段，继而才向空间知识阶段发展。相应的寻址行为实际上正处于这一过程的早期，即拓扑知识阶段。

航空飞行中，因为航路仅有限的几条，机场也只有那么几个，所以，有时仅有量度方面的知识、即仅需知道航向和距离就行。但在建筑环境中，由于实际地形和建筑实体的阻隔与限制，了解场所之间的序列和连接就非常重要——迷城、迷宫和“迷楼”足以使人疑惑、恐慌、疲于奔命乃至坐以待毙。因此，在大型公共建筑中，只有了解场所之间的序列和连接（即拓扑关系）之后，才有可能选择便捷的寻址路线。建筑平面布局、视觉可见性、标志、色调、特殊细节等都会影响建筑的易识别性；但研究认为，建筑平面布局的影响最大。相对复杂而言的简洁平面，相对于难以记忆而言的易识记平面，相对于难以描述而言的易于描述的平面，均具有良好的易识别性。现场实验发现，寻址的难易与平面的复杂和简洁程度有关，而且，可以通过考察物质环境的设计特点对建筑的易识别性进行评估。

奥尼尔对建筑易识别性进行了考察，认为建筑平面的拓扑关系（客观物质特点）对使用者的认知成图、继而对寻址行为具有重要的影响，并试图把物质特点、心理过程和实际行为结合起来研究。他提出了建筑平面的“拓扑复杂性”（topological complexity）的概念和计算方法。奥尼尔指出，建筑室内存在一些关键位置（选择点），如走廊交叉口、走廊转角和过厅出口等。寻址者在这一位置必须就两个以上的方向作出选择，以便决定继续行进的方向。随着多次进行选择，这些位置就成为认知地图中的“标志”，在记忆中构成突出的场所，于是，建筑平面中的关键点（位置）及其连接路径形成的拓扑网络（建筑平面整个拓扑网络中的一部分）就成为寻址的合理路线。

奥尼尔把计算建筑平面“拓扑复杂性”的方法，称为相互连接密度［Inter-Connection Density（ICD）］测量。ICD值代表建筑室内各选择点之间可通行的路径的数量，计算十分简单：先算出与每一选择点连接的其他点的数量，得出每一点的ICD值，然后将各点的ICD值相加，除以选择点的数目，即得出建筑每层平面的ICD值。对于复杂的平面关系，ICD测量还存在一些问题，但不失为一种客观的手段。更为重要的是，这一测量来源于上述“人如何组织空间信息”方面的研究，具有坚实的理论依据和良好的开发前景。

3. 加强室内空间定向的建议

关于建筑易识别性的研究仅考虑了可见性、建筑平面的拓扑性质等单一变量，与实际有一定的出入。例如，按照实验结果，拓扑复杂性的数值应越低越好，似乎内廊式的筒子楼最好，这显然难以付诸实际运用。因此，应在理解有关研究的基础上，参考已有设计经验，寻求切实可行的解决途径。以下建议可供参考。

（1）妥善处理建筑平面的拓扑复杂性。

1）降低建筑平面中服务对象（非日常管理人员，如旅客、顾客、病人、读者等）使用部分的拓扑复杂性。

现代建筑规模宏大，功能多样，流线复杂，加上安全疏散等要求，选择点和连接路径必然众多。可行的解决办法是区分和强化使用者（服务对象）经常行走的路线，采用直线、辐射线、开敞环路等简单线形，尽量少用封闭环路、多重环路、连环套、网状路径等复杂形式。同时，特别要加强走廊等连续性元素，做到方向明确，主要出入口单一，并尽量减少歧路。

2）适当重复同一拓扑模式，并纳入同一参照框架之中。

同一模式既可以简化识别过程，明确定向，也可以造成千篇一律，定向混乱。中国传统的多进院落式住宅在重复同一模式的同时，还强化了大门、照壁、二门、花厅、内门乃至风水楼这一方向明确的主轴线作为参照框架。建筑师偏爱重复平面模式以形成有韵律的构图（如不少博览建筑、超市和图书馆）。但是，如果缺乏参照框架和标志系统，使用者就会陷入展品、商品和书架的包围之中，乐趣和情致将被信息超载带来的迷惑和烦恼所替代。

3）强化重点或中心区域。

对于使用者，重点是要解决第一次进入建筑时的寻址问题，因此，入口及接待区域是必须重点处理的区域。在大型公共建筑中，应在中心区域（如中庭）设置刺激强烈的元素或重点标志，借以揭示建筑的整体布局，并使之成为平面拓扑关系中的主要连接点。商场的中庭应大致位于营业大厅的中央，真正起到控制作用，过分偏于一侧，会造成大厅另一侧的面积过大，仍会产生空间定向问题（商品或展品会阻隔视线）。贝聿铭先生在卢浮宫（Palais du Louvre）扩建设计时做过调研，工作人员告诉他，参观者问得最多的问题是“我们是怎么（从哪儿）进来的”——卢浮宫是一个展室穿套展室的四合院，仅东立面就全长172m。因此，贝先生认为，在扩建设计中最重要的是要解决参观路线的平面布局问题，这正是扩建时设置玻璃金字塔作为中心区域的功能和行为依据。

（2）强化建筑特点的可见性。

对关键选择点进行重点建筑处理，并加强其可见性，如登机口、主要出入口、主要楼梯、主要过厅等。

（3）改善标志系统。

标志应作为一个系统进行设计，应位于主要路径，放在关键位置，处在使用者的主要视线范围之内，与背景区分明确，视度清晰，并应提供重要信息。有的商场将标志或导购图放在入口侧面、背面或楼梯平台上；有的导购平面与基本参照系统不一致；有的早已过时却未及时更换；有的标志湮没在商品之中；有的临时张贴敷衍了事。所有这些都如同虚设，起不到应有的作用。

（4）辩证考虑具体行为习性和习惯。

如趋光性、转弯倾向、环顾倾向和性别差异等。由于趋光性这一生态知觉特点，走廊端头的窗户、天窗或其他强光源具有强烈的导向提示作用，处理不当会造成误导。人第一次接触陌生的环境，一般会自然环顾四周，因此，首次关键选择点应具有较开敞的视野和较明亮的照明。设计还应考虑使用者的行为习性和习惯差异。例如，在商场中，男性顾客更多使用图形和文字标志定向，而女性顾客更注意具体商品、女性用品广告及其位置。购物者的动机也会影响定向，以购物为目的的顾客对定向的要求更加迫切，而以浏览为主的顾客则多半走走逛逛，经常依靠具体元素临时定向。

三、建筑体验

1. 知觉理论与建筑体验

知觉理论中，对建筑体验影响较大的主要有视错觉研究、格式塔的视觉组织规律和生态知觉理论。错觉是在外界刺激的作用下产生的，是指人在特定条件下对客观事物产生的、某种具有固定倾向的、并受到主观歪曲的知觉。心理学研究中已发现的错觉现象大多属于视错觉，在心理学词典上，所列出的图形方面的视错觉多达十六七种，但真正在建筑设计中有应用价值的不过线段横竖错觉、大小或面积错觉、缪勒—莱尔错觉和赫氏方格数种，主要应用于标志、图案、立面、室内和工业设计方面。在建筑和建筑环境这一层次上，不应过分强调图形方面的这些视错觉现象：“许多心理学家认为这些图是人为的，意义不大，而不予重视。理由是它们是心理学家作弄人的东西，不是自然存在的”。

心理学家还把似动现象，包括自动、闪动和诱动也看做错觉现象。本身静止孤立的刺激，被观察者感知为“刺激正在移动”的心理现象，称为自动现象。形成自动现象的原因在于刺激是孤立的，缺乏判断刺激特征的参照体系。例如，漆黑夜幕中一柱点燃的香头，常会造成“自动”效应；导航灯采用闪动而不是静止方式，目的之一也是为了避免驾驶员在黑夜中产生“灯光正在移动”的错觉。电影、卡通和电动广告等因物体影像连续闪动所造成的移动知觉现象，称为闪动现象。本身静止的物体，因受周围较大刺激物移动的影响，所构成的移动物静止，静止物反而移动的现象，称为诱动现象（induced motion）。例如，移动的浮云看上去像是静止的，而被浮云半遮的月亮反倒像在移动。近年来，特异的平面构成图形所引起的视错觉逐渐引起室内设计人员的重视。这些特异的渐变、辐射、密集和矛盾空间图形，有时会形成扭曲、运动、闪烁和发光等受到主观歪曲的知觉。这类错觉或接近这类错觉的图形尤其适用于特定场景的顶棚、地面和墙面等界面设计。

2. 建筑体验的研究方法和影响因素

（1）研究方法概述。

对建筑的体验常与“偏爱”甚至“评估”混在一起研究。偏爱包含一种选择过程，对建筑的偏爱意味着在几类（座）建筑中特别喜爱其中的一类（座），是体验过程的深化。评估则涉及更为理性和全面的思维过程，但有时却又用来泛指人在体验过程中针对刺激所产生的反应，含义并不严格。

研究建筑体验（包括室内空间的体验）的方法有形容词量表（语义差别法）、多项分类、问卷、实验室实验、文字描述等。早期研究以形容词量表为主。众所周知，言语和文字是生活中的重要工具，人们通常以言语和文字表达对城市环境和建筑的体验，这就为初步研究提供了可能性——“言语使知觉更充实、更迅速和更完整”，因而对人的知觉具有指导作用。在言语和文字中，人经常使用许多形容词来描述和评估若干对象。心理学家发现，人们所使用的形容词是相互有关的，可以根据其使用方法，把所有用于描述或评估某一对象的形容词分成若干类，即使用方法相同的成为一类。结果表明，这样的类别比预想的要少得多。每一个形容词又可以分为若干“单数”等级，形成两极尺度，如美丽就可以分为很美丽—较美丽—一般—较不美丽—不美丽五个等级（心理学家认为五级或七级较妥）。事实上，每一形容词的特定等级（如较美丽）能反映出个人或群体对某一对象的特定体验或评估。由一个或若干形容词所组成的一组带有等级的形容词就构成了形容词量表（adjective scale），用来让人作出评估或判断，以便了解被试者对某一对象（并不局限于建筑或城市）的部分体验。这一方法心理学家称为语义差别法，即 SD 法（semantic differential）。

与景观和建筑体验有关的形容词大致可分成两类：一类与评估有关（如美丽、优美等），另一类与唤醒程度有关（如激动、刺激等）。这些经统计分析后得出的类别，心理学家称为维度（dimension）。英国人奥斯古特（Osgood，1957）在编辑辞书时认为，词汇像点缀在宇宙空间的繁星那样生动活泼，其形象如色彩那样丰富多彩，但是，仍然可以按照维度（如同空间中的坐标轴一样）加以排列，从而为定出众多“繁星”在空间中的位置作出了理性的提示。SD 法可用于比较不同（或同一）人群对同一（或不同）城市（建筑）的体验，对我国有一定的影响，但国外争论较多，目前已较少使用。争论的关键问题在于所选择形容词的有效性和可靠性。事实上，选择哪些形容词组成量表，本身就相当困难，何况被试者很可能对形容词的含义各持己见，或者难以理解或区分诸如“典雅”、“雅致”、“优雅”一类形容词。同时，研究结果又停留于表面，往往不知所以。所有这些，都影响了这一工具的深化和推广。

多项分类任务由建筑师格罗特开发，用于研究后现代建筑所表达的意义。这一方法要求被试者依据自己的判断对建筑或室内照片进行分类，并用自己的词语描述自己所感知到的对象，由于不受调查者（实验主试或助试）主观所定词语的影响，因而避免了 SD 法的缺点。其中照片也可用画片、幻灯片或其他演示手段取代。在评估建筑景观时，一边观看幻灯片，一边填写问卷也是经常采用的方法，但问卷的设计，包括其有效性和可靠性的检验有一定的难度。实验室实验主要用于研究室内环境的体验。也可使用文字描述作为研究手段，比如在设计中要求居民用言语和文字描述自己对所在地点（或建筑、或景观）的体验，并采用现象学的方法对“描述性材料”进行定性解释，这在一定程度上弥补了定量研究手段“只见树木，不见森林”的不足。同时，作家、艺术家描绘该地区的文字和作品也可供设计人员参考，因为“作家和艺术家作品中包含着未被重视的关于人类怎样感知世界的丰富材料，艺术修养的实质在于能够精练地鉴别人的基本体验因素”（E. T. Hall，1966）。这也是人类学、文化学和现象学中经常使用的方法。

（2）影响建筑体验的因素。

研究表明，对建筑的偏爱也涉及其周围环境。影响“建筑偏爱”的周围环境因素很多，但在形成建筑景观时运用得最多的则是自然环境元素。许多研究都支持下列观点：

1）在城市场景中，自然景观元素的有无与环境偏爱的增加有关；

2）人们更偏爱维护良好的自然景观元素；

3）在城市自然景观元素中，树木具有很高的价值。

后来的研究也基本支持上述观点，认为增加自然景观元素后，使用者会产生“情绪上的愉悦感”，像一张优秀的建筑画一样，树木花草等衬景肯定会对建筑主体起到衬托作用。但进一步的考察表明，情况并不这样简单。研究认为，行道树对“建筑偏爱”具有积极的影响，但当建筑庭院中种植有许多树木时，行道树对“建筑偏爱”的影响会有所减少。同时，不同的行道树品种具有不同的审美价值，因而对偏爱具有不同的影响。另一项研究利用摄像、计算机软件处理（增加自然景观元素）、幻灯片演示、问卷等手段，考察行道树或其他树木对所感知的住宅房地产价值和住宅吸引力的影响。研究发现，与被试者的社会人口学变量无关，对于较贵的住宅，增加较小的树木，会使房地产价值和住宅吸引力相应增加；但增加大树，却会使两者减少。据分析，大树之所以产生负面效应，原因可能在于大树的养护费用较高，并且通常生长在植物过度茂盛的乱蓬蓬的环境之中。而且，在认知上，大树往往与维护较差的老建筑联系在一起，恰与新建筑的维护良好的周围环境形成鲜明的对比。

近年的一项研究从建筑历史和建筑周围自然环境（双变量）角度考察了对建筑的偏爱，进一步甄别了建筑维护与偏爱的关系。他们发现，在建筑维护都令人满意的条件下，人们对老建筑的偏爱超过了当代建筑。但是，在维护状况相差较大的情况下，结果可能倒过来。因此，当人们表示不喜欢老建筑时，很可能是由于维护较差的缘故。建筑的周围自然环境能增强人们对建筑的偏爱，但前提是建筑必须维护良好。总之，对建筑的维护与对建筑周围自然环境的维护，两者呈正相关，两者与偏爱也都呈正相关。研究表明，建筑历史、建筑及其周围自然环境的维护对人们的偏爱具有实质性的影响，而且，对建筑所具有的连贯性、神秘性和复杂性也具有重要的影响。

建筑的“协调感”涉及建筑各组成部分之间、建筑与建筑之间、建筑与周围环境之间的协调，历来是社会各界和建筑学人士关注及争论的焦点。相关的设计手法主要有：完全照搬；高度复制；整体统一（如运用格式塔视觉组织规律）；阴阳脸（即同一建筑的不同立面具有不同的建筑风格，如弗兰克·盖里设计的巴黎美洲文化中心等）；多样拼贴等。此外，还有一些人提出过“对比中求协调”的观点。其中，玻璃幕墙或其他采用新材料和新技术的建筑特别令人产生兴趣，它们有时竟能出乎意料地与传统建筑“和平共处”，并获得相得益彰的体验效果。

3. 室内空间的体验

（1）空间的宽敞感。

室内空间的宽敞感（spaciousness）与开敞感既有区别又有联系，是早年的重要研究课题之一。日本的研究者从物质环境的特点出发，用实验研究过天空亮度、内部照明、房间和窗户大小对室内空间宽敞感的定量影响，认为：在天空亮度既定时，房间的宽敞度与工作面上的平均照度、室内容积和窗户大小呈幂函数关系，其中室内容积的影响最大。除了物质特点以外，行为特点对宽敞感的影响也不容忽视。经验证明，宽敞感还与人体尺度、动作和动觉，尤其与潜在的行为习性有关。例如，在床上不能翻身，在椅子上不能改变姿势，在电梯停靠时不能及时进出，在剧场里无法出入自己的座位，都会使人感到不满；在厨房，主妇最讨厌别人接触和碰撞自己；在办公室，不少办事人员有伸懒腰的习惯，如果后仰时碰到墙壁，就会抱怨办公室不够宽敞；在病房和疗养院，设置内外廊或长阳台都有助于病员“下床来回走走”（雨天尤其需要），兜上一圈，多少能缓解病房的狭窄和局限所引起的厌烦。在外部空间，宽敞感多半取决于人能否在特定的空间范围内自由走动。例如，在商业步行街，当行人不能用正常步长行走或无法越过慢行行人时，就会感到狭窄和拥挤。

此外，建筑和园林设计中，还包含大量与空间宽敞感有关的实例。例如，一个有条不紊、熟识亲切的居住环境比混乱陌生的同类环境更加宽敞。园林中路径的迂回曲折不仅增加了空间层次，也增加了步行时走过的长度——人对空间的度量主要来自于自身脚步的均匀节奏，因此，加长步行长度也就有助于加强宽敞感。在建筑面积与基地面积之比一定时，进深较窄、平面自由伸展的建筑物可能比平面集中的建筑物更令人感到宽敞，因为前者建筑物内一点到另一点的平均距离更大，使人具有更大的行动自由。敞与亮总是结合在一起发生作用，明亮和开敞的空间比同样大小的黑暗和封闭的空间更为宽敞。此外，层数较高并且视野良好的房间与底层同样大小的房间相比；两侧采光或相邻两侧采光的房间与单侧采光的房间相比；横向通长窗与同样面积的非通长窗相比；转角连续窗与非连续窗相比；窗外视野开阔深远与视野有限局促相比……所有这些例子中，前者都可能比后者显得更加宽敞。在室内设计实践中可采用的其他手法还有：降低就座时的视平线高度；减小家具和陈设的尺度；变动家具布置以便留出较大的空余；采用浅色和冷灰色色调；运用色彩退晕；削弱主景（墙面）的“形”（figure）性质，令人感觉主景后退；增设反射镜并增加透视景深；改变装修形式的复杂程度和渐变规律；从一个空间可看到另一个或另外几个空间；借景、透景和泄景……所有这些，有条件时都可以进行实验，以确定具体的设计手法和有关的因素和参数。再者，室内空间与外部空间具有完全不同的宽敞概念——如果去掉屋顶，宽敞的居室看上去就会变成狭窄的天井，但狭窄的院落加上屋顶看上去却成为宽敞的中庭。

（2）空间的开敞和围合。

对空间的开敞和围合的研究可追溯到 19 世纪，远比环境心理学的历史悠久。围合的目的就是要在大环境之中，通过空间分隔对当地进行直接的占有，从而形成独特的场所感。可以说，围合是影响场所感的主要因素之一。对于景观设计，意味着要区别“纵览与庇护”；对于城市设计，意味着要区别“这里与那里”；对于建筑和室内设计意味着从事“围合空间的艺术”。围合就是通过空间界定，在现有环境中为人的活动划定各种活动范围，正如诺伯舒茨所说，“围合可看成是（人）占有环境的首次真实的尝试”。

20 世纪 60 年代，有人曾提出，对象的高度与观察距离之比，与围合感之间存在一定的经验关系：对象高度与观察距离之比为 1∶1，产生完全的围合感；1∶2，“完全围合感”的临界阈值；1∶3，最小限度的围合感；1∶4，失去围合感。他还讨论了这些比例数值对城市广场平面设计的意义，认为当立面高度一致时，广场的长宽比不能超过 3∶1，如果超过，广场长向端部的立面墙体看上去就会太低，而空间就会“泄气”。日本的芦原义信后来也提出过类似的观点，有关的比例值相同，只是说法略有不同而已。这些经验数据引出的疑问是，人在感知时，空间的开敞和围合感是否还受到空间大小的影响，即在围合程度相同时，空间越大，是否被感知为越开敞。人们先后利用户外空间的彩色照片和简单的一点透视图对此进行了研究，并未得出肯定的结论。同时，这些早期研究都简化了空间的围合状况，假设实际界面连续、形式规则、肌理一致，并且位置相邻，因此与实际情况有较大的出入。在有关室内空间围合感的研究中也存在同样的问题。其实，界面的特点对空间的围合感具有重要影响。例如，诺伯舒茨曾写道：“也可以借助界面的光线、色彩和肌理的处理加强或削弱空间的围合感”，“对空间形式的描述取决于对边界的解释”。瑞典的哈斯尔格伦则认为，空间的开敞—围合与边界界定的松散—紧密，两者具有明显的区别。

1970 年，美国建筑师蒂尔试图把各种观点综合起来，提出了著名的“等围合度”（equal perceived degree of enclosure）假设。蒂尔认为，人所感知到的空间的围合程度是下列三种因素的函数。

1）空间确定元素（SEE）。

形成空间界面的物质元素，包括石头、竹竿等物体；树篱、栏杆、松散放置的成组物体等屏蔽；各类物质界面的性质，如位置、肌理、色彩、质感等；空间在图形方面的性质，如空间的形状、三维尺寸或比例等。其中，界面的位置及其结合方式多种多样，就建筑空间而言，以人眼高度的视平线为中心，在 180°的半球投影，即鱼眼镜头视野范围内，按照直角坐标系，可将空间界面分为上水平界面（相当于顶棚）、下水平界面（相当于地面）、左侧、右侧和前端（中心）垂直界面五种位置。

2）空间容积的大小。

空间三维比例一定时的容积绝对值。

3）空间的明显度。

明显度（degree of explicitness），指所形成的空间的明显程度，取值从 0～100。0 是理论上的数值，表示完全没有空间确定元素，即不存在围合界面；100 表示完全围合的封闭空间，具有上、下、左、右、中心五个位置的相邻界面；其间的数值代表不同空间确定元素结合后所产生的各种围合状况。明显度的数值越大，空间的围合程度越高。蒂尔赋予不同的界面以不同的加权值，代表该界面在围合空间中的作用和重要程度。其中，上水平界面加权值为 30；下水平界面加权值为 10；左侧、右侧和前端中心界面加权值为 20。五种界面具有不同的结合状况，其明显度也不相同。

蒂尔的假设和实验的缺点显而易见，一是与真实情境仍有一定的差距，二是未考虑社会和文化因素的影响。但作为一种思路和方法，具有一定的参考价值。作为建筑师，必须牢记社会和文化因素对建筑体验的影响：同一尺度的室内空间，日本人已心满意足；美国人却认为过于狭小；而阿拉伯人竟视为狭窄的墓穴。不同群体具有不同的空间宽敞和开敞感：城里人有一套三室一厅的单元房已颇感踌伫满志，乡里人住着却感到局限和憋气；普通人有一张办公桌即可，达官贵人地位越高，偏爱的办公空间和家具越大……由此可见，实验结果必须与日常经验相互印证，才能经得起检验。

（3）减少拥挤感的对策。

建筑室内环境过于拥挤有多种原因，经济、社会和文化因素往往起着主导作用。但是，在不可能增加面积、扩大空间和减少密度的前提下，可以通过设计尽量使室内空间显得宽敞。

1）分隔与密度知觉。

环境心理学的原理揭示，个人空间和私密性受到侵犯时，被侵犯者会通过感觉器官和知觉机制感知到拥挤感。因此，关键在于控制被侵犯者对密度的知觉。合理的做法是适当进行分隔，以便减少人们的相互接触，并降低环境信息的输入水平。例如，将大空间分隔成较小的空间，并能在功能上和视觉上加以识别，就有可能减少拥挤感。在火车卧铺车厢中，在身体健康的前提下，铺位的选择往往取决于视觉干扰、行为限制和交往需求等多种因素，相当多的旅客偏爱中铺，原因正在于分隔使中铺的视觉干扰以及对行为的限制相对较少。在集体宿舍或病房，分隔也为不少人所偏爱。20 世纪初，办公室类似毫无遮拦的大教室，办公桌的布置则类似课桌，被称为“牛栏”，不得不加以分隔并演变成私人办公室和景观办公室。又如，传统的大厅柜台式商场往往使顾客很难识别，但如果把商场空间分隔成各种专卖单元，或者形成室内商业街，就可能减少混乱程度和所感知到的人数，继而减少拥挤所引起的消极反应。与形成领域界限的方法类似，分隔可采用实际和象征两类手法。当采用隔板时，应尽量保持合适的高度，坐着时应避免受到他人视线的干扰，略微抬头或起身又能看到周围他人的身影，换言之，既要保持一定的私密性，又要维系与周围的联系。日常生活的经验还表明，住户经常不用平方米而用房间的数量以及容纳家具的能力来表达他们对空间的需要，在住户心目中，家庭成员住得下、分得开的住宅，即使面积略小也要比分不开的住宅更为适用和宽敞。另外，在同样密度的条件下，与陌生人相处比与熟人相处更容易使人感到拥挤——在理论上，这可以用“较熟悉的人具有较小的个人空间”来解释。

2）减少感觉过载。

人眼的边缘视觉主要用来检测眼角以外的运动，这些运动被边缘视觉夸大，引起人的无意识注意和下意识反应。在社会离心空间中，这种夸大的运动感会造成感觉过载，并可能进而引起拥挤感。例如，在阅览室、候车室和小面积居室中，墙面、尤其那些处于视平线上下的墙面不宜过分加以装饰，因为过度的视觉刺激会通过边缘视觉使人格外心烦意乱。外部空间中也有类似的例子。苏州狮子林假山的矫揉造作早有公论——但还应该从环境氛围的角度加深理解：一堆堆狮形怪石，一群群爬在假山上的游人，边缘视觉源源不断提供这些夸大的信息，而这些假山恰好处在视平线上下，又这样接近游人，真令人忐忑不安——完全体验不到园林固有的安定和宁静，不仅没有小中见大，反倒小中见乱、小中见挤。当然，一般人只觉得不舒服，而不知其所以然。原来，边缘视觉起着监视周围环境的作用，它与“人的安全感”等基本的生物性需要有关。例如，当你清夜伏案攻读的时候，中央凹视觉注视着书本，但边缘视觉仍警惕地监视着周围环境。如果这时窗口闪过一个影子，这一刺激马上被边缘视觉夸大，你立刻会转而去注意窗外。试想，如果边缘视觉不断向你提供这类夸大的信息，即使不过是树影在窗玻璃上的晃动，也会影响环境的安定，你可能不得不去拉上窗帘，否则就无法专心。所以，在一定条件下，边缘视觉的过度刺激会使人产生消极的心理反应。

然而，在另外一些条件下，可用行人、摊群、广告、标语、旗幡、灯光、雕塑、小品和装饰加强对边缘视觉的刺激，加强特定场所的商业和文化氛围。

减少感觉过载的另一个办法是尽量减少相互间的目光接触。心理学研究表明，与其他人的目光接触会提高人的警觉程度，心理学家把这种与神经生理概念有关的、机体的警觉程度称为唤醒，其水平可用仪器加以测定。影响唤醒水平的因素有目光接触、身体接触、刺激的复杂程度，以及实际密度等。这就启发我们，在实际密度不可能减少的情况下，可以通过控制其他因素，形成一个有利于减少个人唤醒水平的情境。实验证明，在唤醒水平随实际密度增高而增高时，人们偏爱有利于减少个人唤醒水平的情境。因此提供这类情境就会减少密度知觉引起的消极反应，从而达到减少个人拥挤感的目的。

在社会心理空间中减少目光相互接触的方法很多。例如，在阅览室，可采取非均匀照明的做法：部分座位一座一灯，让光线主要投射于书本而较少投射于人的脸部，同时在其余部分（如过道）采用较低的照明标准，以便降低他人脸部的清晰程度。类似的做法也适用于餐厅、酒吧和舞厅。在候车室、候诊室、地铁车站等拥挤情境中，还可设置一个视觉注意中心，如视野良好的窗户、耐看的壁画或广告，以便转移人们的视线。交通建筑的候车室和过道尤其应光线充足、视野开敞并尽量简洁明了，以便减少感觉超载引起的拥挤感。

3）减少对行为的限制。

拥挤感与宽敞感相互有关，但出发点略有不同。宽敞感更多地与建筑空间的特点联系在一起，而拥挤感则是密度知觉引起的消极的心理反应。在复杂的社会交往中，人需要决定是与人交往，还是规避；是运动，还是停滞；是改变处境，还是维持原状的选择自由。如果建筑环境对人流提供了多种选择的可能性，由于行为受到的限制较少，心理上就会感到比较宽敞，相应就减少了拥挤感。因此对人流的处理也会影响宽敞和拥挤感。我国传统民居常以院落为中心来组织人流，院落四围的廊子常形成环路。与内廊式建筑相比，即使不把“广步于庭”考虑在内，也多一种自由度——环路。四川的一些民居和近代住宅除了用院落形成环路外，还常利用后门、阳台和厨房等形成室内环路，居民用“有退路”来称呼这类住宅——“退路”使居民对流线有了选择的可能性，以便规避不必要的社会接触。近年来，国内一些大城市的高层住宅也开始采用一户双门的户型：主入口位于电梯间，入门便是“花园式阳台”，然后进入客厅或卧室；次入口位于安全疏散楼梯，入门便是厨房的辅助阳台。这类手法确实增加了居民的行动自由，但是否会产生防盗和其他问题仍有待调研。在我国的古典园林中，围绕主要景区或景点设置环路是常用的手法。有时环环相套，不仅在步移景异中大大丰富了所感知到的环境信息，而且也使游人在“信步而往”中格外感到“小中见大”。在公共建筑中，拥挤的人流在人工照明的走廊中急急穿行，或者拥塞在入口单一的大厅里，常令人感到不快。但如果采取分流或加大通道的办法，或者用中庭代替部分走廊，或者设置一系列穿套的公共空间（休息、购物、茶座或展览），使人的行为具有多种自由度，就有可能减少拥挤所产生的消极影响。

室内的群集活动也会引起拥挤，并因恐慌和争执进一步加重拥挤感。在室内的某些关键位置，如楼梯休息平台、电梯厅和大楼的出入口、室内地坪标高变化处、照明或采光较差的走廊转角、公共建筑的安全疏散出口、小学楼梯平台底下通往室外厕所的小门等部位，连续的群集人流或活动如果受阻，会导致严重的瓶颈和拥挤现象，甚至造成伤害事故，对儿童、老人和其他体弱者的危害尤其严重。在类似地点应适当提高规范标准、加大空间尺寸，或采取其他应对措施。

第二节　外部空间的环境行为与活动研究

一、户外活动的三种类型

人有包括生理上、心理上的各种各样的需求，需要与社会、自然接触，走出家门与社会进行交往，就要进行一定的户外活动。像孩子上学、成人工作、老人休闲等，都需要在户外进行。大体上从人的需求方面考虑，人们进行户外活动的类型主要分为三种：必要性活动、自发性活动、社会性活动。

1. 必要性活动

必要性活动是人们在社会中生存所必需的活动，像吃饭、休息一样必不可少。上学、上班、购物、出差，以及交流、会友等。总体上讲，人们的日常生活基本上属于必要性活动的范畴。这类活动的特点是规律性较强，有固定的时间和场所。

由于这类活动是人们生活中所必需的，因此基本上不受自然条件和环境的影响，不受人群年龄、职业的影响，也不受外部物质条件的影响，参与者选择的余地不大。

2. 自发性活动

自发性活动的目的与必要性活动不同，不是必需而是有选择地进行。只有人们有参与的愿望，而且外部条件允许，这类活动才可进行。像外出散步、观赏美景、锻炼身体等只有在外内部环境条件适宜、天气和场所良好的情况下才可发生。

自发性活动受外部物质条件的影响较大，当户外活动的条件不理想时，活动的频率明显下降。因此，阳光明媚的春秋天，人们的外出活动增多，到大自然中放松身心。而在炎热的夏天和寒冷的冬天，自发性活动则明显减少，人们宁愿待在家里也不外出。

3. 社会性活动

社会性活动包括的范围比较广泛，像聚会、大型公共活动等都属于社会性活动。社会性活动的特点是有他人的参与，因此人与人之间的交往就成为社会性活动的必要条件，人们通过观看、交谈感受他人。

不同的社会活动需要不同的场所，并且这种场所一般情况是开放的场所，是公共活动的场所。不同的场所适合不同的社会活动，因此活动的特点决定场所的特点。在居住小区内、工作单位附近、城市休闲区等区域，一些有共同爱好、共同语言的人聚在一起，下棋、聊天，彼此互相熟悉，活动的范围也比较小。在城市公园、大型城市广场等区域，进行集会、游行等活动是被动式的活动，人们彼此互不相识，所以这种活动对人们来说是浅层次的活动。

二、外部空间活动分析的通常方法

分析外部空间中的活动通常采用五 W 法（When、Who、Where、Why、What），即观察什么时间、什么人、什么地方、为了什么目的、在从事什么活动。试图探索不同活动的时空特点及其规律，并据此提出改进设计的建议，讨论如下。

1. 时间要素

一般每天固定时间和时段，并持续若干天进行观察。如有需要，也可观察一天中的活动变化，但工作量相应较大。一周之中，平时与周末、周日可能会有质的不同。一年之中，各个季节的差别往往很大，所谓“春升夏扬、秋收冬藏”，会在大多数人群的活动中有所体现，“非时而动”，如数九冬泳、三伏苦练等特殊活动当然也应格外加以注意。天气变化也会对活动产生不同的影响；例如，夏日下午，观察清华大学礼堂前大草坪上的活动，会发现随着日影西斜和拉长，人群具有向东扩展的倾向。在城市的公共汽车站也可观察到类似的现象可见“夏有阴”对于人群的活动具有多么重要的意义。

2. 活动人群

首先应了解从事活动的个人和群体的背景资料（社会人口学变量），如性别、职业、大致年龄、出行方式等，但不应涉及个人隐私。以特定的个人及其活动作为基本的分析单元，比较容易入手。“群体”可界定为出于同一行为目的，或具有同一行为倾向而聚集在一起的一群人。所谓追星族、老年族、飞车族都可看成特定的群体，某一族又可根据其特点再行细分，如老年族还可再分为老年钓鱼族、打拳族等。同时，群体还可按照人数分成特小群

（2～3 人）、小群（3～7 人）、中群（7～8 人以上至数十人不等）、大群（数十人至百余人不等）、特大群（百余人以上）。各类群体中，以特小群和小群的数目最多。在自由活动中，一般大于 7～8 人的群体很难齐心，呈现出不稳定倾向，易于分解为更小的、7 人以下的小群体。大群和特大群多见于有组织的活动，无组织的大群活动往往形成“群集行为”。灾变事件和社会生活中的群集行为经常会产生消极或有害的影响；由于人数众多，因而一旦发生突变事件时易造成挤压、伤害、逃跑、冲击、打砸等后果，有时还会形成“后效”——多少年后想起来都觉得后怕。

具有同一背景的群体，如同一阶层、党派、宗教、种姓、家族以及同乡等，在一定条件下，即使表面上呈现为无组织状况，也具有潜在的有组织倾向。一旦组成特大群体，往往目的性和指向性明确，其活动和反应因相互支持或“匿名”倾向（即“非个性化”，谁也不认识谁，因而无所顾忌）显得更为强烈。有时，不了解深层次的社会文化背景，就不可能理解这类活动（如民工春节返乡、恒河圣浴、西班牙奔牛、伊斯兰朝圣、美国万圣节等）。

3. *活动场所*

对活动场所应作全面了解，包括场所本身及其周围环境的人工、自然和社会组成元素，应着重了解与活动密切相关的部分。同时不要忽略其他潜在影响。例如，处在摩天大楼阴影中的广场终年不见天日，即使增加雕塑、镶嵌彩玻也无法吸引游人；在南方城市中，大雨时地势低洼的广场往往成为泽国，形同虚设；炎夏高楼下的开敞空间多刮高楼风，因而成为纳凉的场所。

4. *活动目的*

目的出于动机，动机来自需要。饥渴使游人想要进餐，于是便开始寻觅餐厅和商亭。但在现场研究中，难以用简单的观察了解动机，而问卷和访谈也不易得到所需的结果。因此，想了解内心的真实目的和动机，相对较为困难。其实参与同一活动的人可能具有完全不同的目的。例如，广场上人头攒动，有人想参与公共活动，想凑凑热闹，想规避散心，另有人却心怀鬼胎。目的可以变换、转移或替代，如周末晚上去广场跳舞，半路改去茶馆，或者广场人满为患，转而去喝咖啡。目的还有直接和间接之分，有人直接去街头绿地打拳，有人散步路过绿地顺便坐坐。也可能有一系列目的：散步、做操、喝早茶、聊天、购物。在有些特定的场合，甚至根本无法弄清活动的目的。因此，动机和目的是环境与行为相互作用的产物，一般较难完全了解清楚，只能适可而止。

5. *活动研究*

活动本身与上述四项密切相关，应结合活动内容，分析群体人数、组织状态、聚集方式、活动强度、参与程度、设施使用情况、活动进程和结果（后果）。活动的聚集方式和参与程度反映了多种多样的“众生相”。有目的的聚集成簇成堆，多见于儿童、少年和老年人，或其他目的十分明确的活动。随意和自发的聚集多见于围观，多数出于好奇。参与程度可分为主动表演（如做广告、卖假药、耍猴）、主动参与（如加入别人组织的街头舞会）、被动参与（如随人流和不活动人群无意中一瞥，或不得不看上一眼）。活动内容较易把握，但应注意潜在因素的影响。例如，老年妇女拎着菜篮上街买菜，碰到熟人就会停下来长时间聊天，而且两种活动会交替和融合，难以截然分开，与其说“上街买菜”并“聊天”，不如说“上街买菜以聊天”。许多人还同时从事两种以上的活动，如一边聊天一边做家务等。

活动研究的核心是要把上述五个方面综合起来，了解特定群体在特定时空中的活动规律即固有模式，剖析特定时空中存在的行为场景。综合性研究的对象可以是单一的活动，也可以是若干活动的集合，还可以是持续时间较长的事件，如商场开幕式、校园文化节等。研究时，要特别注意物质环境及其组成元素是否适合人的特定活动：了解哪些被正常使用；哪些被使用者自行改造使用；哪些被使用者兼作他用；哪些为使用者带来了不便甚至损害。其中，兼作他用（也称“异用”）几乎是一种普遍现象：花台当作坐具、草地当作床铺、雕塑当作靠背、花池当作垃圾桶、路牌当作晒衣架、喷泉当作洗脚池、台阶当作观众席……环境的“提供”一旦符合生态知觉，现场又别无选择，就有被兼作他用的可能性。设计人员应从中得到启发：鼓励合理的他用，提倡一物机动多用；防止不合理甚至有害的他用。

三、外部空间中的行为习性

行为（活动）习性迄今没有严格的定义。与特定群体和特定时空相联系的、长期重复出现的活动模式或倾向，经过社会和文化的认同，久而久之便成为行为习性，它是人的生物、社会和文化属性（单独或综合）与特定的物质和社会环境长期、持续和稳定地交互作用的结果。外部空间中较普遍存在的主要行为习性可归纳如下。

1. 动作性行为习性

有些行为习性的动作倾向明显，几乎是动作者不假思索作出的反应，因此可以在现场对这类现象简单地进行观察和了解。但正因为简单，有时反而无法对其原因作出合理的解释，也难以推测其心理过程，只能归因于先天直觉、生态知觉或者后天习得的行为反应。

（1）抄近路。

世上本无所谓路，走的人多了，也就成了路。在目标明确时，只要不存在障碍，人总是倾向于选择最短路径行进，即大致成直线向目标前进。只有在伴有其他目的，如散步、闲逛、观景时，才会信步任其所至。抄近路习性可以说是一种泛文化的行为现象。对于这类穿行，有两种解决办法：一是设置障碍（围栏、土山、矮墙、绿篱、假山和标志等）使抄近路者迂回绕行；二是在设计和营建中尽量满足人的这一习性，并借以创造更为丰富和复杂的建成环境。

例如，国外许多外部空间设计经常采用三角形作为道路规划设计的母题，连贝聿铭设计的一些大学校园也是如此。又如，建筑大师格罗皮乌斯（W. Gropjus）设计的迪斯尼乐园对外开放前，各景点之间的道路怎么连接尚无具体方案，为此焦躁的建筑大师在出游中受到法国葡萄园“任人投币后自由采摘”的启发，让施工人员在乐园的空地上播撒草种，乐园开放半年后，草地上被游人踩出了许多宽窄不同、优雅自然的小道，大师将这些“捷径”改建成方便流畅的道路系统。在1971年伦敦国际园林建筑艺术研讨会上，迪斯尼乐园的园路设计被评为世界最佳设计。

（2）靠右（左）侧通行。

道路上既然有车辆和人流来往，就存在靠哪一侧通行的问题。对此，不同国家有不同的规定：在中国靠右侧通行，而在英国、日本和中国香港等地却靠左侧通行。前者始于几十年前颁发的规定，后者则源于罗马教皇于公元1300年颁布的命令，要求所有赴罗马朝圣者均须“靠左通行”。这恰好符合当时人的习惯，因为一般人都右手便利，若靠左通行，不论用右手拔剑自卫，还是干其他事情，都比靠右通行方便。明确这一习性并尽量减少车流和人流的交叉，对于外部空间的安全疏散设计具有重要意义。

（3）逆时针转向。

追踪人在公园、游园场所和博览会中的流线轨迹，会发现大多数人的转弯方向具有一定的倾向性。日本学者考察过电影院、美术馆中观众的流线轨迹，研究过游园时游客的转弯方向，都证实观众或游人具有沿“逆时针方向”转弯的倾向。显然，这一习性对室内的人流流线具有重要的影响。但国内迄今尚无研究例证发表。这一课题看似简单，但深入探讨后会发现两个实质性的问题：一是符号、标志、前导物（也可能是走在前面的人）和空间限定等物质手段对转弯倾向的影响；二是把物质手段排除在外后，是否存在纯粹的“转弯倾向”（逆时针或顺时针）偏爱。也就是说，需要区别两种转弯倾向：一是处在特定情境之中，受到社会和物质因素影响所产生的转弯倾向；二是无情境的或者适用于各种情境的、先天具有的转弯倾向（如果存在的话）。

（4）依靠性。

人并非均匀散布在外部空间之中，而且也不一定停留在设计者认为最适合停留的地方。观察表明，人总是偏爱逗留在柱子、树木、旗杆、墙壁、门廊和建筑小品的周围和附近。用环境心理学的术语来说，这些依靠物具有对人的吸引半径。在日本纸野火车站进行的观察表明，旅客想要使自己置身于视野良好、不为人注视或不受人流干扰的地方，在没有坐具的情况下，柱子就可能成为可供依靠的依靠物。在室内空间（如餐厅中）也可观察到类似的情况，即首批顾客倾向于占据周边视野良好、较少受到人流干扰并有所依靠的座位。不过，无法用“不受人流干扰”来解释空旷广场中人对柱子的依靠，而且柱子恰好是空旷广场中最易受人注视的地方。即使没有人流干扰，广场中的游人仍然偏爱有所依靠而对依靠物情有独钟。可以说，很难分清这一偏爱究竟是先天使然，还是后天的习惯性行为，或是两者共同作用的结果。从交往需要来说，借高大的柱子可以标定与他人约会的准确地点；从安全考虑，高大的立柱至少可以使呆在柱下的人不必担心车马的冲撞。

2. 体验性行为习性

体验性行为习性涉及到感觉、知觉、认知、情感、评估、社会交往、社会认同及其他心理状态。这些习性虽然最后也表现为某种活动模式或倾向，但一般通过简单的观察只能了解其表面现象，必须通过体验者的自我报告（包括各种文章的描述和评说），才能对习性有较深入的理解。

（1）互为观者与被观者。

20 世纪 70 年代末，国内建筑界在介绍波特曼设计的旅馆中庭时，首次提到了共享空间中“人看人”的需要。其实，这一习性早就存在于不同文化和时代之中，像游春、庙会、赏月、观灯等群集活动中的潜在主题和吸引力所在互为观者和被观者。“看人也为人所看”在一定程度上反映了人对于信息交流、社会交往和社会认同的需要。亚历山大等（1977）对此分析道：“每一种亚文化都需要公共生活中心，在其中人们可以看人也为人所看”，其主要目的在于“希望共享相互接触带来的、有价值的益处”，而“观察行为的本身就是对行为的鼓励”。通过看人，了解到流行款式、社会时尚和大众潮流，满足人对于信息交流和了解他人的需求；通过为人所看，则希望自身为他人和社会所认同；也正是通过视线的相互接触，加深了相互间的表面了解，为寻求进一步交往提供了机会，从而加强了共享的体验。

（2）围观。

围观是古往今来广泛存在、并造成诸多误解的行为习性，我国尤为如此。《清代竹枝词》第 38 页就描述过城市中的围观现象：“近日人情总好奇，新闻谄出解人颐。一群人聚如蜂拥，围着狂呼一乞儿”。近代的北京天桥可说是众多围观的巨大集合。现代城市中，在车水马龙的大街或店肆林立的商业区，经常可看到许多人骤然扎堆，“颈项都伸得很长”地争看什么。不管“有识之士”怎样批评，人们依旧顽固地重复并持续这一习性。不同种类的围观可呈现无组织—有组织的梯度。无组织的随意和自由的围观，其对象常出人意料，一切反常的物品（如动物、遗失物、告地状、特殊广告、危险物品等）、动作（如长时间抬头观望固定目标、蹲地低头寻找等）和活动（施工、比试、高空作业、意外事故等）都可能像触媒一样引发反应，导致人群自发扎堆；优秀的运动技巧练习带有自我炫耀性质，实际是在鼓励围观；与集体晨练一样，下棋、观棋也是富有中国特色的外部空间活动，在户外下棋必然会引起围观，而观棋者就是要三言两语，过一过棋瘾——旁观式参与有时能带给人更大的乐趣，类似的围观介于有组织与无组织之间；大多数外部空间中发生的以表演、推销为主的围观行为具有不同程度的组织性，至少表演者在有目的地引人围观；天桥当年那类圈出领域、久看必须掏钱的围观则具有相对较高的组织程度；组织性更高的围观多见于有组织的宣传和演出活动。

这类看热闹现象遍及四海，既反映了围观者对于信息交流和交往的需要，也反映了人对复杂刺激，尤其是新奇刺激的偏爱。正是出于上述需要和偏爱，人在外部空间中常常从事各类探索性行为，几乎对任何差异显著的信息（或提示）都表现出十分好奇的倾向（除围观外，其他探索性行为还有：观察物候、预测天气、赏花寻春、访古探幽、打听新闻、结交新友、寻觅新事物、游览新公园、从事新活动、偏爱露天聚会等）。在外部空间中，围观之所以特别吸引行人，还在于这类行为具有“退出”和“加入”的充分自由，不带强制性。即使很蹩脚的表演，在外部空间中也具有很大的吸引力，而同样的演出放在购票入内的剧场中就会使人大喝倒彩——自由和随意造成了与“有组织集中”完全不同的效果。

（3）安静与凝思。

在城市生活必然会受到各种应激物的消极影响。因此，在体验到丰富、复杂和生机盎然的同时，有时也非常需要在安静状态中休息和养神。可以说，寻求安静是对繁忙生活的必要补充，也是人的基本行为习性之一。传统城市中存在有许多安静的区域，供人休息、散步、交谈或凝思。它们为憋气、烦心和伤神的城市提供了一块吐故纳新和养心安神的宝地。缺少这类区域的城市，仍可在社区、街坊和街巷等不同层次上有意识地形成有助于“静心”的地段、小巷和院落。凝思与安静既有区别又有联系。大多数情境中，安静是步入凝思的必要前奏，凝思则是安静的深化与升华。与安静相比，凝思往往为人所忽视。其实，人从幼儿起就具有这类行为习性：夏日躺在草地上仰望苍穹，望着渐变的云态遐想；寒夜倚在灯前注视窗户，对着多样的雪花愣神；星空下围圈燃起篝火，看着千姿百态的火焰发呆……感觉与神情的过分专注使思绪在瞬间化作一片空明。用心理学家的话来说，在这一瞬间“一个人离他生命中的无意识过程更为接近”。随着在社会化过程中逐渐成熟，长大后越来越成为追求社会交往和认同的人，身受神经官能症和癔症等心因性疾病之苦，在求助于人工气功的同时，却已忘却了自然“功”的抚慰功用。其实，在不同尺度的城市环境中能引起凝思的场景不胜枚举：观鱼、赏花、问月、听涛、登高望远、幽篁独坐、曲径踱步、坐看云起、聆听天籁、仰望星空、欣赏水景……凝思使我们复归于童年、自然和空明，对于身心放松和健康有着不可忽视的作用。在环境设计中（不仅仅在公园里），运用各种自然和人工元素隔绝尘嚣，创造有助于安静和凝思的场景，会在一定程度上缓解城市应激，并能与富有生气的场景整合，起到相反相成的作用。

四、外部空间设计策略

1. 外部空间生气感的塑造

由于设计和管理不当，不少城市的外部空间遭到冷落和废弃。为此，研究者呼吁加强外部空间的生气感，即如何吸引居民合理使用外部空间，并参与其中的公共活动，以便形成生机蓬勃和舒适怡人的环境。影响生气感的主要因素有活动人数和模式、行为特点、空间与建筑特征以及社会和自然元素等。

活动人数可以粗略地反映出外部空间的活跃程度。根据霍尔的“人际距离”可以估算出空间活动面积与活动人数比值的上限。当人际距离与身高之比大于 4 时，除了旁观和招呼等，人际间几乎没有其他什么相互影响；这一比值小于 2 时，相互间有了更多的感觉、表情、语言和动作方面的联系，气氛就转向活跃；比值小于 1 时，熟人会产生密切感，陌生人却可能产生逼迫感甚至拥挤感。由此推论，以中国男子平均身高 1.67m 计算，要使一个外部空间具有生气感，空间活动面积与活动人数比值的上限不宜大于 $40m^2$/人；比值小于 $10m^2$/人时空间气氛转向活跃；小于 $3m^2$/人，是否有可能产生拥挤感，取决于活动群体的性质、活动内容和强度，以及当时当地的情境等多种因素。

单一活动模式的影响力和多种活动模式的相互支持是影响外部空间生气的另一重要因素。有的活动会起到带动作用，附带派生出其他活动。例如，最简单的运动技巧练习（如踢毽子、滑板等）也会引起围观，较复杂的打拳、跳舞、演出和推销活动不仅引起围观，还连带产生其他活动，甚至引发儿童游戏（如儿童利用围观人群作为防止被捉的躲避屏障）。私密性较强或较简单的活动模式则缺乏这类影响力，如阅读、恋爱、散步和老人分散就坐“看街”，就很难引发其他活动。有些活动，如老人下棋、聊天、看报、喝茶和儿童游戏等相互关联，并相互支持，增加与之相应的公共设施就会强化这些活动，从而有助于进一步活跃空间气氛。另一些活动，如打太极拳与跳劲舞、幼儿游戏与少年聚集就很难相容，甚至会相互干扰，因此必须在活动领域或活动时间上另作安排。

逗留时的行为特点也会影响空间的生气感。观察表明，人在广场中逗留时多半自然聚集在广场周围，一般不会逗留在广场中央无所依靠的地方。同时，许多人的逗留是一个逐步形成的过程，多数人只是偶尔经过，逐步卷入，其本意并非一定要逗留在外部空间中不可。因此，这些空间的周围应设有袋状的活动场所，并设置相关的公共设施（如商亭、摊点、座椅、展览、报栏和各类小空间），逐渐吸引过往行人逗留，使人既可以随着人流参与活动，也可以在一瞥后离开。一旦外部空间周围形成许多小的活动群组，它们很可能开始相互涉及和交叠，并把人群及其活动引向外部空间的中心。如果周围缺乏供人自然逗留的地方，即使行人众多，也只能成为穿行的过道。

由于具有近便和安全等优点，小型公共广场和小游园受到人们的偏爱，但这类场所必须注意尺度。研究者建议，基于人在进行公共交往时的视听要求，小型公共广场两端之间的距离不宜大于 70 英尺（约合 21.34m，±10%），长度方向则可以略长一些。因为，在距离约 70 英尺时，刚好能辨认一个人的脸部，同时，处在典型的城市背景噪声中，距离 70 英尺也刚好能听到对方的高声喊叫。这是在城市广场中感到人际间存在部分联系的临界值，大于这一临界值时应该做进一步的划分。日本建筑师芦原义信为此提出了“外部模数理论”。国人谈话声音和城市噪声水平较高，这一临界值可能也相应较高。

研究者调研了欧洲城市的广场后发现，富有生气的广场具有部分封闭和部分开敞、并与另一城市空间相连的特点。这说明，人们希望城市广场具有一定的封闭性，形状限定明确，从周围界面向内收敛并形成一种向心倾向。这种向心的空间（positive space）使人感到舒适，促使人有目的和有计划地组织其中的公共活动；而那些形状限定不明确的离心空间（negative space）总是留下来作为“边角余料”，较少利用来组织公共活动。但是，强调“向心”不等于主张封闭，过于封闭不利于公共活动在时空两方面的自然转换，也不利于外来者的自然参与和退场。事实上，可用多种手法和手段“围合”，而不是“封闭”空间，花格、栏杆、矮墙、高差、铺地、雕塑、小品和绿化都能起到良好的作用。总之，开敞与封闭结合更有利于组织富有生气的公共活动。

另外，外部空间中公众使用的建筑应以开敞为主，敞廊、花架和亭子等都是符合这一特点的合适设施。向阳也是使外部空间获得生气感的必要条件之一，绿化、水景、动物等自然和生物元素也对空间的生气感起着重要的作用——接触自然是人的基本生物性需要之一。

2. 兼顾私密性活动

（1）形成隔绝。

与室内空间一样，形成视听隔绝是获得外部空间私密性的主要手段。视觉方面，在大尺度的外部空间中，较多采用小乔木、整形树、假山、石壁、土山等作障景处理，不仅可造成先抑后扬的景观效果，而且有助于保持区域的私密和安静。较小尺度的外部空间可用绿篱、树丛、土坡、岩石等自然元素以及矮墙、小品等人工元素造成视觉遮挡。此外，游人的用具，如覆盖恋人的布伞、遮盖头部的报纸，挂在树上的衣服也可用作临时道具。“不完全”和“可穿透”是这类视听屏蔽的特点，如透过树丛可看到对方，站起身来或移动头部（身体位置并未挪动）即可环顾周围等。听觉方面，土山、石壁、围墙、建筑等实体可用于隔绝噪声。同时，自然水体（瀑布、溪流）、人工水景（喷泉、叠水）和广播音乐所产生的掩蔽噪声也有助于形成相对私密的环境。在街头绿地中，对私密性要求较高的游人常面向绿篱、背对道路就坐，或者躲入树下从事某种活动，或者干脆使用临时道具遮挡，或者人约黄昏后以夜色作为屏蔽。设计应针对这类行为作出适当的处理。

（2）提供控制。

个人和群体希望不仅能控制自身向外输出的信息，而且能控制来自他人的信息。外部空间设计可通过以下途径控制这类信息交换。

1）保持视听单向联系。

一般，使用者需要在隔绝外界视听干扰的前提下，仍保持与外界的联系，即视听屏障应尽可能具有单向的可穿透性。用通俗的话来说，就是需要看人而不为别人所看。山石、树丛、绿篱、矮墙、花格和漏窗等外部空间组成元素能较好满足这一要求。

2）设置过渡空间。

过渡空间能对外来干扰或闯入起到一定的缓冲作用，可称为半公共或半私密的空间。

3）设置物质或象征性提示。

在可能成为私密性与公共性空间交界的地方，设置掩蔽、屏障、标记、符号或其他提示。一切外部空间的组成元素都可创造性地加以运用。如采用不同的树种和种植方式、不同的高差和铺地、内外有别的灯具和坐具等。但在一定范围内，象征性提示应尽量统一，同时必须经过历史性的考验和筛选，得到社会和文化的认同。

4）留有退路或余地。

外部空间中的私密性活动较易受到外来干扰。因此，建议用于私密活动的空间应留有退路或余地，以便避免干扰和及时转移。

3. 形成私密性与公共性层次

私密性和公共性活动系相对而言：对于私密性很强的活动，私密性较强的活动处于半私密的状态；对于公共性很强的活动，公共性较强的活动处于半公共的状态。出于需要，人们会在外部空间形成私密性—半私密性—半公共性—公共性的活动层次和相应的空间层次。经过观察，发现这类层次具有以下特点。

（1）自发性。

出于从事不同活动的需要，使用者常在外部空间中自发形成私密性—公共性程度不同的活动区域。

（2）不定性。

有时，外部空间中的私密性—公共性层次错综复杂，介于最私密和最公共两极之间的场所，很难判断其倾向。在空间缺乏明确区分的情况下，不定性尤为严重。同时，时间和天气也会产生相关影响。特定时间或天气中经常发生公共性活动的热闹场所，在另一条件下却游人寂寥、场景冷清。

4. 合理满足人的行为习性

在设计中，合理满足人的行为习性会吸引使用者，从而增加外部空间的使用频率、时间和生气感。但是，行为习性因情境、群体和文化而异，因而没有一个外部空间可以满足各种行为习性，成为全能冠军。即使针对幼儿这样的特定群体，也没有一个游戏场可以做到十全十美，兼顾幼儿的各种习性需求。更何况，有的行为习性还相互冲突。同时，行为习性只是约定俗成的共同活动倾向，只适合特定群体中的大部分成员。现实中，总有一部分群体成员逆习性而动：即使右侧通行已作为交通法规予以颁布，也还有违规行事；即使大多数人以逆时针转向为主，也还有人偏偏要顺时针行动。有时，如何防止这类非主流习性反倒成了设计中的主要考虑因素。鉴于上述情况，外部空间设计只能在一定程度上满足某些行为习性，做到合情合理，适可而止。此外，还必须考虑特定习性所产生的不利影响，如围观可影响通行，凝思可能限制了他人的共性活动，人看人可能会对他人造成“视线淋浴”式的干扰，老年人街头扭秧歌会造成讨厌的噪声等。外部空间中雕塑及其他小品也是如此。例如，当雕塑尺度近人时，常会吸引人驻足观看、触摸、亲近、探索和合影，设计不仅应满足这类习性，而且应在材质、构造和细部方面采取适当措施，做到坚固耐用，防止无心或故意造成的损坏。

第三节 建筑室内外空间（居住、办公、学校、街道）环境行为分析

一、室内空间环境行为分析

室内空间环境包含的种类较多，主要有居住空间环境、办公空间环境、学校空间环境、商业空间环境等。

1. 居住建筑室内空间环境行为分析

人一生的大部分时间在居住建筑中度过，因此研究居住建筑室内空间设计是十分重要和

有意义的。居住场所种类繁多，以住宅和居住区为主，广义来看，还包括集体宿舍、监狱囚室和医院病房等。居住建筑室内环境主要研究课题有：私密性，住所空间的使用规律，室内交通流线的组织，接近性对社交的影响，场所依恋，对居住环境的满意程度，社区意识和住宅选择等。

（1）私密性。

如果说领域性主要在于空间范围，则私密性更涉及在相应空间范围内包括视线、声音等方面的隔绝要求。私密性在居住类室内空间中要求更为突出。因此，满足私密性需求是居住建筑设计的重中之重。

减少或隔绝视听侵扰是获得居住场所私密性的主要方式。一般视觉为主要因素，但在住宅、居住区和室内私人谈话这样的特定情景中，有时听觉干扰甚至更为烦人。其中，物质方面的措施包括：合理选址，避开不良周围环境（高楼俯视和噪声源）；妥善布局（内外有别、动静分区、减少过往人流干扰）；设置屏蔽，以便阻断他人的视线；加强隔声措施等。社会方面的措施有：改变活动或作息时间；显示警告标志；加强道德教育；提出善意劝告；诉诸法律等。其中，设置屏蔽是确保内外有别的常用手段，如中国传统住宅的影壁、屏门、屏风、半门、篱笆和围墙等。

住宅户型的平面布局是住宅设计的关键。一般情况下，动静分区布局合理是加强私密性的主要措施。将卧室等私密性比较强的房间布置到内部，避免外人进入。而对于像起居室、餐厅等公共性较强的房间则放在人流集中、靠近对外的部分，如图 6-1 所示。

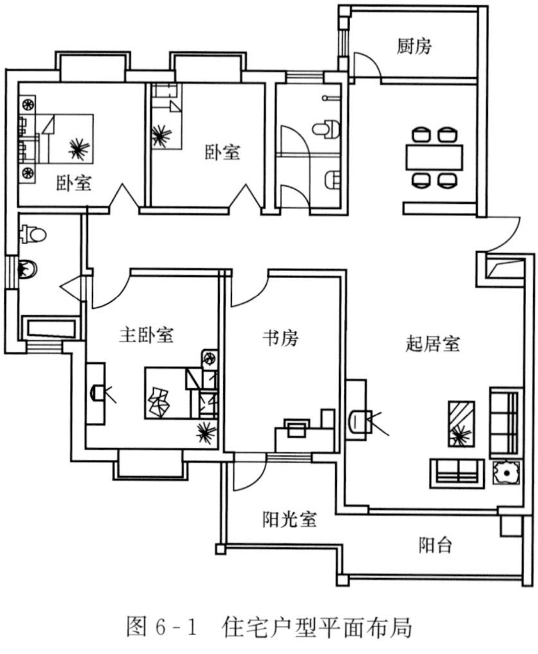

图 6-1 住宅户型平面布局

（2）住所空间的使用规律。

在同一文化或亚文化中，住所空间的使用具有一定的规律性。在北美，起居室常用于会客和消遣式阅读；厨房一般比较宽敞，通常作为家庭的活动中心；而在中国，起居室是全家活动的中心，面积比较大，并且放在较好的位置上。相对于国外，厨房的面积则比较小，仅能满足基本的功能需求。卧室是最经常使用、最富有私密性、并且最有可能加以人格化的空间。一致的使用模式和特殊的使用需求往往并存。例如，在确保卧室私密性的前提下，一些人入睡时偏爱略有噪声的环境，而另一些人入睡时却必须确保安静，因此，卧室在住宅中的的位置往往因人而异。又如，卧室朝南是一致的使用模式，但也有人喜欢卧室朝向东南，偏爱晨光的抚摩和唤醒，追求“一日之计在于晨”的特殊体验。

空间的潜在功能也引起研究者的注意。例如，沐浴是浴室的主要和外显的功能，西方人几乎天天早晨都要沐浴，但在北美，许多人还利用其作为私密的“私室”——浴室是进行私人交往的理想场所；也是求得片刻安静的“港湾”，因此，住宅的浴室实际上具有私密和交往的双重潜在功能。基拉考察了流行的设计之后，建议创造一种起居、沐浴的两用浴室，既可以用来作为款待密友的客厅，也可供主客共同沐浴之用，如图 6－2 所示。

（3）接近性对社交的影响。

所占用场所之间的接近程度，会影响居民的社会行为。研究发现，有两类接近性，可促使居民形成有益的社会交往：一是两人或两个场所之间的实际距离；二是功能距离。据观察，两人间的实际距离越接近，越可能成为朋友。一项对公寓友谊模式的调查发现，居民与居住在邻近的人最为友好。大多数情况下，与隔一个门或隔一层楼的居民相比，居民与隔壁或同一层的邻居更为友好。在电梯厅附近是人们的交往空间，如图 6－3 所示。

（4）对家的场所依恋。

家的含义远远不止是一所房子，它是我们安排日常生活的中心，它提供了我们生活的意义和认同感，象征着个人的身份地位，引起我们对以往的记忆；这一切促成了我们对这一环境的心理情结，这种情结可能会超越家庭，扩大到邻里或区域，环境心理学家称这种情结为场所依恋。当居民被迫搬家时，这种依恋情结尤其明显，主要包括以下方面。

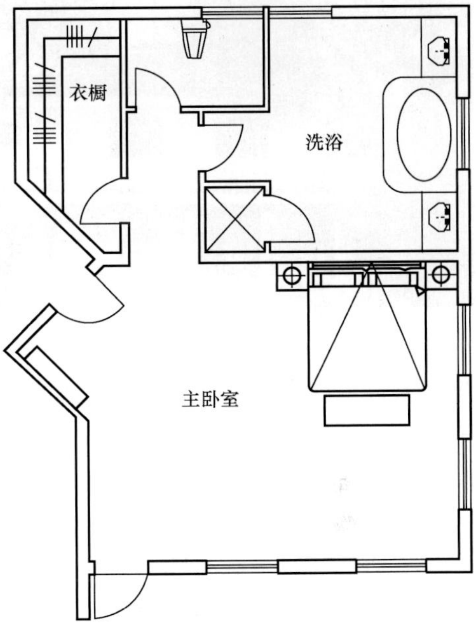

图 6－2　某别墅主卧室
（洗浴部分面积比较大，功能齐全）

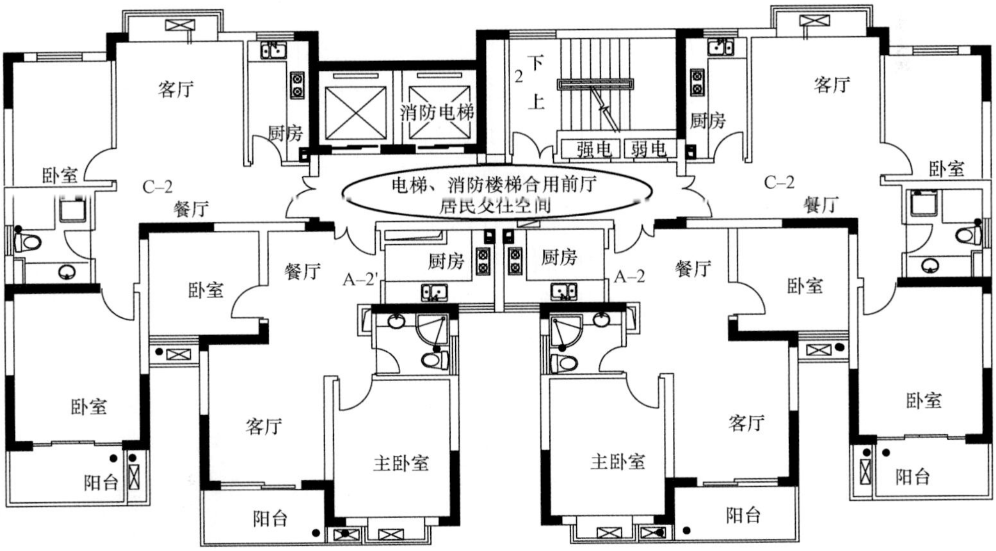

图 6－3　电梯前厅部分成为居民的交往空间

1）对邻里内社会联系的依恋。

邻里内的社会联系是经过一定时间建立起来的。而在新的邻里环境中缺乏这种社会联系，尤其老年人活动能力与交往能力都相对减弱，因而常常会感觉孤独寂寞，甚至有损健康和寿命。

图 6-4　北京菊儿胡同院落空间

北京菊儿胡同借鉴传统四合院的模式，在邻里空间关系的处理上充分考虑人与人之间的交往需求，创造出一些适合交流的空间，成为现代住宅设计的典范，如图 6-4 所示。

2）对熟悉环境的依恋。

对长期居住环境中的一砖一瓦，一草一木都可能日久生情，这些不能带走的东西承载着居民对往事的记忆和生活体验，一些搬迁的老人临走前还念念不忘要为门前的老树寻一位可靠的新主人。在局外人看来，新居的物质条件显然都优于原居所，但居民们为失去习惯了的生活环境、被拆散了多年的友谊关系网而悲伤。旧的邻里被拆除后，许多人又回到原来的街道，仅仅是为了在那里来回走走。

（5）住宅的满意程度。

通常，住宅的基本功能越合理，居民的满意程度就越高。居民经常提及的、降低满意程度的住宅功能问题有：房间的大小和平面布置欠妥，使用空间不足，私密性缺乏，卫生、采暖及厨房设施较差等。研究发现，对住宅满意程度的评价十分复杂，受到多种因素的影响。造成不满的其他重要因素包括：是否住在独门独户或联排式住宅，住宅是否为自己所有，住宅的私密性是否良好，邻里单位中是否有自己的一些朋友（通常原来就是邻居），以及对邻里单位的其他状况是否满意。此外，种族组成、密度高低、当地建筑条件的好坏、当地社会联系的多少、当地的犯罪率的高低、群体的价值观念等也会影响有关评价。其中，群体的价值取向尤为特殊。例如，不管自身特点如何，某些人，包括年轻人、家庭主妇、新婚夫妇以及多子女夫妇，更有可能对其住宅表示不满。又如，与城市郊区的富有居民相比，社会联系对贫民窟的居民显得更为重要：它有助于居民共享室外空间；增进社会交往和邻里友谊，提高居民的满意程度。此外，许多看似“已成为共识”的影响因素，其含义却因文化和群体而异。例如，据北美的男性居民报告，私密性存在两种类型：第一种，家庭不以环境的物质元素作为控制私密性的手段，卧室门难得关闭，住所中几乎没有供某一家庭成员专用的私密区域；第二种，更多地使用物质元素作为控制私密性的手段，住所中有供某一成员专用的私密区域。显然，提供多种设计类型，让使用者自行选择，是增强使用者满意程度的有效途径。充满温馨氛围的居家环境如图 6-5 所示。

纵观居住环境概念的演变，从“家园”到“宅院”，最终退守到由围护结构包围的室内空间。随着城市居民生活方式的不断改变，价值观念的不断更新，对室内空间层次的要求也越来越高。对于现代城市居民，年龄、文化、经济、生活方式、家庭结构等因素都影响着对居住环境的选择，同一户人家中也存在着程度不同的个人差异。因此，开发和设计应尽可能提供不同层次、多种户型、便于灵活空间分隔、功能齐全的住宅，以满足

图 6-5　家是温馨的港湾

不同个人和家庭的需要：让老年人与其子女可分可合；让典型的三口之家亲密有间；让单身族拥有自己的一个小天地；让感情遭受挫折的个人有一间安静的小屋自我修复心理创伤。

2. 办公建筑室内空间环境行为分析

工作是生存的基础，工作环境的好坏直接影响人的工作效率和身心健康。在工作场所的房间大小、室内陈设、噪声、照明、窗户设计等物理因素对雇员行为均有影响。

（1）房间与室内陈设。

房间的面积应该足够大，满足在其中活动的需要。个体对房间大小的知觉可能受到许多因素的影响：相同面积的房间，长方形的显得要比正方形的大；色彩明亮的房间比色彩暗淡的房间显得更大、空间更宽敞；室内陈设过多会使房间显得小，就像摆放杂乱无序的房间比起井然有序的房间看起来要小一样。环境导致不舒适感时，人们通常会把这种不舒适感归咎于他人，而不是该建筑。

1）家具陈设。

乔伊纳认为，房间里家具的陈设会影响人的行为和情绪。它能促进交流、设置人际交往的范围和合适的交往距离。有三个基本因素对人际交往的类型起着决定的作用：室内家具的位置、室内家具陈设间的距离、装饰物的数量。

2）社会趋近和退缩。

奥斯蒙德提出了社会趋近和社会退缩。分别表示环境促进或阻碍人们社会交往的程度。社会趋近的环境通常设计成有面对面的座位、可灵活移动的家具，它促进了人际交往，使人们能够比较方便地聚在一起，如休息室、咖啡馆的设计。

社会退缩的环境设计则恰恰相反，它的设计由于有固定的座位陈设而阻碍了人际交往，如购物中心和飞机场等。

3）噪声和音乐。

当在一个噪声很强的环境中工作时，工人的注意力被分散在工作任务和处理噪声的干扰两方面。在噪声条件下，工人的工作满意度下降了许多。

增加背景音乐有利于工作环境的改善，节奏轻快、平缓的音乐确实能提高生产效率；音乐提供了一个轻松愉悦的工作氛围。

4）照明。

有数据表明，照明强度的适当增加可能会改善行为，但如果持续增强，行为的改变会越来越小，最后便无变化了。这是因为视觉对光的敏感性降低了。行为的改变可以通过改变任务本身的视觉特征来完成，如物体的大小和对照物，而不是通过增强照明。在现代化办公设计中，尤其是对长期从事计算机操作的人，照明的设计显得更加重要。

5）窗户。

窗户是连接室内外的桥梁。它的作用不单单是采光，通过窗户与自然界的视觉接触是更重要的。在没有窗户的房间，可以使用一些自然风景画来装饰，以弥补无法观看自然风景的缺憾。面积越小的房间，窗户显得越重要。窗户对保护私密性也很重要。通过窗户投射进来的自然光会给房间增加舒适感。一般情况下，人们比较喜欢坐在靠近窗户的地方，也是对自然的一种向往。

6）小群体生态学。

①无论在何环境中，人们对座位的选择可以表明他们是希望与人交往还是希望自己独

处。双方处于竞争关系，会选择面对面而坐；双方在某个任务中是合作关系，他们往往会并肩而坐；当他们在学习或工作中互不依赖，没有紧密联系时，通常会选择坐尽可能远的位置。

②性别的不同，女性比男性更喜欢肩并肩而坐。

③对于使用同一张桌子的群体，每个人的地位和他所坐的位置之间有一定关系。坐在桌首的人在讨论中发言最积极；领导者一般选择桌首的位置，因为这个位置控制整个会议方便。长桌旁边的位置表明了人们的身份和地位，一般离桌首越远，地位越低；即使是使用圆桌，座位安排也一样表明身份和地位。

（2）办公环境的私密性与开放性。

私密性与开放性是办公空间环境的重要特性，它影响着人们的工作观念和方式。先前的办公室布局以小分隔房间为主，私密性比较强，也便于管理。随着人们交往的频繁以及办公现代化的需求，开敞办公室逐渐成为办公模式的主流。20 世纪 60 年代兴起的开放式办公室，是一个大面积开敞的工作区，其中没有从地面到顶棚的隔墙，有的一层楼就是一间大办公室。办公桌、工作空间、低矮的可移动隔板等反映了流线型工作方式和特定办公场所的组织程序。设计的目的在于提高工作效率，加强有关工作人员之间的联系，并给工作人员提供了灵活和自由，它有以下优点。

1）如果社会密度和空间密度适当，工作任务难度适中，那么开放式办公室有助于增加人们的合作性和工作的满意度。

2）开放式办公室减少了上下级间心理上的隔阂，一些雇员感到工作更容易完成。

3）可以灵活布置，成本低，易清洁，并且容易培养人际合作和加强相互交流。员工互相监督，减少隐秘事件的发生。

当然开放办公室有它的缺点，在开放式办公室里，员工的满意度和动机都下降。抱怨最多的是缺少私密性和噪声大，互相间易受干扰。虽增进了员工间的社会交往，但没提高多少工作效率，相反，噪声大，隐蔽少了。噪声是最容易让人分心、发怒和影响工作进度的因素。

目前在我国，社会的开放与变革导致文化更加多元。与此同时，每个人对私密性的需要也越来越高。充分了解不同年龄、不同阶层、不同文化层次人们的生活与交往方式，才能在物质环境特征方面为人们提供较多的选择性与控制感，即使达不到最优私密性水平，也应该使个人的心理需要与环境的物质特征达到最起码的动态平衡。对于环境设计者而言，工作环境必须考虑各种因素在环境中引起的积极和消极作用，以及这些因素间的相互配合；开敞的休息环境如图 6－6 所示。

图 6－6　开敞的办公环境及休息区

（3）办公环境的领地性与象征性。

办公室是使用者地位的象征。一般来说，地位高的人通常其办公室空间更大，并占据好的位置，有好的窗户设计和室内设计，以及高质量的办公家具和高档装修。大学教授多数喜欢靠近门边坐，而政府办公室和商业界领导者的办公室则喜欢把桌椅对门而放，他们更喜欢在来访者和自己间隔着一张桌子进行交流。

办公环境的设计既要保护个体的私密性，又要便于人们的交往、沟通。方便沟通是办公室设计的核心问题。

在工作中，有三种面对面的交流十分重要：协作、非正式沟通和激发性沟通。

1）协作是指为了协调不同部门间或群体间的工作，相互交流信息的一种正式沟通。这种类型的沟通是有计划的，通常是在会议室里进行的。

2）非正式沟通一般是在某个场合进行，它的内容包括个体工作方面的有关信息，常发生在走廊相遇或在午餐时进行。

3）激发性沟通能够促进新观点或创造性思维产生。经常与工作群体外的人进行非正式的接触。可以增强激发性沟通。不同类型的沟通需要不同的工作环境，所以设计中要根据不同组织的需要来确定合适的工作环境设计。研究发现，工作中非正式沟通比正式沟通更有效，它和职员的工作满意度有密切关系；大多数工作场所都包括休息室、餐厅等休息场所。如果这些可以进行非正式沟通的场所设计的合适，它可促进职员间的合作和提高他们的工作满意度。

（4）休息区域与中庭设置。

休息室虽然是进行沟通的最好的场所，必须有以下几种陈设才能起到促进沟通的作用，分别是：

1）休息室要备有饮水机、自动贩卖机等设置；

2）休息室要能让人们可以自由走动，也就是说要足够大；

3）休息室的座位应该舒适，才可以促进职员的沟通；

4）中庭设置。

几种休息空间如图 6-7～图 6-9 所示。

3. 教育建筑室内空间环境行为分析

（1）物理环境。

对教学活动的效果发生重大影响的环境因素主要有：学习环境中的空气、温度、灯光、色彩、声音和建筑材料。

1）教室里空气新鲜能使人大脑清醒，心情愉快，从而提高教学效率；如果空气污浊，则容易使人大脑昏沉，大大降低教学效率。

2）用脑时需要有适当的光线强度（可结合照明设计标准）。

3）保持用脑环境温度适宜，可以提高大脑处理信息和解决问题的能力。

图 6-7　办公休息区域（一）

4）颜色在促进人的智力方面也扮演着重要角色。淡绿色和淡蓝色可使人平静，易于消除大脑疲劳，提高用脑效率。而深红色、深黄色可对人产生强烈刺激，使大脑兴奋，随后趋于抑制。颜色还决定了儿童对学习环境做出何种反应。

5）经常处于 70dB 以上的音响环境中，会使人头晕乏力，兴奋性减弱，记忆力减退，注意力不集中等，脑的使用效率明显降低。但音量适中、悦耳动听的声音则可以使人轻松愉快；使人进入智力活动的最佳状态。例如，山东工艺美术学院教学主楼距城区主干道不足 30m，每当有大型货车通过时，学生在上课过程中明显感受到外部的噪声，出现记忆力不集中的现象。

图 6-8　办公休息区域（二）

图 6-9　山东电专办公楼中庭

（2）各种教学设施。

校舍建筑的不同造型、颜色、室内外的各种装饰布置，包括校园绿化、教室内课桌和椅子的摆设、布置等，都会对师生的精神面貌、教学情绪乃至教学质量产生影响。

1）教室。

教室窗户的设计是学校设计中讨论较多的一个因素，特别是在小学教室的设计中。研究表明，学生更喜欢有窗户的教室，但窗户也给老师带来一些担忧，因为窗户会分散学生的注意力，尤其是小学生自制力不强，容易被窗外的新奇事物所吸引。

①教室大小、座位、形状的设计：传统教室空间的排列方式是秧田式的，这种方式适合于教室的影响处于主要支配地位。教室桌椅可以采用马蹄形设计或者六边形设计，这样可以增加学生间、师生间的交流，减少教师和学生的距离感。坐在教室中间位置的学生普遍得高分，随着座位偏离教室中心位置，学生的分数也逐渐下降。如果让学生自己选择座位，则不同学生的选择与他们的学习目标、学习成绩和在班级中的地位有关。选择坐前排的学生通常都是成绩好的。女性比男性更喜欢选择坐在教室的前排。当学生坐在前排，或其座位距离教师较近的话，能够提高学生的课堂参与性。

关于座位选择行为的研究，证实了环境中最有影响力的刺激因素是其他人的存在。Canter（1975）观察了一个讨论班里的学生是怎样选择座位的。在此工作中要求学生以 8 人一组进入教室，并发给每人一张问卷要求他们各选一个座位坐下。控制的变量是讲演者与第一排座位间的距离和座位排列的方式（直线或半圆形）。当讲演者站在离直线排列的第一排 3m 远时，学生们都坐在头三排座位。当讲演者与第一排相距 0.5m 远时，学生们都坐到后面去了，只有半圆形排列时，讲演者的位置对他与学生之间的距离没有影响。

②开放式教室。开放式教室类似于开放式办公室，其中可容纳 3～4 个班的学生和教师。

它是一种无隔墙、无房门的教室，通常是把教室分成若干兴趣区，教学活动无固定的结构，由学生按自己的兴趣进行活动。空间布局很容易改变，以适应不断变化的教育需要。

研究表明，开放式教室的优点主要有：第一，在开放型教室里，个人空间需要得到满足，师生间的交往增多，而且建造开放型教室廉价，清扫、维修方便。第二，开放式教室的灵活性和相对的自由，可减少学生对学习的厌倦，提高学习动机。第三，开敞式教学可以说是对“无年级教育”的一种尝试，以便学生按自己的兴趣、需要和理解力选择所要学习的课程。

开放式教室的不足主要有：第一，无关干扰较多，私密性得不到保护。第二，学生用在相互交往上的时间要比用在学习上的时间多。大量时间被用在无目的的走动和完成新任务的准备工作上。

教室外走廊与休闲空间的布局也决定着教学空间的气氛。空间变化丰富、尺度合适的走廊除了交通功能外，还起着交往空间的作用。反之沉闷、冗长的走廊只能破坏空间的生气感。山东工艺美术学院教学主楼走廊长度约 200m，宽度不足 2m，一眼望不到尽头，非常不受师生的欢迎。另外在教学楼的中间，设计者设计了三层高的中庭，空间尺度巨大，感受不到应有的舒适。倒是走廊部分的局部处理，将走廊局部扩大，为学生创造了一处休息、交流的空间，如图 6 - 10～图 6 - 12 所示。

图 6 - 10　山东工艺美术学院教学楼 200m 长走廊

图 6 - 11　山东工艺美术学院教学楼三层中庭

2）图书馆。

①图书馆的功能。在大学图书馆最突出的问题之一，就是学习区和阅读区的设计，因为很多设计不是过度使用仅有的面积，就是利用的不够，浪费了资源。

要改变图书馆空间资源的浪费现象，应该把学习区和阅读区设置在学校的其他区域，而图书馆则专门用来储藏图书和一些学习材料。但图书馆的这种设计对学生而言，意味着要改

图 6-12 山东工艺美术学院教学楼过厅空间

变他们的学习方式，并且这种设计十分的不方便，图书馆应该是一个能让学生完成学校作业的地方。目录检索室应该设计在图书馆入口处附近的地方。

②照明。照明是图书馆环境的一个重要组成因素。光照过强或过弱对于读者阅读学习都是不利的。在图书馆中可采用透光、反光、散射光来改善光环境，创造最佳的读者视觉环境。例如，在设计中可利用侧墙向里面凹进，形成U字形三面侧墙技术。在研究图书馆的光照环境时，窗户也是一个重要的影响因素。

③材料和质地。在图书馆的设计中可采用各种不同质地（坚硬、光滑、沉重）的材料（木料、玻璃、金属、石材等）。不同的建筑材料，不同的材料质地，可产生不同的视觉效果，在人们的心理上相应地产生不同的感觉。木质材料的阅览桌，能带给人抚慰、亲切的感觉。使用玻璃幕墙和其他透明材料作为阅览室，目录厅的隔断，能带给人透明、高大、纵深的感觉。总之，图书馆在装饰时要整洁、典雅、自然、和谐，使读者感到在其中读书是一种享受。

④听觉环境。一个安静或伴有轻松舒缓音乐的环境可使读者有一个好的心情，而一个嘈杂有噪音的环境会破坏读者的情绪和心境，不利于学习。应注意图书馆的选址，读者的分流与管理这些影响听觉环境的因素。

⑤图书馆内的流线设计。图书馆设计要解决的一个重要问题就是，要帮助读者弄清方位，为读者提供更多的有关图书馆方位的信息。设计应只是标出关键的方位，而减少过于细节的路标指示。使用特殊的色彩作为方位指示颇有成效。但如果为了标明不同地方而使用的颜色种类太多的话，也可能引起方向感的混乱。因此，一个优秀的图书馆方位设计，应该能让进入该馆的读者感到对环境有控制的能力，路标设计的好坏，不仅方便了读者，同时也能使图书馆的服务人员从枯燥、乏味的工作中解脱出来。

⑥图书馆的座位设计。埃丝特曼（Estman）和哈波（Harper）在卡内基—梅隆大学图书馆中观察了阅览室里的读者如何使用空间，他们的目标不仅是理解使用者对空间的使用情况，而是希望能发展出一套方法来预测相似环境里的使用模式。两位研究人员的记录包括哪类使用者以什么次序使用了哪些座位，以及使用了多长时间。根据社交距离的近段假说，他们假设一旦某个椅子被选择了，那么使用者就会回避该范围内的其他椅子。此点在实验中得到证实。但他们还是发现了一个强烈的趋势，即使用者会选择那些空桌子，并且读者很少选择并排的位子，如果读者们这样做的话，则两人很有可能交谈。所以，埃丝特曼（Estman）和哈波（Harper）归纳了以下使用原则。

a. 人们最喜欢选择空桌子边的位子；

b. 如果有人使用了这张桌子，那么第二个人最可能选择离前者最远的一个位子；

c. 人们喜欢背靠背的位子，而不是并排的位子；

d. 当阅览室中已有60%以上的座位被占用时，人们将选择其他的阅览室。

通过在清华大学建筑学院图书馆做过的类似调研，观察结果与上述原则基本一致。另外的现象还有：学生比较喜欢靠近墙角和柱子的座位，有一种空间保护感和依赖感；不太喜欢坐在离门较近的地方，干扰性较大。

山东交通学院新图书馆平面如图 6-13 所示。

厦门图书馆书架与座位的关系如图 6-14 所示。

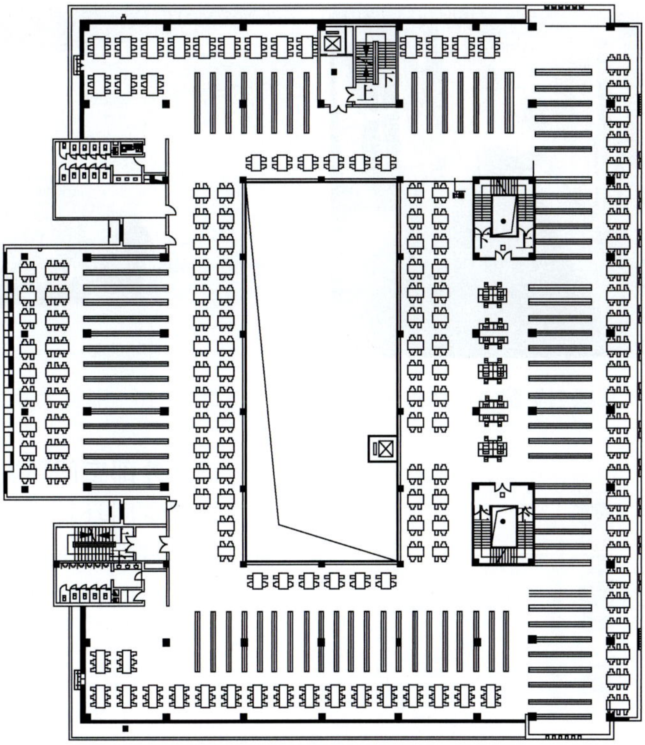

图 6-13　山东交通学院新图书馆平面布局

图 6-14　厦门图书馆书架与座位的关系

（3）室内交往空间的塑造。

学校室内交往空间是学生的第二课堂，分布于教学楼、食堂、图书馆、宿舍等区域。在这里不同年级、不同专业的同学可相互交流，以提高团队合作精神和社交能力。在室内交往空间的环境塑造方面，国内外有不少好的设计手法和成功实例可供我们借鉴，如图 6-15～图 6-17 所示。

图 6-15 新加坡大马理工学院室内休息区

图 6-16 浙江大学某室内交流空间

图 6-17 某教学楼室内活动空间

二、外部空间环境行为分析

外部空间环境主要包括：居住空间环境、休闲娱乐空间环境、校园空间环境、商业空间环境、交通空间环境、工业空间环境等。

（一）居住建筑外部空间环境行为分析

居住是人类的基本需求之一，与工作、休闲等组成了人们生活的主要内容。居住区是现代城市的重要组成部分，其占地面比例在 30%以上，在城市空间组成中占有举足轻重的地位，其环境的优劣是影响城市环境的重要因素。居住环境主要有自然环境、人工环境和社会环境三方面组成，包含有物质和精神的内容。随着社会的进步和人们生活水平的提高，对居住环境的要求越来越高，因此居住环境设计也就变得愈加重要。

居民对环境的需求包括两个方面，即物质的需求和精神的需求。通过社会调查分析，我们将城市居民对居住区环境的需求分为以下五个层次。

（1）生理的需求是人类最基本的需求，新鲜的空气、充足的阳光、良好的通风、没有噪声干扰、要求冬暖夏凉等是求得生存的保证，也是生理上优先的需要。

（2）安全的需求包括个人私生活不受侵犯，避免人身和财产遭受伤害和损失等也是一种求生存的基本需求，自远古至今从来如此。

（3）人与人的接触、邻里关系、互助互爱等社会交往的需求是文明社会中必不可少的人类活动，离开社会交往城市就没有存在的必要。

（4）休闲指的是闲暇时间如何消遣，休息、游戏、文艺、体育、娱乐等，各人爱好不同、内容十分广泛。

(5) 美的需求不仅指赏心悦目景观等环境的美，还指在这样的空间里人们感到生活是那么美好，产生一种自豪感，不禁令人自觉地尊重别人并受到别人的尊重。正像俄国车尔尼雪夫斯基说过的一句话："美就是生活"。

1. 居住环境设计的主要原则

根据马斯洛的需求层次理论及以上的分析，居住环境的设计原则主要有以下几点。

(1) 安全原则。

人们在居住环境中所面临的安全问题是仅次于吃饭、休息的第二基本需求，包括个人私生活不受侵犯，避免人身和财产不受伤害和损失等。安全问题是居民普遍关注的问题，与百姓的生活息息相关。美国社会学家雅各布在《美国大城市的生与死》一书中谈到居住区要明确划分出公共活动区域和私有区域，要对街道进行监视，要让街道被人们不断的使用等，总之应将活动置于人们的视线之中才有安全感。

领域的划分是安全性的重要体现，将居住环境按空间性质分出不同层次，形成一种由外向内、由表及里的空间层次。就居住外部空间环境来讲，按由外向内的顺序，可分为公共空间、半公共空间、半私密空间和私密空间。居住区边界的城市干道是公共空间，区内道路和开放空间是半公共空间，居住组团内的院落是半私密空间，住宅内的庭院式私密空间，形成不同领域的空间层次。以北京一般百姓居住的普通合院为例：由房间围合成对外封闭、对内开放的院落。尽管后来大多数都成了杂院，但室内仍属于个人或家庭的私密空间，院内则是全院居民共享的公共空间，而对外人来说，这里又是私密空间。院门通过过道对着厢房山墙。至于典型的四合院，院门内侧则正对影壁（独立或附于厢房山墙）。无论独门小院还是深宅大院，站在门外都不可能看到院子内部。

领域的划分有多种方法，可通过空间的开敞、封闭、围合，地面高差变化和铺地材料与图案的不同来实现。分割空间既可设置物质障碍如围墙、绿篱等有形的东西，也可设置心理性障碍如牌楼、门洞等。而像住宅的入口、楼梯间、宅间绿地、前后院等则具有公共和私密的双重属性，是外部空间设计的重点，应有足够的重视。处理得好不仅能引导居民的活动，规范居民的行为，起到安全防范的作用，同时能扩大环境的认同感，增加居民心理的舒适性，如图 6-18 所示。

图 6-18 矮墙围合的小院，划分内外空间

（2）方便原则。

居住环境的方便程度取决于居住区的内外交通，公共服务设施和服务方式，以及完善的管理体系。居住区的道路交通不仅满足人们的出行需求，也是与外界接触的桥梁。居住区布置的原则是“顺而不穿，通而不畅”，避免将城市交通直接引到居住区来，道路网的布置还要避免道路任意穿行房前屋后，以形成私密空间。

对于居住区内的公共服务设施，则直接关系到居民的日常生活，所以要根据区内居民的生活习惯和特点合理布局，形成次序分明、布局合理的服务体系。建筑尺度应宜人，服务半径应最短，居民活动路线应顺畅，为居民创造良好的生活环境。

（3）舒适原则。

尽管各国对舒适性的定义有所不同，但总体上讲，居住环境的舒适性主要有以下几个方面：①阳光充足，空气新鲜，无污染。②安静，无噪声。③丰富的绿地和宽阔的室外活动空间。④识别性强的景观特征。

2. 居民活动行为分析与社区意识研究

居民的活动行为特征涉及社会的经济、文化、道德、生活习惯、地域、气候等多种因素。一般情况下，不同职业、年龄的居民具有不同的活动内容、活动方式和活动习惯。研究这方面的内容，能把握不同人群的特点，从中找出一些规律性的东西。

（1）居民行为活动类型。

如前所述，居民的活动大致可分为三种基本类型：必要性活动、自发性活动和社会性活动。

（2）居民生活序列与层次。

居住环境是以人为主体而展开的各种生活序列的综合，居民的生活形态有三大生活圈，多个生活序列构成。这三大生活圈，由内到外、由小到大、由低级到高级依次为核心生活圈、基本生活圈和城市生活圈，其中基本生活圈和核心生活圈的活动项目主要在居住区内进行。因此，居住区内居民的生活序列是一个不同类型、不同等级、不同内容的序列，是多元化的生活序列，它反映城市居民的基本生活特征和多类型、多层次、多等级的生活秩序，也是建筑组群设计、室外景观设计的依据，反映出人与环境之间的有机关系。

（3）社区意识研究。

社区意识，即社区感（sense of community）在“居住场所的满意程度”中起着十分重要的作用。社区意识一般指居民经由知觉、认知和评估所产生的、对所居住社区的归属感（sense of belongingness），即居民认为所处环境属于自身，而自身也从属于这一环境。这种归属感来源于社区居民所具有的共同意识，包括共同居住的环境，共同面临的问题，以及共同的利益和需要等，实际上体现了居民对所居住社区的认同感。社区意识的高低不仅能影响居民生活的满意度和愉快程度，而且有助于居民之间的交往、关心和互助，有利于居民对社区事务的参与和居住环境的改善。因此，社区意识已成为社区发展的重要指标和研究对象。

通过一些实例分析，得出的社区意识主要有：“事务参与”、“场所认同”、“邻里亲和”、“社会联系”、“社区关怀”和“环境认知”。其中，“‘事务参与’显示居民对社区公共事务及活动的参与程度；‘场所认同’表示居民对社区环境的满意和赞同；‘邻里亲和’代表居民间的情感依恋和信任；‘社会联系’显示居民相互间之联络和互动；‘社区关怀’代表邻里间情感交流和互助；‘环境认知’显示居民对社区环境及自我能力的了解和掌握”。

3. 居住区空间环境设计

空间与建筑实体是居住区硬环境的主要组成部分，它们相互依存，不可分割。按照格式塔心理学的“图—底关系”理论，空间与建筑实体呈互补关系。实际上建筑实体形成了对空间环境的围合与限定，就像建筑外墙围合限定了室内空间。在现在不少居住区的设计中，设计师把过多的精力放在建筑单体本身上，却缺少对室外环境的推敲，空间组织、空间结构、空间秩序存在诸多不合理因素。只有好的实体，没有处理好空间与实体的关系，也构不成良好的人居环境。华能居住小区景观绿化设计如图 6 - 19 所示。

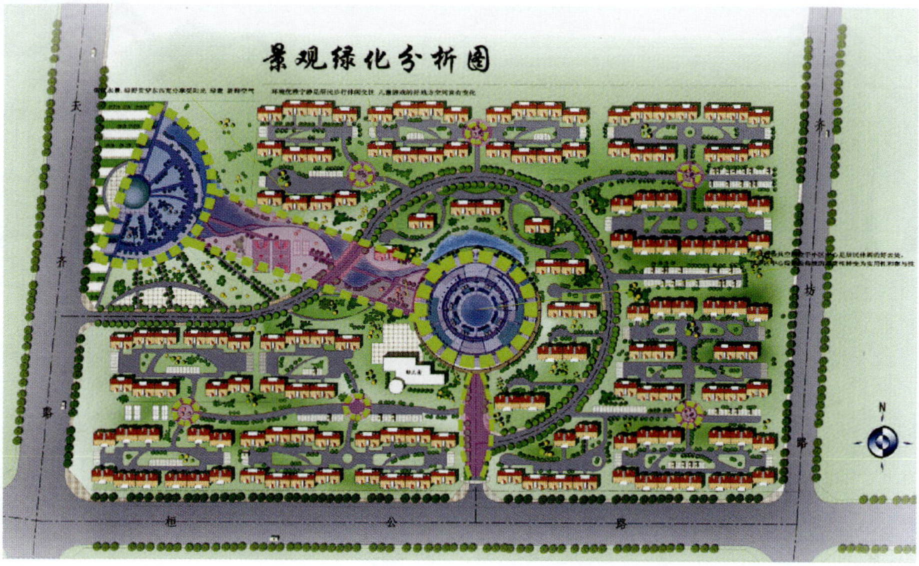

图 6 - 19　华能居住小区景观绿化设计

（1）空间特性。

由于居住区空间主要有建筑实体围合，因此其空间特性主要取决于建筑物的高度比例和建筑组群的平面布局。空间感的产生一般由空间中人和建筑物的距离，与建筑物的高度关系所决定。当人的视距与建筑物高度的比例为 1∶1 时，构成全封闭状态空间；当人的视距与建筑物高度的比例为 2∶1 时，构成半封闭状态空间；当人的视距与建筑物高度的比例为 3∶1 时，构成封闭感弱状态空间；当这一比例达到 4∶1，封闭空间感基本消失。

建筑组群的平面布局形式对空间构成的影响也非常大。当建筑物完全围合时，空间出现最强的封闭感。如果围合存在间隙，视线可以外泄，则空间封闭感就弱。若围合空间的建筑物重叠，或者利用地形、植物材料及其他阻挡视线的屏障时，就可容易消除或减小空间的缝隙，增加空间的封闭感。若建筑物以直线排列，或布局位置松散，空间没有限定，形不成封闭感，产生负空间的效应。

（2）空间构成及类型。

建筑组群构成的空间千变万化，但基本上是由实体围合和实体占领两种方式组成。目前的居住区大多数由围合空间组成，使人产生内向、内敛的心理感受。像我国传统民居四合院，就产生内聚、亲切、安全的感觉。因此，居住区建筑组群空间的构成，关键在于使空间符合居民在组群内活动的特性。

建筑组群构成的空间类型与形式随环境条件而变，基本空间类型有：

1）封闭空间。这是一种具有自聚性、内向型的由建筑物围合而成的空间，它吸引着人们在此聚集活动。居民在这样的空间中活动，受外界影响较小，建筑组群完全围合的空间效果如图 6－20 所示。

2）定向开放空间。这是一种具有极强方向性的空间，由建筑组群三面围合，一面开敞构成。此空间有利于借用外界优美的景观取得意想不到的借景效果，如图 6－21 所示。

图 6－20　高层住宅围合的庭院

图 6－21　四幢建筑围合的封闭空间

3）直线形空间。直线形空间呈长条、狭窄状，由线性建筑物围合而成，在一端或两端开口。这种空间方向性更强。但有时过于单调，可在适当地段增加一些趣味性的景观，如图 6－22 所示。

图 6－22　建筑线形排列，形成直线形空间

（3）空间划分与层次。

清晰的空间划分是明确居住区内部结构的重要措施，为人们进行各种活动创造了有利的条件。居民在户外的各项活动基本上是按空间的领域性来进行的。我国在居住区建设的实践过程中，将居住区空间划分为公共空间、半公共空间、半私密空间和私密空间四类。

公共空间是供给居住区所有居民共同使用的场所。一般情况下，公共空间常常占据着居住区内的中心地带或居住区主要出入口处。这类空间包括道路广场、中心公园、文化活动中心、商业中心等，是居住区（小区）居民的共享空间。

半公共空间指具有一定限度的公共空间，是属于多幢住宅居民共同拥有的空间。这类空间是邻里交往、游憩的主要场所，也是防灾避难和疏散的有效空间。规划设计时，需使空间有一定的围蔽性，交通车与人流不能随意穿行，使居民有安全感。

半私密空间是私密空间渗透入公共空间的部分，属于几幢住宅居民共用的空间领域，供特定的几幢住宅居民共同使用和管理。这类空间常常成为幼儿活动的场所。同时，又由于这类空间是居民离家最近的户外场所，是室内空间的延续，因此，它是居民由家庭向城市空间的过度，是连接家与城市、自然的纽带。

居住场所的户外也需要保持一定的私密性，在不同的文化中，这种需要具有不同的反映方式。私密空间是属于住户或私人所有的空间，不容他人侵犯，空间的封闭性、领域性极强，一般指住宅底层庭院、楼层的阳台与室外露台，如图 6-23 所示。

图 6-23　住宅底层庭院的封闭空间

(4) 居住区的绿化环境。

居住区的绿化环境广义的内容应包括地形处理、水体设计、种植设计和小品设计，是除建筑物之外的对空间环境有影响的元素。绿化环境不但起着美化环境、改善局部气候的作用，有时地形的处理对空间的限定起着非常重要的作用，像地面的高低变化就可以限定空间。而水体、种植与小品则可增加空间的趣味性，起着丰富室外空间环境的作用。所以空间环境塑造过程中应重视环境绿化设计，使其与建筑空间组合得当，从而可构成丰富多彩的室外空间，满足人们精神和物质层面的需求。

居住区内空间环境，随功能划分为不同层次的空间，使居民各取所需，各得其所，相互交往感不受干扰。各种类型的空间为居民提供了进行室外活动的平台。所以居住区外部空间环境设计是居住区设计的重要内容之一，如图 6-24 和图 6-25 所示。

图 6-24　济南富祥天地小区室外环境

图 6-25　居住区的绿化与水景

（二）校园空间环境行为分析

校园空间环境作为比较特殊的一类空间环境，以前人们对其重视程度不足。但实际上每个人的受教育的机会很大一部分发生在室外，并且与其所选修的课程关系不大。对许多大学校园的观察发现，当天气条件允许时，大量的随意交流、偶遇、娱乐及其他活动都发生在户外。只有当校园环境具备能够激发好奇心、促进随意交流谈话的特性时，它所营造出的校园氛围才具有真正最广泛意义上的教育内涵和教育活力，才能真正培养出富有创造力、富有团队合作精神的人才，如图 6－26 所示。

图 6－26　校园作为第二课堂

1. 校园环境设计的主要原则

（1）人文性原则。

校园空间环境应能体现各种人文精神，能最大限度地强化激励学生、教师职工的内在精神特质，潜移默化，感染人的情绪，提高人的道德品质、艺术修养，完善人格，保持学校蓬勃向上、清新、高雅的气质。一般可运用以下方法将校园精神渗透到物化的环境之中。

1）环境风格的建立。环境风格应是地方风格的直接反映，是地域特点的再现。在校园空间的设计中充分利用校区内独特的自然景观和建筑环境，创建风格浓郁的环境特色，是建立富有精神内涵的校园环境的重要方法。

2）历史环境的保护与纪念环境的创造。每个学校都有自己的历史，将这些历史反映到校园环境中，利用反映校史的建筑、雕塑、碑刻、纪念林地等能帮助学生更好地领悟校园精神。在学校扩建和改建中，尤要注意保留具有历史意义的空间场所和建筑实体，并让新的空间和实体与原有空间和实体相呼应，可设置一些纪念性环境，如杰出人物、教育家的雕像、纪念园、纪念林、壁画、纪念亭、展示廊、小品等来突出文化内涵和传统精神，从而激励学生。

（2）安全性原则。

学校作为教育场所，所面临的对象很大一部分是未成年人，需要成年人的监管与呵护。因此，作为校园空间环境设计，安全问题是比较重要的问题。既要保证学生的自由活动，有一定的自由空间和私密性，又要基本活动在人们所控制的范围之内，需要设计师在空间设计方面两者兼顾，处理好私密空间与开放空间的关系。

（3）融合性原则。

校园空间环境设计应在校园总体规划指导下进行设计，应是校园总体规划的延伸和拓展，必须强化校园总的原则和特色。与校园建筑应有机结合，融为一体。特别注意内外空间交流，室外景观可局部延伸至室内空间。室内空间也可延伸到室外，形成室内外空间的融合。具体可设计一些半开敞、半封闭的“灰空间”，如门厅、门廊、廊架、亭阁、平台等，创造学生逗留与交往的空间，如图 6－27 和图 6－28 所示。

（4）景观性原则。

校园作为传播文化的场所，本身应具有优美的环境和高雅的格调。环境塑造人，而环境主要体现在景观上。景观是一种物质和精神的展示，运用视廊、节点、边界、路径、地标、

图 6-27 山东交通学院连廊交往空间

图 6-28 山东交通学院屋顶平台

景区、开放、半开放、闭合的空间等相关设计元素，运用借景、组景、透景、隔景等设计手法，将天、水、气、山、地、绿引入校园，形成布局紧凑，张弛有序，富于节奏感、韵律感，简洁大方而又丰富多变、引人入胜的校园空间环境，如图 6-29 和图 6-30 所示。

图 6-29 清华大学教学主楼前环境绿化

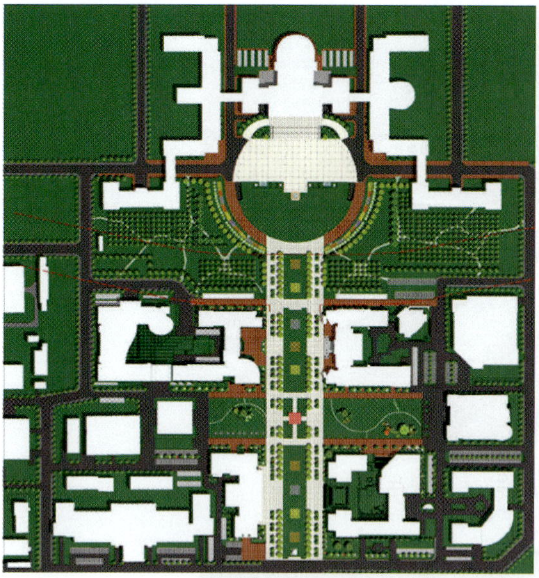

图 6-30　清华大学教学主楼前“绿十字”

2. 校园空间活动的类型

(1) 必要性活动。

必要性活动是指学生必须参加的活动，如出早操、听课、购物等日常学习、工作和生活等事务属于这一类型。这类活动受外部环境影响不大，没有选择的余地。

(2) 自发性活动。

自发性活动是指人有参加的意愿，并在时间地点允许的情况下才会发生的活动，如散步、呼吸新鲜空气、户外读书等活动，这类活动受外部环境影响较大，只有天气好，场所条件允许时才会发生。

(3) 社会性活动。

社会性活动是指公共空间中有赖于他人参加的各种活动，如校园文化节、各种展览、朋友间的交谈、课后体育活动等，这些活动受校园外部物质空间的影响也很大，如图 6-31 所示。

3. 校园空间环境设计

校园空间环境设计应体现在以下几个方面。

(1) 提高交往空间功能的复合性。

图 6-31　校园室外舞台

以往的校园环境功能分类十分单一，如教学楼只是学生学习的地方，宿舍只是学生休息的地方。因此，教学楼中除了用于交通的内廊和少数几间教员休息室外，剩下的就只有教室，而宿舍则是采用筒子楼模式，将 6～8 人一间的宿舍沿昏暗的走廊依次展开。没有可供交流的空间，影响了学生的交往。因此，为满足学生的实际需求，在设计中应当将各类交往空间灵活地引入。像教学楼引入展览、休闲空间，宿舍引入公共活动空间，建筑之间引入连廊等，提高空间功能的复合性。

(2) 注重交往空间“随意性”的营造。

校园内师生之间、同学之间、同事之间三三两两的个别交谈或在课间午后，或在道旁路边，交谈的话题也可能从一般的寒暄转入对某些课题的探讨，这种交流行为在时间、地点、内容等各个方面都具有很强的“随意性”。因此，校园内交往空间的设计除了专用空间外，还应特别注重利用一些分散的小型休闲空间。在道旁、水边，安排一些环境怡人可逗留小空间，用环境小品、座椅，甚至简单的硬质铺地来加以界定。而在教学楼、图书馆等人流集中地方，则可以创造一些类似小中庭、小平台式的空间，适当布置座椅、石凳等休息设施，使师生随时随地都可以交流；浙江大学校园水池景观如图 6-32 所示。

图 6-32　浙江大学校园水池景观

(3) 提高交往空间的认同感和归属感。

认同感是对场所精神的适应，即认定自己属于某一地方，这个地方由自然和文化的一切现象构成，是一个环境的总体。认同感的定位则需要对空间的秩序和结构进行认识，一个有意义的地方必须具有结构和秩序。校园的交往空间要吸引师生的参与，首先应当让他们产生认同感和归属感，而这种空间秩序和结构的营造与学校历史文脉、地方文化特征、自然环境形态等都有着密切的关系。

地方文化特征是学校所在地域文化特色及风土人情的综合体现，是学校所有空间环境的大文化背景。当师生们能够在交往空间中感受到当地文化的氛围，他们就会迅速地认知，随即认同这个环境。因此，在交往空间中展现地方文化特征对提升空间的认同感十分重要。

自然环境形态是在所处地域水文气候大环境背景下学校基地的地形地貌，它是师生们最为熟悉的生活环境，也是大自然给予学校的场所精神。因此，校园交往空间的设置必须因地制宜，充分尊重学校的自然环境形态，以此来唤起师生们的认同和依恋。

(4) 提升交往空间的文化品位。

作为培育人才的校园，其交往空间的文化品位是不容忽视的，因为它能以高雅的文化气息陶冶人的情操、净化人的心灵，对学生产生潜移默化的影响。交往空间文化品位的营造应主要把握两点：生态和素雅。大自然不仅是人赖以生存的环境，也是一切美的来源和所在，自然生长的植物本身就是最好的风景，同时也具有最高的格调。前面提到的文化古迹、历史传说等融入校园交往空间，则直接提高交往空间的文化品位；日本东京造型大学内庭院效果如图 6-33 所示。

图 6-33　日本东京造型大学内庭院

(5) 户外空间的塑造。

在研究者要求被调查者指出校园中他们

最受欢迎的地方，每个人都毫不犹豫地选定户外绿地或自然的环境。这些地方有自然、树木和绿色，有阴凉和阳光，可以接近水面，可以观察别人而不受别人干扰，可以感受自由和舒适，如图 6-34～图 6-37 所示。

在户外空间的塑造上，以下位置应特别关注：

1）主要建筑的入口处；

2）靠近售货亭的地方；

3）开敞的草坪；

4）远离交通道和停车的地方；

5）主要步行人流旁边的“涡流区”；

6）大树下自成一体的灰空间；

7）建筑之间的连廊、平台。

图 6-34　校园建筑之间连廊

图 6-35　中国美术学院内草坪

图 6-36　浙江大学校园环境（连廊、绿化、石凳）

图 6-37　浙江大学校园学习环境

（三）步行商业街环境行为分析

商业文化是人类文明程度的重要标志之一。而商业街又是一个城市中最有活力的部分，它不仅是城市经济活动的核心，又是人口密集的中心区和历史区。商业步行街作为一个新型的营商形式，既标志着城市经济的发展，又反映城市的形象特征、城市的人文历史风貌，甚至城市的社会观念和人们的生活习俗。它在带动地区经济贸易的迅速发展的同时，也为城市增添了一道亮丽的景观，为人们提供一个娱乐休闲、购物消费的空间。

1. 步行商业街环境设计的一般原则

（1）良好的交通体系。

步行街的成功与否，交通问题是关键。设计中应考虑步行街所在的地段，城市的交通情况、停车的难易、路面的宽窄和居民意向等因素。由于商业步行街一般禁止机动车通行，因此在规划中须特别考虑自行车停车场的设置，包括城市临街的一些建筑前空地和局部地下层群为停车场地，以解决自行车停车用地紧张的矛盾。另外在步行街旁增加城市支路，引导非浏览、非购物人流通过，作为它的辅助道路进货，也作为步行街的疏散道路和消防通道。即人车分流、以汽车道为联系道路，与城市道路网相连，以自行车步行道为内核，独立形成网络状，加上必备的环境设计，可形成环境质量高，集购物、娱乐、文化、饮食一体化的城市新型商业步行街区。

（2）完整的空间环境意象。

美国著名城市设计理论家凯文·林奇在《城市意象》一书中提出了构成城市意象的五个要素：道路、边界、区域、结点和标志。实际上就是人们认识与把握城市环境秩序的空间图式。从城市设计角度看，街道的意象是建筑和街区空间环境的综合反映，有特色的街道空间环境自然可反映街道特色，高质量有特色的街道空间环境比建筑更宜体现街道特色，街道的意象特色依赖于空间环境特色。

1）道路。作为城市商业环境中的道路，其作用体现为渠道（人、车的交通、疏散渠道）、纽带（联结商店、组成街道）、舞台（人们在道路空间中展示生活、进行各种活动）。规划中对道路与两边建筑物的高宽比以 $H/D=1$ 为主，穿插一部分 $H/D=2$ 的建筑。这样的空间尺度关系既不失亲切感，又不显得过于狭窄，从视觉分析上是欣赏建筑立面的最佳视角，容易形成良好的商业氛围。

2）区域。作为城市中心区，由于城市商业活动本身的“集聚效应”，公建布局相对较为集中。由于人们生理与心理因素的影响，步行街长度取 600～800m 为宜。加上购物的选择性与连续性，销售的集合性和互补性，最终形成集中成片的网络化区域系统。胶州老城商业步行街总平面如图 6-38 所示。

3）中心。中心即一定区域中有特点的空间形式，结合步行街的特点，规划以一二个休闲广场，形成有趣味的休闲、娱乐空间，使人们在购物之余，进行一些其他的休闲活动，以缓解购物带来的疲劳，增加商业街的生气与活力，如图 6-39 和图 6-40 所示。

4）标志。对于步行商业街而言，入口的重要性在规划中应充分考虑。在连接城市主干道的地方设置牌坊等作为步行街的入口，大量的人流由此进出。入口处设灵活性路障或踏步，并设管理标志符号。由于它起着组织空间、引导空间的作用，街道形成了第二个没有屋顶的内部空间，它是整个街道空间序列的开端。既可适合市民的心理需求，给人们以明显的标志，还可突出历史文化城市的风貌。由中国汉嘉设计集团设计的山东德州董子文化街，如图 6-41 所示。

（3）丰富的空间形式。

城市是人类文化的长期积淀，并以一定的物质空间形式表达其文化特征。现代城市追求适居性的空间环境、追求界定鲜明、比例适宜的积极空间。它能有效地渲染出不同的环境气氛和空间特色，它是一种内在的构成要素，其表现力是非常丰富的。如美国的明

图 6 - 38　胶州老城商业步行街总平面图

图 6 - 39　胶州老城商业步行街鸟瞰

图 6 - 40　东京某商业区休闲广场

图 6 - 41　董子文化街入口

尼阿波利斯市的尼克雷特步行街以匠心独具的空间特色使美国第一个步行街建设获得了成功。设计者在步行街中，以集中人行活动区为指导思想，把街道做成弯弯曲曲的蛇形道，加上统一设计的街道家具，创造了强烈动感和节奏感的街道空间，成为美国步行街中竞相仿效的佳作。

步行街区建筑内外的界线可以是虚的、可穿透的和不定的，并有一种向内吸引的感觉，也体现了我国传统空间特征中“虚”的意境，形成了虚实相间、模糊的空间概念，以增加商业步行街的可游性。

步行街区的布局形态可以是丰富多变的，布局形式有：线状沿街道布局——店铺沿街道两侧呈线状布置，鳞次栉比，店面凹凸，街道空间呈现一定的不规则状。如北京琉璃厂、天津古文化街；线面组合布置——线状步行商业街，与路段上某些商业地块联系起来，形成组合布局，如合肥城隍庙步行商业街；面状成片布局——商业街区在城市主干道一侧集中布置，形成网状形态，如上海城隍庙、南京夫子庙等。根据步行街的功能和环境要求，步行街可分为多种形式：封闭式、半封闭式、转运式和步道拓宽式。

随着历史的发展，步行商业街的空间形式发生了很大变化，正向多功能、多元化的公共综合体方向发展。但在顺应社会潮流而使步行街朝现代化发展的同时，也应保留自身应有的传统空间与风貌。可规划设计适合当地文化脉络特色的骑楼、过街楼、庭院式商店布局，室内步行街等，以建构一种综合性强的步行购物系统，使城市空间具有历史的延续性，以提高其价值观念和深层意义，如图 6 - 42 和图 6 - 43 所示。

图 6 - 42　东京某商业中心下沉式广场

（4）独特的景观构成。

步行街具有独特的构成因素，这些因素也是满足现代城市生活的需要，是城市环境、城市风貌的重要组成部分。步行街由两旁建筑立面和地面组合而成，故其要

图 6-43 东京某商业步行街（顶部封闭）

素有：地面铺砖、标志性景观（如雕塑、喷泉）、建筑立面、展示柜台、招牌广告、游乐设施；街道小品、街道照明、邮筒、休息座椅、绿化植物配置和特殊的如街头献艺等活动空间。这些景观设施在美化环境的同时，也作为空间的限定、构成元素存在，同时具有精神和使用功能，使商业街的环境氛围更加浓郁。

2. 商业步行街环境设计

（1）场地设计——街廊、街道、停车。

步行商业街有场地和建筑物（商铺）等组成。相对于室内环境，场地属于商业街的外部环境。包括街廊、街道、停车场、绿化、广场等。场地设计应满足交通便利，空间变化丰富。在南方多雨地区，街廊的作用非常明显，除了有避雨的作用外，还起联系建筑内外空间的作用，是名符其实的灰空间。步行商业街的停车一般只考虑自行车的停放，可采用分散与集中相结合的停车方式。

（2）街道景观设计——植物、雕塑、小品、灯饰。

植物、雕塑、小品、灯饰等是商业步行街的重要组成部分，起着美化环境、调节人们心情的作用。购物劳累之余，欣赏周围优美的景观也是一种享受。雕塑、小品等的设计可以突出商业街的主题，体现其文化和地域特点，如图 6-44 和图 6-45 所示。

（3）公共空间设计——小街巷、节点广场、十字路口。

按照凯文·林奇《城市意象》的设计理论，节点广场、十字路口等部位是步行商业街的空间转换点，起着联系街道、广场、街巷的作用。同时这些节点一般是视觉空间的焦点，标志、雕塑、小品等布置在此处，起画龙点睛的作用。在空间处理上，一般采用借景与对景的处理手法，使空间层次更加丰富；胶州老城商业步行街节点广场如图 6-46 所示。

图 6-44 王府井商业街雕塑设计

（4）建筑设计——立面、比例与尺度、材料与质感。

建筑是城市的主体，城市空间由建筑限定、围合而成。商业街建筑设计直接影响着商业街的品味。建筑设计中，平面布局体现了商业街的功能关系和交通流线组织。而立面、比例与尺度、材料与质感则决定商业街的形象。传统商业街设计中可采用传统的造型元素、传统材料与处理手法，突出传统文化和地方特色。对于现代商业街，处理手法应新颖，体现现代特点，符合现代人的购物行为和审美心理需要，如图 6-47 所示。

图 6-45　商业街绿化环境设计

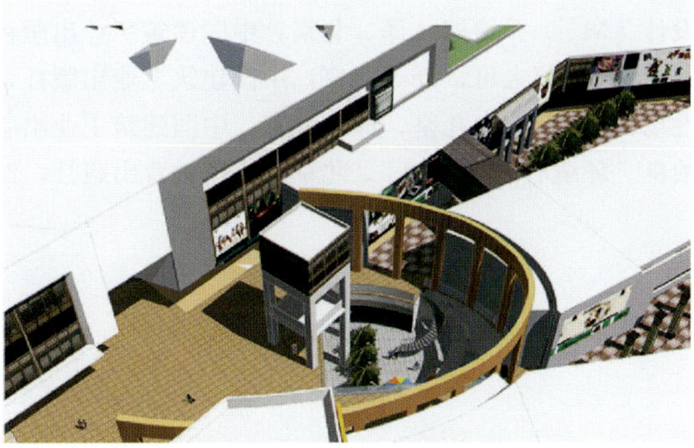

图 6-46　胶州老城商业步行街节点广场

图 6-47　某传统商业街立面设计

参　考　文　献

［1］林玉莲，胡正凡．环境心理学［M］．北京：中国建筑工业出版社，2006.
［2］李道增．环境行为学概论［M］．北京：清华大学出版社，1999.
［3］杨公侠．建筑、人体、效能［M］．天津：天津科学技术出版社，1999.
［4］常怀生．建筑环境心理学［M］．北京：中国建筑工业出版社，1990.
［5］徐磊青．人体工程学与环境行为学［M］．北京：中国建筑工业出版社，2006.
［6］徐磊青，杨公侠．环境心理学［M］．上海：同济大学出版社，2002.
［7］凯文·林奇，城市的印象［M］．项秉仁，译，北京：中国建筑工业出版社，1992.
［8］李怀组．管理研究方法论，［M］．西安：西安交通大学出版社，2004.
［9］张月．室内人体工程学［M］．北京：中国建筑工业出版社，2005.
［10］刘超英，张玉明，龚一红，段然．建筑装饰设计［M］．北京：中国电力出版社，2009.
［11］张绮曼，郑曙旸．室内设计资料集［M］．北京：中国建筑工业出版社，1991.
［12］黄希庭．心理学导论［M］．北京：人民教育出版社，1991.
［13］D·肯特．建筑心理学入门［M］．谢立新，译．北京：中国建筑工业出版社，1988.
［14］芦原义信．外部空间设计［M］．尹培桐，译．北京：中国建筑工业出版社，1985.
［15］扬·盖尔．交往与空间［M］．何人可，译．北京：中国建筑工业出版社，1992.
［16］可莱尔·库伯等．人性场所［M］．俞孔坚，译．北京：中国建筑工业出版社，2001.
［17］俞国良，王青兰，杨治良．环境心理学［M］．北京：人民教育出版社，2000.